Ziegler, Der schwäbische Lindwurm

Bernhard Ziegler

Der schwäbische Lindwurm

Funde aus der Urzeit

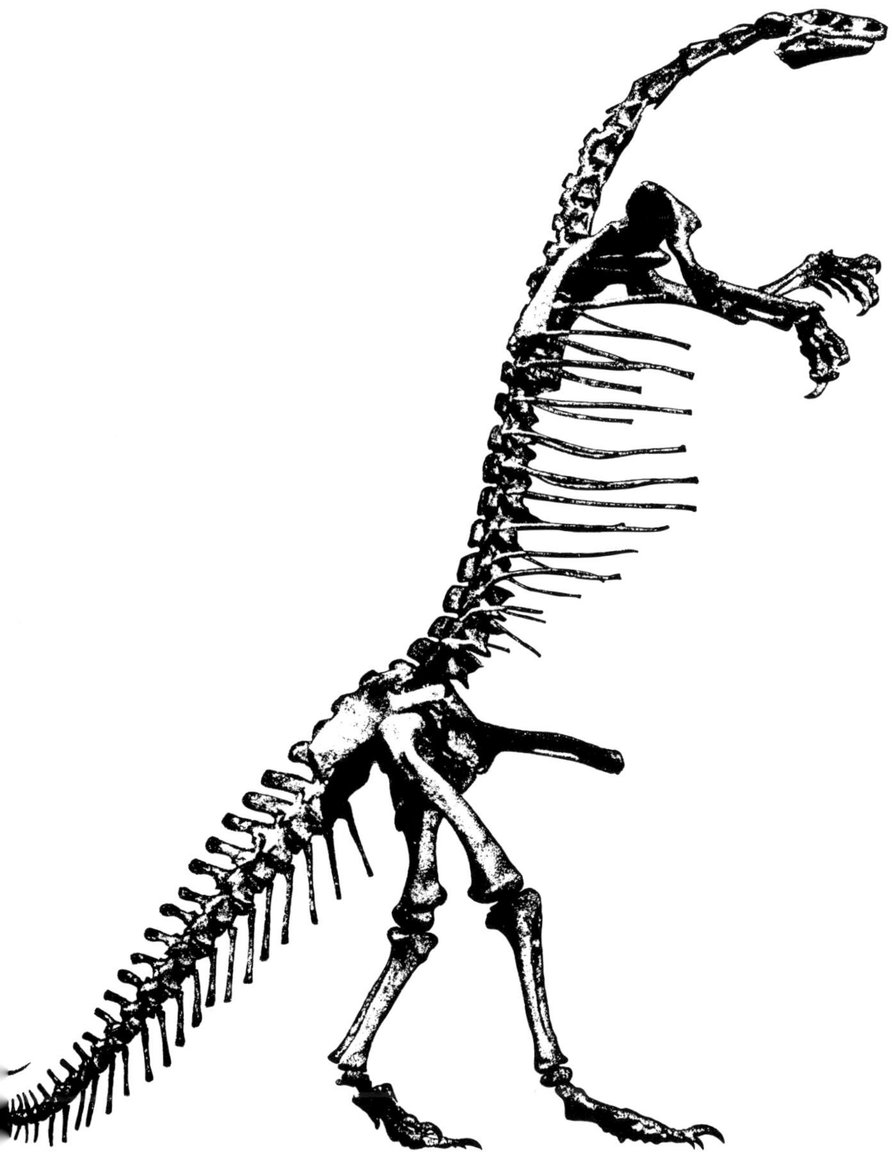

Konrad Theiss Verlag

CIP-Kurztitelaufnahme der Deutschen Bibliothek

Ziegler, Bernhard:
Der schwäbische Lindwurm : Funde aus d. Urzeit /
Bernhard Ziegler. – Stuttgart : Theiss, 1986.
ISBN 3–8062–0474–8

ISBN 3-8062-0474-8
Gesamtherstellung: Grafische Betriebe Süddeutscher Zeitungsdienst, Aalen
Printed in Germany

Inhalt

Vorwort

Bei der Vorbereitung der Ausstellung von Fossilien aus Baden-Württemberg im Neubau des Staatlichen Museums für Naturkunde in Stuttgart am Löwentor war es notwendig, Daten über Fossilfunde, Sammler, Fundorte und die Fundgeschichte bestimmter Fossilien zusammenzutragen. Dabei wurde auch deutlich, welche bedeutende Rolle die Fossilfunde aus Baden-Württemberg in der Wissenschaftsgeschichte spielen. Es erschien darum reizvoll, eine den naturwissenschaftlich Interessierten, den Sammler und den für Heimatgeschichte Aufgeschlossenen ansprechende Übersicht über die Fossilien Südwestdeutschlands zusammenzustellen.

Für die Mithilfe beim Zusammentragen von Informationen, Daten und Literatur sowie beim Abfassen und bei der Durchsicht des Textes bin ich vielen Kollegen und Mitarbeitern am Staatlichen Museum für Naturkunde sehr zu Dank verpflichtet. Für ihre besonders weitgehende Unterstützung danke ich insbesondere Professor Dr. Karl Dietrich Adam, Dr. Gerhard Dietl, Dr. Richard Dürr, Dr. Elmar Heizmann, Dr. Horst Janus, Ulrich Kloppmann, Dr. Max Urlichs, Dr. Manfred Warth und Dr. Rupert Wild.

Wertvolle Auskünfte, Hinweise und Hilfe verdanke ich ferner zahlreichen weiteren Informanten, unter denen ich besonders Dr. Peter Amelung (Stuttgart), Frau Christa Glück (Schwäbisch Hall), Dr. Hermann Jaeger (Berlin), Hans Kuhn (Trossingen), Dr. Hans Prescher (Dresden), Ulrich Reinhardt (Tübingen), Professor Dr. Siegfried Rietschel (Karlsruhe), Dr. Rudolf Schlatter (Schaffhausen), Werner Wetzel (Wannweil), Dr. Peter Wellnhofer (München), Professor Dr. Frank Westphal (Tübingen) und Professor Dr. Willi Ziegler (Frankfurt am Main) hervorheben möchte.

Dem Konrad Theiss Verlag bin ich für das Interesse an der Arbeit und für die großzügige Ausstattung des Bandes dankbar. Besonders danken möchte ich sodann den Fotografen, vor allem Hanns-Erich Haehl und Hans Lumpe vom Staatlichen Museum für Naturkunde in Stuttgart und Hans Heckel und Volker Griener von den Landessammlungen für Naturkunde in Karlsruhe, deren Werke ganz wesentlich zur ansprechenden Bebilderung des Buches beitragen.

Überblick

Einleitung

Die Bezeichnung »Fossil«, die vom sächsischen Naturforscher Georg Bauer (Georg Agricola, geb. 24. 3. 1494 in Glauchau, gest. 21. 11. 1555 in Chemnitz) geprägt wurde, bedeutete ursprünglich alles aus dem Boden Gegrabene (lat. fodere = graben). Heute versteht man darunter Reste vorzeitlicher Lebewesen, und zwar unabhängig vom Erhaltungszustand.

Der Name Paläontologie stammt aus dem Griechischen und bedeutet: »Lehre von den alten Lebewesen«. In der Geschichte der Paläontologie folgen aufeinander:

a) Eine Zeit der unbefangenen (und in heutiger Sicht richtigen) Deutung der Fossilien im voralexandrinischen Griechenland
b) Die Zeit der Spekulationen, der mystischen Phantastereien und der Scholastik von Aristoteles bis ums Jahr 1700
c) Die Zeit der Sintflutlehre im 18. Jahrhundert
d) Die Zeit der Katastrophentheorie und der Entdeckung ausgestorbener Arten am Ende des 18. und in der ersten Hälfte des 19. Jahrhunderts
e) Die Zeit des Wissens um die Evolution der Organismen seit Darwin (1859)

Vgl. C. C. Beringer 1954; H. Hölder 1960; E. Kuhn-Schnyder 1951; O. H. Schindewolf 1948; B. Ziegler 1984; K. A. Zittel 1899.

Das heutige Land Baden-Württemberg hat wie kaum ein anderes Gebiet der Erde eine Vielzahl überragender und zum Teil einzigartiger Dokumente des Lebens aus den unterschiedlichsten Erdzeitaltern geliefert. Man bezeichnet die Funde als Fossilien oder Versteinerungen; sie sind die Reste und Spuren von Pflanzen, Tieren und Menschen, die einst die Erde bevölkerten.

Erforscht werden sie von der Paläontologie, wie die Wissenschaft vom Leben der Urzeit genannt wird. In der Geschichte der Paläontologie bilden Fossilien aus Baden-Württemberg wichtige Meilensteine:

die Deutung von Fossilien als Produkte geheimnisvoller Kräfte,
die Überzeugung, Fossilien seien die Zeugen der biblischen Sintflut,
der erste eindeutige Beweis, daß Fossilien die Reste vorzeitlicher und teilweise ausgestorbener Arten sind,
die erste konsequente Gliederung eines Erdzeitalters mit Hilfe von Fossilien,
die erste Anwendung der Evolutionslehre auf Fossilien,
der erste Nachweis des Zusammenlebens von vorgeschichtlichem Menschen und eiszeitalterlicher Tierwelt in Mitteleuropa,
der erste Fund des ältesten direkten Vorläufers des heutigen Menschen.

Bei diesen und vielen anderen Theorien und Erkenntnissen spielen Fossilfunde aus Baden-Württemberg eine ganz wesentliche Rolle. Schon dies allein wäre Grund genug, sich mit den vorzeitlichen Lebewesen Baden-Württembergs zu beschäftigen. Darüber hinaus weist Südwestdeutschland jedoch Fundstätten auf, die wegen der Einmaligkeit, des Reichtums oder des Erhaltungszustandes ihrer Fossilien weltweiten Ruhm erlangt haben.

Die Gründe für den Fossilreichtum in Baden-Württemberg sind vielschichtig. Wesentlich ist zunächst der einfache geologische Aufbau des Landes. Hinzu kommen günstige Aufschlußverhältnisse in Steinbrüchen, Kiesgruben, an Steilhängen und Weganschnitten. Von ganz besonderer Bedeutung waren jedoch das große Interesse und die Aufgeschlossenheit der Bevölkerung, ohne die das Finden, Bergen und Sammeln der Fossilien längst nicht so erfolgreich gewesen wären[1].

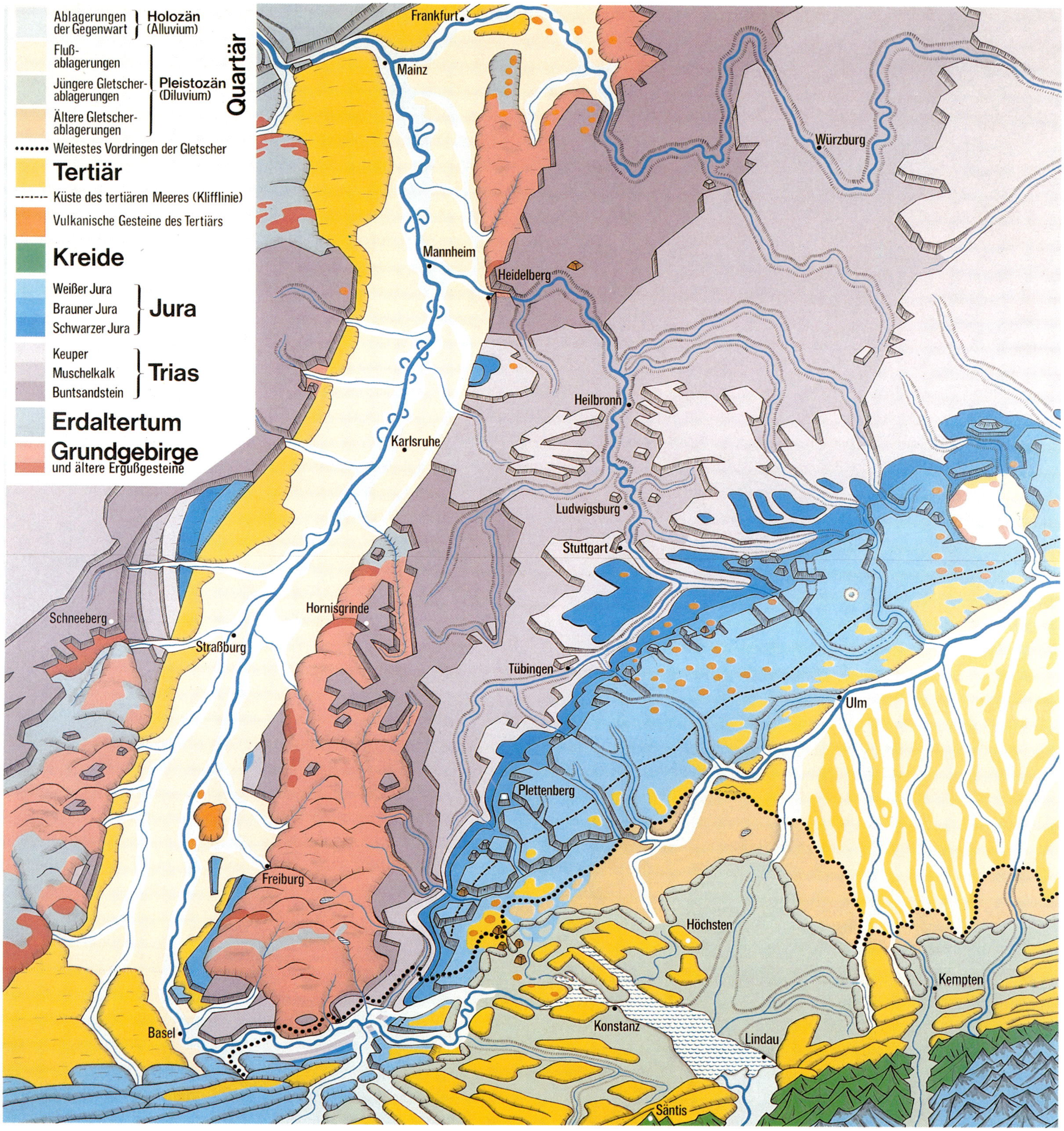
Ablagerungen der Gegenwart
Holozän (Alluvium)
Fluß-ablagerungen
Jüngere Gletscher-ablagerungen
Ältere Gletscher-ablagerungen
Pleistozän (Diluvium)
Quartär
Weitestes Vordringen der Gletscher
Tertiär
Küste des tertiären Meeres (Klifflinie)
Vulkanische Gesteine des Tertiärs
Kreide
Weißer Jura
Brauner Jura
Schwarzer Jura
Jura
Keuper
Muschelkalk
Buntsandstein
Trias
Erdaltertum
Grundgebirge
und ältere Ergußgesteine
Frankfurt
Mainz
Würzburg
Mannheim
Heidelberg
Heilbronn
Karlsruhe
Ludwigsburg
Stuttgart
Hornisgrinde
Schneeberg
Straßburg
Tübingen
Ulm
Plettenberg
Freiburg
Höchsten
Kempten
Basel
Konstanz
Lindau
Säntis

Abb. 1 Geologische Reliefkarte von Südwestdeutschland.

Der geologische Aufbau Baden-Württembergs

Der Sockel des Landes ist das sogenannte Grundgebirge, meist aus kristallinen Gesteinen[2]. Es entstand im ausgehenden Erdaltertum, also vor mehr als 280 Millionen Jahren. Damals wurde ein zuvor entstandenes Gebirge so weit abgetragen und eingeebnet, daß seine tiefsten, durch Druck, Hitze und Aufdringen von Gesteinsschmelzen geprägten Kerne bloßgelegt wurden. In den Gesteinen des Erdaltertums sind in Baden-Württemberg die Fossilien nur an wenigen Orten[3] der Zerstörung entgangen. Im spätesten Erdaltertum, in der Perm-Zeit, waren an einigen Stellen[4] noch Täler und Senkungsbecken im Grundgebirge vorhanden. Der Verwitterungsschutt der umliegenden Höhen füllte sie allmählich aus. In den so entstandenen Gesteinen des Rotliegenden werden wiederum nur vereinzelt Fossilien gefunden. Somit kann Baden-Württemberg nahezu nichts zur Kenntnis der Tier- und Pflanzenwelt des Erdaltertums beitragen. Das Wissen über sie stammt aus anderen Regionen der Erde[5].

Zu Beginn des Erdmittelalters[6], in der älteren Trias-Zeit, versank der größte Teil des heutigen Baden-Württemberg unter einer Decke sandiger Ablagerungen, die trotz ihrer vorherrschend roten Farbe als Buntsandstein bezeichnet werden. Die ältesten Teile des Buntsandsteins sind auf den Norden des Landes beschränkt; je jünger die Ablagerungen sind, desto weiter greifen sie nach Süden über das Grundgebirge hinweg. Nur Oberschwaben blieb weitgehend frei von Bedeckung durch Sediment[7]; dort herrschte Abtragung.

In der mittleren Trias-Zeit sank der größte Teil des Gebietes unter den Meeresspiegel. Ein flaches Meer bedeckte den Raum. Es hatte zeitweise über Oberschlesien, zeitweise über das Rhônetal Verbindung zum offenen Ozean im Süden. Dieser Ozean wird Tethys[8] genannt. Das Binnenmeer in Mitteleuropa, das auch Baden-Württemberg weitgehend überflutet hatte, wird wegen seiner Lage als Germanisches Becken und wegen seiner Ablagerungen als Muschelkalk-Meer bezeichnet. Zeitweise war es völlig vom offenen Ozean abgetrennt. Ein heißes und trockenes Klima hatte eine verstärkte Verdunstung zur Folge. Der Gehalt des Wassers an lös-

Abb. 2 Ceratites spinosus, ein Verwandter der Ammoniten der Jurazeit. Oberer Muschelkalk von Neudenau. Durchmesser des Gehäuses etwa 9 cm.

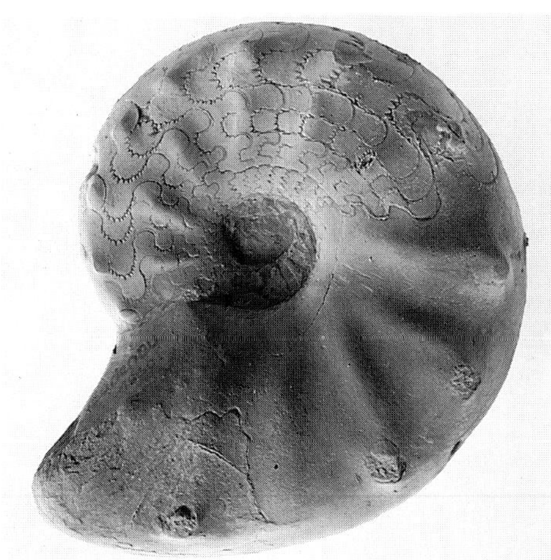

Das Erdaltertum oder Paläozoikum begann vor etwa 600 Millionen Jahren und endete vor etwa 245 Millionen Jahren. Es besteht aus folgenden erdgeschichtlichen Epochen:

- Perm (benannt nach dem einstigen russischen Gouvernement Perm)
- Karbon (lat. carbo = Kohle; benannt nach den Steinkohlevorkommen, z. B. im Ruhrgebiet, in Oberschlesien, in Belgien und in England)
- Devon (benannt nach der englischen Grafschaft Devonshire)
- Silur (benannt nach dem keltischen Volksstamm der Silurer, die einst in Mittelengland ansässig waren)
- Ordovizium (benannt nach dem keltischen Stamm der Ordovizier in Wales)
- Kambrium (benannt nach der römischen Bezeichnung cambria für Nordwales)

Die erdgeschichtliche Epoche des Perms dauerte von etwa 280 bis 245 Millionen Jahren vor der Gegenwart.
Im mitteleuropäischen Ablagerungsraum wird das Perm gegliedert in das ältere Rotliegende und den jüngeren Zechstein. Beide Namen stammen aus dem Kupferbergbau bei Mansfeld in Thüringen.

Die Trias-Zeit begann vor etwa 245 und endete vor etwa 190 Millionen Jahren. Sie hat ihren Namen von der »Dreiheit« der Gesteinsfolgen des Buntsandsteins, des Muschelkalks und des Keupers. Diese Abfolge ist bezeichnend für die Trias in Mitteleuropa, die sogenannte Germanische Trias. In den Alpen, im Mittelmeergebiet und außerhalb Europas kommen völlig andere Gesteinsfolgen vor.

lichen Salzen stieg dadurch so sehr an, daß sich am Grund des Meeres Gips- und Salzlager bildeten. Die damals entstandenen Salze werden heute in Salinen gewonnen oder in Bergwerken abgebaut[9].
Die jüngere Trias-Zeit ist in Baden-Württemberg wiederum weitgehend von festländischen Ablagerungen geprägt. Sandsteine wechseln mit Mergeln[10] und Tonen ab; rote, graue und grüne Gesteinsfarben sind verbreitet. Man nennt diese Gesteinsfolge den Keuper. Gelegentlich, vor allem im tieferen sowie im höchsten Teil, fanden kurzzeitige Meeresvorstöße statt. Diese hinterließen in ihren Ablagerungen auch kennzeichnende Fossilien. Die Ablagerungen des Landes sind zum Teil der Verwitterungsschutt der Böhmischen Masse und eines im Süden liegenden Abtragungsgebietes, das man das Vindelizische Land[11] nennt. Sie wurden weitgehend vom Wasser, das nach kräftigen Regengüssen vom Hochland abströmte, transportiert und flächenhaft ausgebreitet, als die Schutt- und Schlammströme die Ebene erreichten. Teilweise stammen die festländischen Sedimente jedoch von einem nordeuropäischen Abtragungsgebiet; sie haben also den weiten Weg quer durch das mitteleuropäische Becken hinter sich.
Die Wende von der Trias- zur Jura-Zeit wurde im heutigen Baden-Württemberg von der Überflutung durch ein Meer markiert, das zuerst über mehrere breite Straßen und später auf breiter Front mit der im Süden liegenden Tethys in Verbindung stand. Der schwäbische Jura ist eine Schichtenfolge, die in klassischer Weise ihre ausschließliche Entstehung im Meer anhand ihrer Fossilien erkennen läßt. Im unteren Jura oder Lias herrschen dunkle, graue Tone und Kalke vor. Deshalb wird dieser Abschnitt auch als Schwarzer Jura bezeichnet. Zeitweise, vor allem im höheren Teil des Schwarzen Juras, waren die bodennahen Wasserschichten schlecht durchlüftet. Es bildete sich dunkler Faulschlamm, aus dem schwarze, bituminöse[12] Schiefertone[13] hervorgingen. In einem solchen Milieu war die Verwesung von Tier- und Pflanzenkörpern erschwert; deshalb konnten hier Tiere und Pflanzen in besonders guter Erhaltung überliefert werden[14].

Der Name »Keuper« wurde früher von Steinbrechern aus Franken und Thüringen für weiche, mergelige Schichten, gleichgültig welchen Alters, benutzt. Heute wird so die jüngste Gesteinsfolge der mitteleuropäischen Trias genannt, welche im mittleren Württemberg folgendermaßen untergliedert wird:

Oberer Keuper:	Rhätsandstein und Rhättone (0–7 m)
Mittlerer Keuper:	Knollenmergel (25–30 m)
	Stubensandstein (ca. 70–90 m)
	Bunte Mergel mit Kieselsandstein (ca. 40–50 m)
	Schilfsandstein (ca. 5–15 m)
	Gipskeuper (ca. 100 m)
Unterer Keuper:	Lettenkeuper oder Lettenkohle (ca. 20 m)

Die Jura-Zeit begann vor etwa 190 und endete vor etwa 135 Millionen Jahren. Sie hat ihren Namen nach dem schweizerisch-französischen Juragebirge.

Der Schwarze Jura oder Lias wird in Württemberg seit F. A. Quenstedt (vgl. S. 82) in sechs Abschnitte unterteilt, die mit griechischen Buchstaben bezeichnet werden und jeweils bestimmte Gesteinsschichten umfassen. Diese werden nach kennzeichnenden Fossilien benannt:

ζ: Jurensis-Mergel (ca. 1–10 m), nach dem Ammoniten Lytoceras jurense
ε: Posidonien-Schiefer (ca. 5–15 m), nach der Muschel Posidonia bronni, heute Bositra parva genannt
δ: Amaltheen-Tone (ca. 20 m), nach der Ammonitengattung Amaltheus
γ: Numismalis-Mergel (ca.10 m), nach dem Brachiopoden Cincta numismalis
β: Oxynoten- und Raricostaten-Tone (ca. 3 m), nach den Ammoniten Oxynoticeras oxynotum und Echioceras raricostatum)
Turneri-Tone (ca. 20 m), nach dem Ammoniten Asteroceras turneri
α: Arieten- oder Gryphaeen-Kalke (5–6 m), nach der Ammonitengattung Arietites bzw. der Muschelgattung Gryphaea
Angulaten-Sandstein und -Tone (ca. 5–15 m), nach dem Ammoniten Schlotheimia angulata
Psilonoten-Kalke und -Tone (5–8 m), nach dem Ammoniten Psiloceras psilonotum

Abb. 3 Schematisches Profil durch den Jura der Schwäbischen Alb.

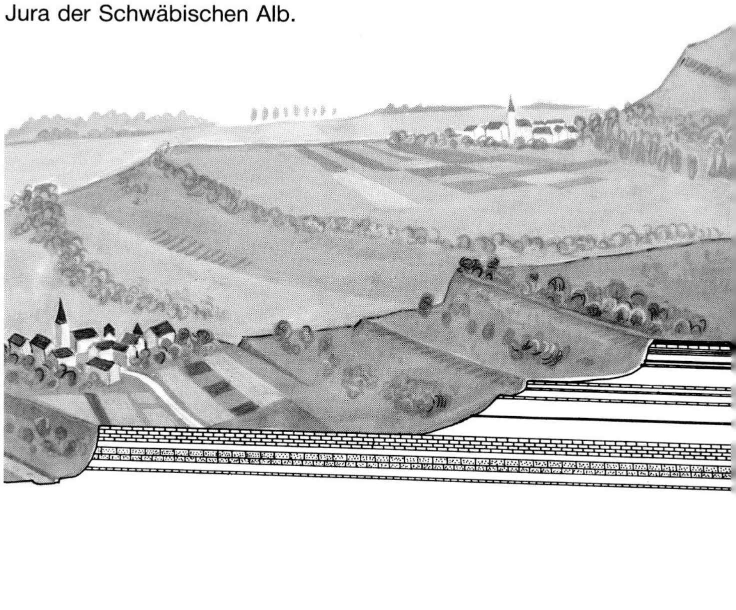

Der Braune Jura, dessen Obergrenze nicht völlig mit der Obergrenze des Doggers übereinstimmt, wird in Württemberg wie der Schwarze Jura in sechs Schichtgruppen unterteilt:

ζ: Ornaten-Ton (1–40 m), nach dem Ammoniten Kosmoceras »ornatum«

ε: Macrocephalen-Oolith (0,2–1,5 m), nach der Ammonitengattung Macrocephalites
Varians-Schicht (1–6 m) und Varians-Oolith (2 m), nach dem Brachiopoden Rhynchonella varians, heute Rhynchonelloidella alemannica genannt
Dentalien-Ton (1–28 m), nach der Scaphopodengattung Dentalium
Parkinsonien-Oolith (0,2–1,5 m), nach dem Ammoniten Parkinsonia parkinsoni

δ: Hamiten-Ton (1–24 m), nach der Ammonitengattung Hamites (die hier vorkommenden Arten werden heute in die Gattung Spiroceras gestellt)
Subfurcaten-Oolith (0,4–2,5 m), nach dem Ammoniten »Strenoceras« subfurcatum
Ostreen-Kalk (2–10 m), nach dem gehäuften Auftreten von Austern (Ostreen)
Humphriesi-Oolith (1–6 m), nach dem Ammoniten Stephanoceras humphriesianum
Giganteus-Ton (1–6 m), nach dem Belemniten Megateuthis giganteus

γ: Blaukalke (0,5–8 m), nach den im unverwitterten Zustand blaugrauen Gesteinen
Wedelsandstein (0,5–18 m), nach den wedelartigen Weidespuren eines unbekannten Tieres
Sowerbyi-Oolith (0,5–1 m), nach dem als Sonninia sowerbyi bezeichneten Ammoniten

β: Personaten-Sandstein (10–30 m), nach der Muschel Parvamussium personatum

α: Opalinus-Ton (80–110 m), nach dem Ammoniten Leioceras opalinum

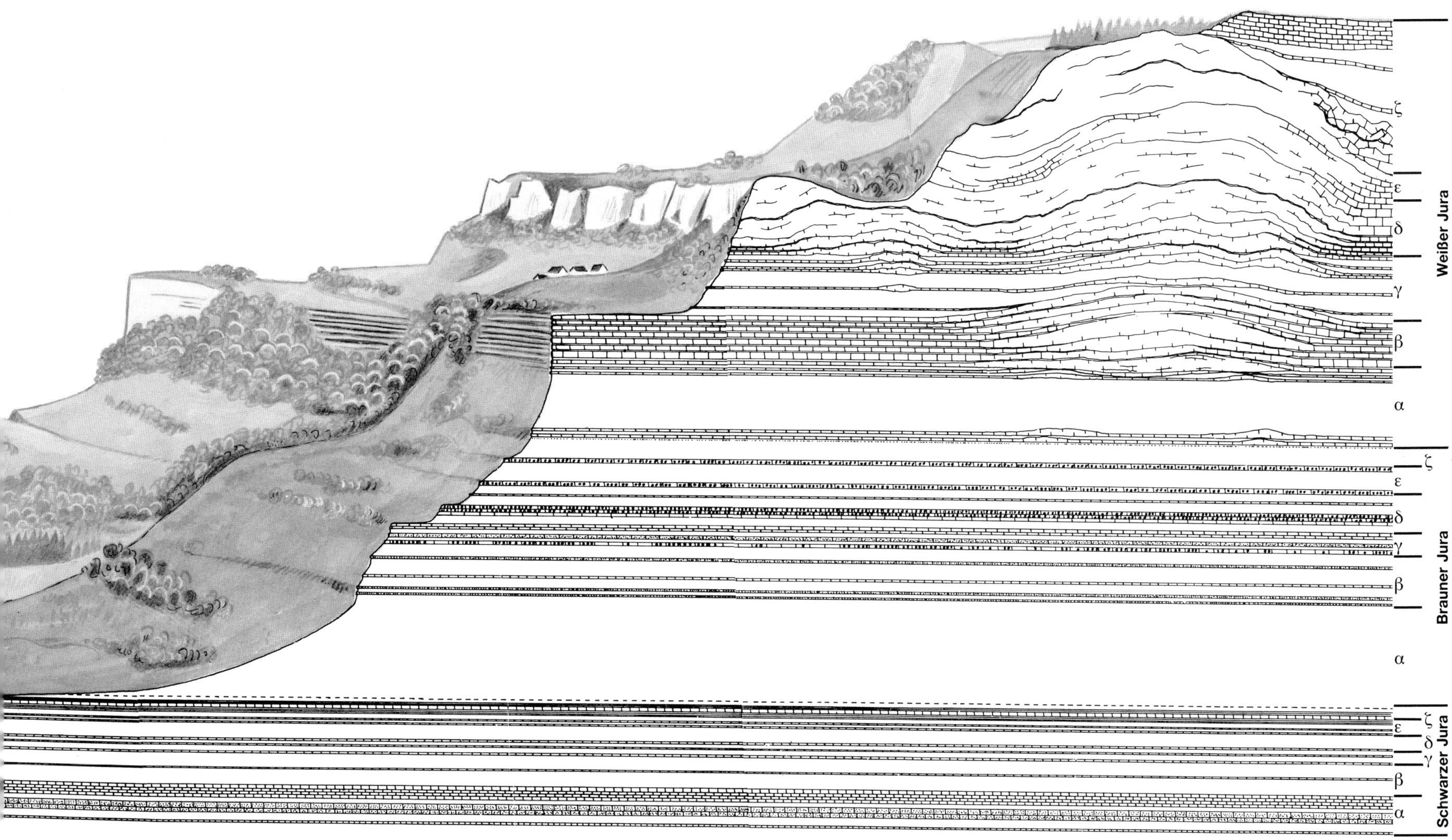

Der mittlere Jura oder Dogger trägt auch den Namen Brauner Jura. Der Grund hierfür sind die verbreiteten braunen Sandsteine und Oolithe[15]. Wie schon zur Zeit des unteren Juras, war während langer Zeiträume auch im mittleren Jura das Meer relativ flach. Strömungen und Wogen erreichten seinen Grund, wirbelten schon abgelagerte Schichten wieder auf und lagerten manche Gesteine mehrfach um. Aus solchen häufig bewegten Sedimenten entstanden örtlich auch Eisenoolith-Anreicherungen, die bis vor wenigen Jahren als Eisenerze abgebaut wurden[16].
Schon zu Ende des mittleren Juras sank der Meeresboden im südlichen Mitteleuropa weiter ab. Der obere Jura oder Malm bildete sich im größten Teil des heutigen Baden-Württemberg als eintönige Folge heller Kalke und Mergel. Die für das bewegte Wasser kennzeichnenden Schichtlücken und Aufarbeitungshorizonte fehlen weithin. Die Bezeichnung Weißer Jura hat der obere Jura Südwestdeutschlands von der hellen Farbe seiner Gesteine. An vielen Stellen war der Meeresboden von Schwämmen besiedelt, deren Bauten über den Grund hochwuchsen und ihn in Hügel und Becken gliederten. Die Schwammbauten verwittern weniger leicht als das umgebende Gestein; auf sie gehen viele der weißen Kalkfelsen der Schwäbischen Alb zurück. Im oberen Weißen Jura wurde das Meer flacher. Auf den Kuppeln der Schwammbauten konnten sich Korallen ansiedeln. In den Becken bildeten sich stellenweise Plattenkalke[17]. In ihnen kommen hervorragend erhaltene Fossilien vor, wie sie auch in den gleichzeitig entstandenen »Lithographischen Schiefern«[18] von Solnhofen und Eichstätt auf der Fränkischen Alb zu finden sind.
Gegen Ende der Jura-Zeit zog sich das Meer vollends zurück, und der südwestdeutsche Raum wurde Land. Die anschließende Kreide-Zeit hat hier keinerlei Gesteine hinterlassen. Damals dürfte die oberflächliche Verwitterung der zuvor gebildeten Gesteine begonnen haben. Schritt für Schritt legte die Abtragung ältere Sedimente wieder frei. In den Klüften der Kalke versickerte das Wasser. Seine auflösende Wirkung erweiterte die Spalten und schuf damit erste Ansätze zur Bildung von Höhlen und zur Verkarstung der Kalkflächen.
Weit im Süden begann in der Kreide-Zeit die Auffaltung der Alpen. Die Gebirgsbildung hatte zur Folge, daß das Vorland, also die südwestdeutsche Scholle, schräg gekippt wurde. Der Norden wurde am weitesten emporgehoben. Dort wirkten Verwitterung und Abtragung am stärksten, so daß, von Norden her fortschreitend, immer tiefere Gesteinsschichten angeschnitten wurden. Die Sedimente der Trias- und Jura-Zeit setzten der Abtragung unterschiedlichen Widerstand entgegen. Weiche Gesteine wie Tone oder Mergel verwitterten rasch und wurden ausgeräumt. Harte Gesteine wie Sandsteine oder Kalke wurden herausmodelliert. Auf diese Weise entstand eine Schichtstufenlandschaft. Die harten Gesteine bilden die Stufenkanten; die weichen Schichten bauen die Abhänge auf.

Die hauptsächlichen Stufenbildner sind: der mittlere Buntsandstein (Hochfläche des Nordschwarzwaldes), der Muschelkalk (Gäuflächen und Hohenloher Ebene), der Schilfsandstein (schmale Terrasse oder Dach vereinzelter Berge im Neckarland, z. B. Lemberg bei Stuttgart-Feuerbach, Asperg, Heuchelberg, Weinsberger Berge), der Stubensandstein (Terrassen im Rammert und Schönbuch, Hochflächen des Glemswaldes, der Löwensteiner Berge und des Mainhardter Waldes), der Arietenkalk (Albvorland, Filderebene, Hochfläche des Schönbuchs), der mittlere Braune Jura (Vorberge und Terrassen am Aufstieg zur Schwäbischen Alb), die Wohlgeschichteten Kalke (Terrassen am Rand der Schwäbischen Alb, z. B. in der Reutlinger Gegend) und der höhere Weiße Jura (Hochfläche der Alb).

Der Weiße Jura oder Malm der Schwäbischen Alb wird ebenso wie der Schwarze und der Braune Jura in sechs Abschnitte unterteilt:

ζ: Hangende Bankkalke (bis über 80 m)
Zementmergel (0–90 m)
Ulmensis-Schichten (30–70 m), nach dem Ammoniten Lithacoceras ulmense
ε: Massenkalke (ca. 30 m; wo höhere oder tiefere Schichten in der Gesteinsausbildung der Massenkalke entwickelt sind, wird die Mächtigkeit höher)
δ: Quaderkalke (40–60 m)
γ: Aptychen-Mergel (ca. 40–60 m), nach den Aptychen, das sind zweiklappige Kalkkörper, die als Ammoniten-Kiefer gedeutet werden
β: Wohlgeschichtete Kalke (20–40 m, in der Westalb bis 100 m)
α: Impressa-Mergel (50–100 m), nach dem Brachiopoden Aulacothyris impressa

Die Untergrenze des Weißen Juras liegt geringfügig über der international verbindlichen Untergrenze des oberen Juras oder Malm. – Die Hangenden Bankkalke sind zwar die jüngsten Schichten des Weißen Juras der Schwäbischen Alb, in anderen Gebieten (z. B. der südlichen Fränkischen Alb) kommen jedoch noch jüngere Ablagerungen des Juras vor.

Die Kreide-Zeit begann vor etwa 135 und endete vor etwa 65 Millionen Jahren. Sie wird wegen der weißen, weichen »Schreibkreide«-Ablagerungen in ihrem jüngeren Abschnitt (der Oberkreide) so benannt. Fossilführende Schichten der Kreide-Zeit sind in Nordwestdeutschland, Frankreich und England weit verbreitet. Berühmte Fundstätten von Fossilien der Kreide-Zeit liegen ferner in Nordamerika und in der Mongolei.

Abb. 4 Die Schichtstufen des Weißen Juras der Schwäbischen Alb. Rechts bricht die Alb mit der Stufe des Weißen Jura β gegen ihr Vorland ab. Die zweite Stufe wird vom Weißen Jura δ aufgebaut. Blick vom Übersberg bei Reutlingen gegen Südwesten.

Hinzu kam in der älteren Tertiär-Zeit noch der Einbruch des Oberrheingrabens. Zwischen dem heutigen Schwarzwald und den Vogesen senkte sich ein Gebiet von etwa 40 Kilometern Breite und 300 Kilometern Länge ab. Die stehengebliebenen Grabenränder wurden emporgehoben. Der Versatz der Schichten gegeneinander beträgt stellenweise mehrere tausend Meter. Das Schichtfallen[19] orientierte sich nunmehr nicht nur nach Süden, sondern auch nach Südosten und Osten. Mit dem Einsinken des Oberrheingrabens verstärkte sich die Erosionskraft[20] der diesem Graben zuströmenden Flüsse. Das rheinische Flußsystem begann damals, sein relativ starkes Gefälle und seine tief eingeschnittenen Täler auszubilden.
Die nach Süden fließenden Gewässer, heute Nebenflüsse der Donau, hatten demgegenüber ein geringeres Gefälle und weit weniger tief eingeschnittene Täler. Auffangbecken dieses danubischen[21] Systems in Südwestdeutschland war ein Senkungstrog, der sich im jüngeren Tertiär im unmittelbaren Vorland der Alpen bildete. Dieses sogenannte Molassebecken[22] nahm vor allem den Verwitterungsschutt der damals aufsteigenden Alpen auf. Es war von Flüssen durchzogen und weithin von Seen und Sümpfen bedeckt. Kurz dauernde Meeresvorstöße in das Becken hinein zeigen an, daß das Alpenvorland und wahrscheinlich ganz Südwestdeutschland damals mehrere hundert Meter tiefer lagen als heute.
Ebenfalls im jüngeren Tertiär, vor etwa 10–18 Millionen Jahren, drangen in drei Gebieten Südwestdeutschlands glutflüssige Gesteinsmassen aus dem Erdinneren hoch und bildeten noch heute sichtbare Vulkangebiete: den Kaiserstuhl, den Hegau und die Maarlandschaft der mittleren Schwäbischen Alb[23]. Auch schlugen damals zwei Meteorite ein. Ihre Zeugen sind das Nördlinger Ries und das Becken von Steinheim am Albuch. In einigen der Vulkan- und Meteorkrater entstanden Seen, an deren Grund Reste der damaligen Tier- und Pflanzenwelt eingebettet wurden.

Die Tertiär-Zeit ist die ältere und hauptsächliche Zeitspanne der Erdneuzeit (bzw. des Känozoikums). Sie begann vor etwa 65 und endete vor etwa 2 Millionen Jahren. Ihr Name stammt aus der Zeit, als man die Erdgeschichte in das sogenannte Primär (= Erdaltertum), das Sekundär (= Erdmittelalter), das Tertiär und das Quartär (vgl. S. 19/20) gliederte.
Das Tertiär wird in fünf große Zeitabschnitte unterteilt:

Jungtertiär (= Neogen)	Pliozän (2–5 Millionen Jahre) Miozän (5–24 Millionen Jahre)
Alttertiär (= Paläogen)	Oligozän (24–40 Millionen Jahre) Eozän (40–55 Millionen Jahre) Paleozän (55–65 Millionen Jahre)

Großflächige Ablagerungen des Tertiärs gibt es in Südwestdeutschland im Rheintal und in Oberschwaben. Im Rheintal begann die Sedimentation im Eozän (ein Beispiel ist die Fossilienlagerstätte Messel bei Darmstadt), erreichte im Oligozän, beim Eindringen eines Meeresarmes, die größten Mächtigkeiten, und hielt stellenweise bis ins Quartär an. In Oberschwaben begannen die Ablagerungen im Oligozän und reichten bis ins obere Miozän. Dort folgen übereinander (vgl. Anm. 22):

Obere Süßwassermolasse (oberes Untermiozän–unteres Obermiozän)
Süßbrackwassermolasse (oberes Untermiozän)
Obere Meeresmolasse (mittleres Untermiozän)
Untere Süßwassermolasse (Oberoligozän –unteres Untermiozän)
Untere Meeresmolasse (nur im Südosten; Oligozän)

In den verkarsteten Kalkgebieten, vor allem der Schwäbischen Alb, kommen tertiäre Ablagerungen mit Fossilien auch in Spalten, Klüften und Höhlen vor. Vgl. V. Fahlbusch 1981.

Abb. 5 Das Heldenfinger Kliff: die Küste des Meeres der Oberen Meeresmolasse auf der Schwäbischen Alb. Die Kalke des Weißen Juras sind von tertiären Muscheln angebohrt.

Abb. 6 Orthosphinctes tiziani, ein Ammonit aus dem Weißen Jura β von Laufen an der Eyach. Durchmesser des Gehäuses etwa 8,5 cm.

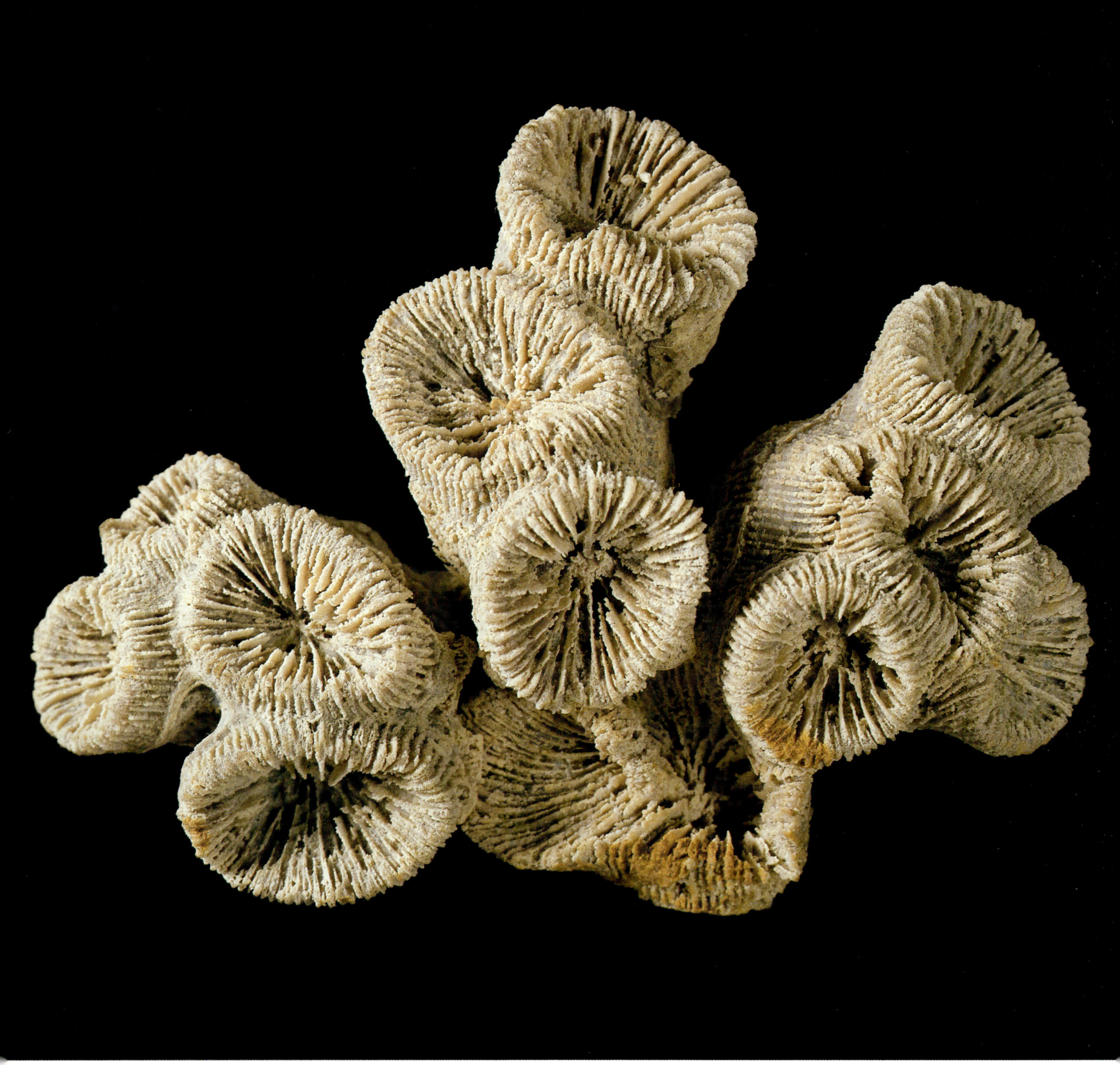

Abb. 7 Thecosmilia trichotoma, eine Koralle aus dem Weißen Jura ζ von Ettlenschieß. Breite 9 cm.

Abb. 8 Schema der Vergletscherung in Oberschwaben während der Würm-Eiszeit. Unterbrochene schwarze Linie im Vorland der Vergletscherung: Weitester Eisvorstoß während der Riß-Eiszeit. Unterbrochene helle Linie auf der Schwäbischen Alb: Nordküste des tertiären Meeres. Nach G. Wagner und A. Koch 1961.

Die Quartär-Zeit ist die jüngste Epoche der Erdgeschichte. Sie begann vor etwa 2 Millionen Jahren. Ihr Name stammt aus der Zeit, als man die Erdgeschichte in das sogenannte Primär (= Erdaltertum), das Sekundär (= Erdmittelalter), das Tertiär (vgl. S. 16) und das Quartär gliederte. Das Quartär ist durch starke Klimaschwankungen gekennzeichnet, die zu einer Folge von Kalt- und Warmzeiten führten. Während der Kaltzeiten kam es zu ausgedehnten Gletschervorstößen, weshalb diese Perioden auch als Eiszeiten bezeichnet werden. Die Ablagerungen der Gletscher wurden ursprünglich als Hinterlassenschaften einer großen Überschwemmung gedeutet. Danach erhielt das Zeitalter der Eiszeiten den Namen Diluvium (lat. = Überschwemmung). Die Ablagerungen der Nacheiszeit sind vor allem Anschwemmungen von Flüssen. Deshalb erhielt die Nacheiszeit den Namen Alluvium (lat. = Anschwemmung).

Heute wird das Quartär in das Pleistozän und das Holozän gegliedert. Das Pleistozän umfaßt das Zeitalter der Eiszeiten und den ihnen vorangehenden Zeitabschnitt. Das Holozän entspricht der Nacheiszeit.

Den Namen »Eiszeit« prägte der badische Naturforscher Karl Friedrich Schimper (geb. 15. 2. 1803 in Mannheim, Studium der Theologie und Medizin, Beschäftigung mit botanischen und geologischen Fragen, seit 1849 mit Unterstützung des Großherzogs von Baden als Privatgelehrter in Schwetzingen, gest. 21. 12. 1867 in Schwetzingen) im Jahre 1837.

Im Quartär sind vor allem drei Vereisungsphasen erkennbar. Man nennt sie auch Glaziale. Eingeschaltete kürzere Zeitabschnitte mit milderem Klima bezeichnet man als Interstadiale.

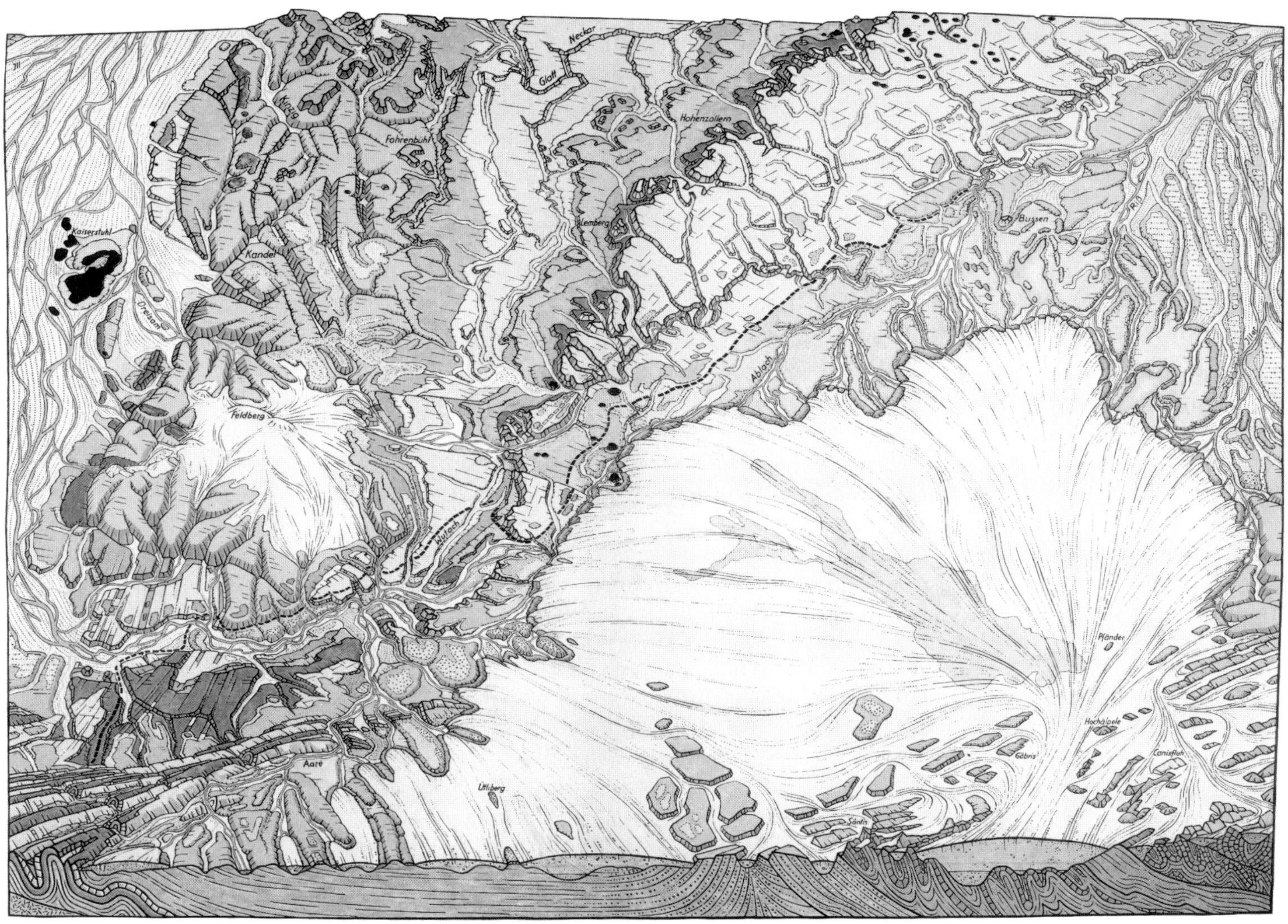

Das Quartär ist das Zeitalter der Eiszeiten. Aus seinem älteren Abschnitt gibt es in Südwestdeutschland nur wenige Zeugnisse. Erst als vor etwa 500 000 Jahren die allmähliche Abkühlung begann, die danach in drei großen Eiszeiten gipfelte, hinterließen die aus den Alpen vorstoßenden Gletscher an ihrer Stirn und auf ihrem Grund Schutt, den man die Moränen[24] nennt. Zeitweise stießen die Gletscher bis an den Südrand der Schwäbischen Alb vor. Vor den Gletschern breiteten die Schmelzwässer in Oberschwaben weite Schotterflächen aus. Aus ihnen, aus den Moränen und aus den Kältesteppen blies der Wind Staub aus und lagerte ihn als Löß[25] wieder ab. Mehrmals stießen die Gletscher bis weit nach Oberschwaben vor. Mehrmals schmolzen sie wieder zurück. In ausgehobelten Senken und hinter den Stauwällen der Endmoränen entstanden Seen, von denen allerdings nur einige der nach dem letzten Eisvorstoß gebildeten übriggeblieben und auch schon wieder teilweise verlandet sind.
Während des Eiszeitalters wurde die südwestdeutsche Landschaft zu ihrem heutigen Erscheinungsbild geformt. Durch Erosion wurden die Täler eingetieft; die Stufenränder wichen zurück und die Zungenbecken der Gletscher wurden vom Eis ausgehobelt. Ablagerung fand nicht nur im Gebiet der Gletscher und der Lößflächen, sondern auch dort statt, wo Flüsse ihre Kies- und Schlammfracht nicht mehr bewältigten, wo Seen verlandeten und wo aus Quellwasser Kalktuff[26] abgeschieden wurde. In solchen Sedimenten des Quartärs sind die Reste der Tier- und Pflanzenwelt des Eiszeitalters zu finden. Hier haben sich auch Zeugnisse und Reste des urgeschichtlichen Menschen erhalten.

Längere wärmere Intervalle zwischen den einzelnen Eiszeiten heißen Warmzeiten oder Interglaziale. Die Glaziale werden im Alpenvorland und in Norddeutschland jeweils nach Flüssen benannt, in deren Gebiet die Gletscherablagerungen besonders deutlich erkennbar sind. Die Warmzeiten werden nach Meereshochständen, bedingt durch das Abschmelzen der Gletscher, benannt. Im frühen Quartär heißen sie nach bekannten Fossilfundstätten. Vgl. K. D. Adam 1964.

Alpenvorland:	Norddeutschland:
Würm-Eiszeit	Weichsel-Eiszeit
Eem-Warmzeit	
Riß-Eiszeit	Saale-Eiszeit
Holstein-Warmzeit	
Mindel-Eiszeit	Elster-Eiszeit
Mosbach-Warmzeit	
Villafranca-Zeit	

Die Gliederung und Benennung der Kaltzeiten im Alpenvorland geht auf den Geographen Albrecht Penck (geb. 25. 9. 1858 in Leipzig, Professor in Wien und Berlin, gest. 7. 3. 1945 in Prag) zurück.
Eiszeiten gab es in weiter Verbreitung schon vor Beginn des Kambriums und am Ende des Erdaltertums (Karbon und Perm der Südhalbkugel).

Sammler und Sammlungen

Kaiser Ferdinand I. wunderte »sich nit wenig«[27], als ihm in Speyer der Graf Wilhelm Wernher von Zimmern[28] Stücke aus seiner Fossiliensammlung zeigte. Die Burg Wernhers, der 1538 in den Grafenstand erhoben und später in das Reichskammergericht zu Speyer berufen wurde, stand im Neckartal nördlich von Rottweil, beim heutigen Dorf Herrenzimmern. Von hier aus sammelte Graf Wernher »viel seltzsames gewechs und würkungen der natur, auch andere seltzsame abenteuerliche antiquitäten«[27]. Einiges davon schenkte er dem berühmten Züricher Gelehrten Conrad Geßner[29], der es 1565 in seiner Schrift »de rerum fossilium« abbildete.
Damals, um die Mitte des 16. Jahrhunderts, wußte man die Zeugen des vorzeitlichen Lebens in den meisten Fällen noch nicht richtig zu deuten. Selbst Geßner glaubte daran, daß sie von selbst in der Erde entstehen konnten. Von den Knochen und Zähnen der eiszeitalterlichen Säugetiere vermutete man allerdings, sie stammten vom sagenhaften Einhorn[30]. Ein solches vermeintliches Horn eines Einhorns war 1494 beim Bau des Rathauses[31] in Schwäbisch Hall gefunden worden. Martin Lerch, Münzmeister in Hall[32], erwarb es um drei Hallische Gulden[33]. Über ein Jahrhundert später grub man in der Umgebung von Hall weitere Reste aus, darunter ein »Horn«, das fünf Zentner wog und mit eisernen Bändern in der Michaelskirche aufgehängt wurde[34]. Später brachte man an ihm eine Beschriftung an, die deutlich werden läßt, welche Zweifel man bei der Deutung hatte:

Abb. 9 Conrad Geßner (1516–1565). Nach H. Fischer 1966.

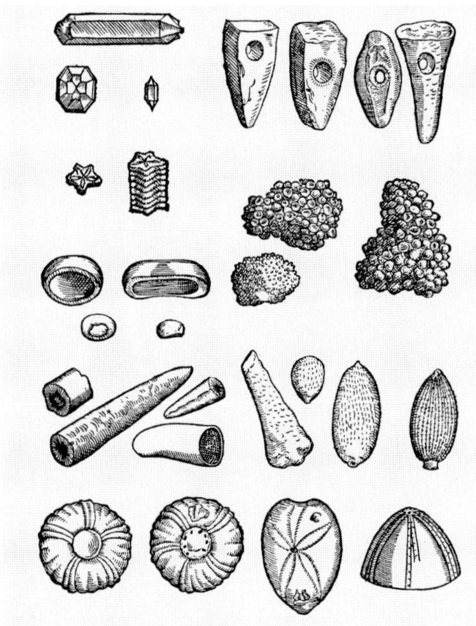

Abb. 10 Objekte, die Conrad Geßner als »Fossilien« bezeichnete. Abgebildet sind Kristalle, Steinbeile, Seelilien-Stielglieder, Fischzähne, Oolith-Gestein, Belemniten, Stacheln von Seeigeln und Panzer von Seeigeln. Nach B. Peyer 1950.

Abb. 11 Das Einhorn. Die Rekonstruktion eines Fundes eiszeitalterlicher Säugetierknochen bei Quedlinburg durch den Magdeburger Bürgermeister Otto von Guericke (1602–1686). Nach O. Abel 1939.

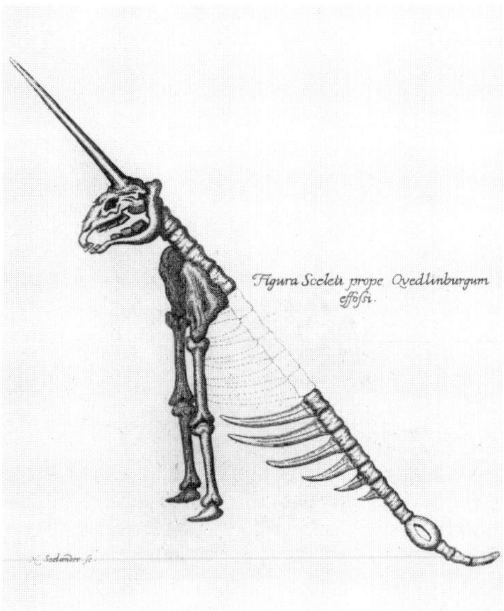

»Tausend Sechshundert und Fünff Jahr,
Den Dreyzehenden Februarii ich gefunden war,
Bey Neunbronn an dem Hällischen Land,
Am Bühler Fluß zur lincken Hand,
Samt grossen Knochen und lang Gebein,
Sag Lieber, was Arth ich mag seyn.«

Nochmals 100 Jahre später war das Interesse an den Merkwürdigkeiten der Natur so groß geworden, daß Johannes Schuckard[35], Antiquarius und Betreuer des Herzoglichen Kunst- und Naturalienkabinetts in Stuttgart, gezielt um die Zusendung bestimmter Funde bat. Nicht immer hatte er dabei Erfolg. Statt der gewünschten Seltenheit erhielt er am 5. Juni 1700 eine viel gewöhnlichere »Schnecke«[36], begleitet von einem Brief[37], in dem es heißt: »Ich mus mich noch einmal entschuldigen wegen dieser überschickten Sach, dieweil ich solte Vielmehr etwas Rahres hergeben können . . . Sie werden zu Beyren[38] gefunden, welches Dorff ligt bey HohenNeuffen, auff den Bergen. Es ist mir gesagt worden, daß zu Underleiningen[39] eben dergleichen Art angetroffen werde. Wenn es nun ein solche Art ist, davon der Hochgelehrte H. Prof. Verlangt, daß ich noch mehr darum schreiben solle, so werd sich, was bey mir stehet, nichts ermangeln laßen. . . . wiewohl ich dißmahl in Vermehrung der wunderlichen Geschöpffen Gottes wenig beytragen kan, so werde ich doch Gelegenheit suchen, wann durch Gottes Gnad mir dergleichen Vorkommen würde, mein williges Gemüth zu bezeugen . . .«

Nicht nur die fürstlichen, auch die privaten Sammlungen gediehen. Jakob Straskirchner aus Regensburg[40], der in Tübingen 1718 über den Gebrauch der Fossilien in der Medizin (»de lapidum figuratorum usu medico«) promovierte, rühmte die große Zahl von Sammlungen im Lande. Voll Bewunderung über den Reichtum an Fossilien wollte er zwölf Zentner davon in seine Heimat senden[41]. Johann Heinrich Freiherr von Sprekelsen aus Hamburg[42] berichtete, hierzulande seien »figurierte Steine«

Abb. 12 Der 1605 in Neunbronn gefundene Mammutstoßzahn in der Michaelskirche von Schwäbisch Hall. Nach J. F. Beyschlag 1734.

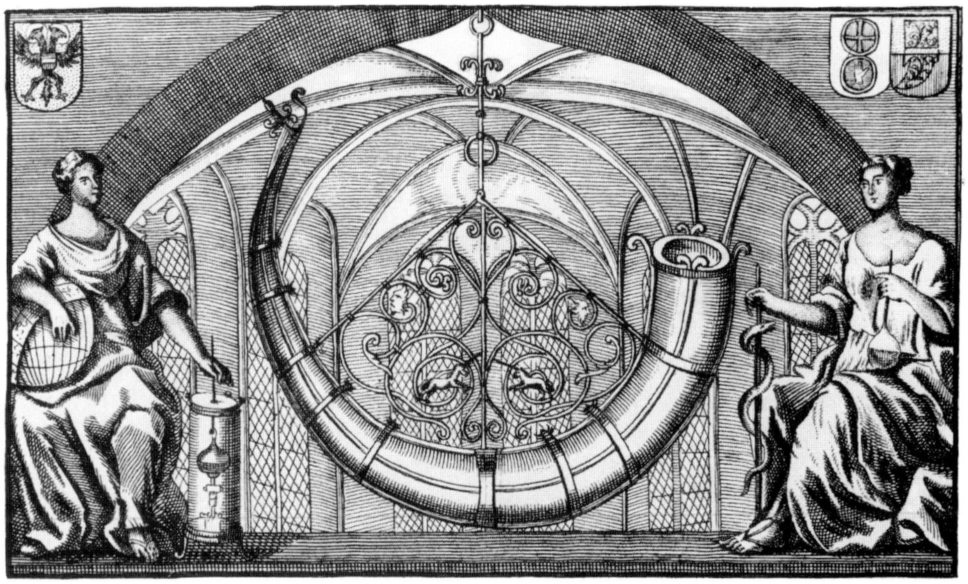

ein gewöhnlicher Hausrat[43]. Eine bedeutende Sammlung besaß auch Johann Georg Gmelin[44], Apotheker, Chemiker und Professor an der Universität Tübingen. Er sammelte auch aus beruflichen Gründen, denn Fossilien galten damals als Heilmittel. Über ihn schrieb Balthasar Ehrhart in seiner »de Belemnitis Suevicis Dissertatio«, er sei »ein hochberühmter Gelehrter, mein Gönner und Freund, aller Ehren würdig; sein herausragender Schatz an Fossilien dürfte für die Begründung einer vollständigen Gesteinskunde Schwabens ausreichen«[45]. Balthasar Ehrhart rühmt noch einen weiteren Sammler, dem er viel verdanke, »der sich die Mühe machte, sowohl die Fossilien selbst, als auch seine hervorragenden Beobachtungen mir großzügigst mitzuteilen«[46], und zwar den »verehrungswürdigen Herrn Weissensee[47], Hochwürdigster Abt von Blaubeuren«[46]. Mit Philipp Heinrich Weissensee beginnt die lange Reihe der Pfarrer, die große Verdienste daran haben, daß die Paläontologie volkstümlich wurde. Unter ihnen ragen Oskar Fraas, Joseph Probst und Theodor Engel besonders heraus.

Oskar Fraas[48] stammte aus einer Theologenfamilie. Schon sein Vater Christoph Friedrich Fraas war Pfarrer gewesen[49], hatte reges Interesse an den damals aufblühenden Naturwissenschaften und konnte eine bedeutende Fossiliensammlung mit Material von der Schwäbischen Alb zusammentragen. Oskar Fraas wurde am 17. Januar 1824 in Lorch geboren. Während seines Theologiestudiums in Tübingen hörte er bei Friedrich August Quenstedt (vgl. S. 82) auch geologische und paläontologische Vorlesungen. Bereits damals, 1845, vor seinem Pfarramtsexamen, beschäftigte er sich mit einer geognostischen[50] Beschreibung der Umgebung von Tübingen. Als Vikar und Pfarrer wirkte Oskar Fraas in Balingen, Leutkirch und Laufen an der Eyach. In dieser Zeit unternahm er eine Studienreise nach Frankreich und England. Die Veröffentlichung ihrer geologisch-paläontologischen Ergebnisse[51] brachte dem jungen Pfarrer den Doktorhut der Universität Würzburg ein.

Sein Amt als Pfarrer gestattete es Oskar Fraas vor allem in Laufen an der Eyach, seinen Neigungen und Lieblingsstudien nachzugehen und sich mit den Fossilien der Umgebung zu beschäftigen. Er betrachtete das Fossiliensammeln allerdings weder als Selbstzweck noch allein unter wissenschaftlichen Gesichtspunkten. Fossilien und Schichtenaufbau eines Gebietes, das war damals erkannt worden, konnten Aufschluß geben über das, was unter Tage verborgen war. Für ein armes Land, wie es Württemberg in der ersten Hälfte des 19. Jahrhunderts war, war die Suche nach Bodenschätzen von hoher Aktualität. Deshalb widmeten sich neben den wenigen hauptberuflichen Geologen viele Bürger aus anderen Berufen der geologischen Landesaufnahme, der Kartierung, dem Erkunden des geologischen Aufbaus einzelner Landesteile. Oskar Fraas hatte großen Anteil an diesen, auf freiwilliger, ehrenamtlicher Leistung aufbauenden Aktivitäten. Außerdem wußte er jedoch, sein geologisches Wissen für seine Gemeinde auf sehr praktische Art nutzbar zu machen. Auf seine Anregung hin sammelten die Dorfbewohner die prächtigen Fossilien der Balinger Gegend. Der Pfarrherr übernahm die Präparation, die Bestimmung und das Ordnen der Fossilien, und er sorgte dafür, daß durch einen guten Verkauf der armen Gemeinde mancher Gulden zufloß. Er verstand es also, aus Steinen Brot zu machen[52].

Im Jahre 1852, im Alter von 28 Jahren, bewarb sich Oskar Fraas um eine Anstellung am Königlichen Naturalienkabinett in Stuttgart[53]. Am 6. Dezember 1854 teilte das Ministerium des Kirchen- und Schul-Wesens der Direktion der wissenschaftlichen

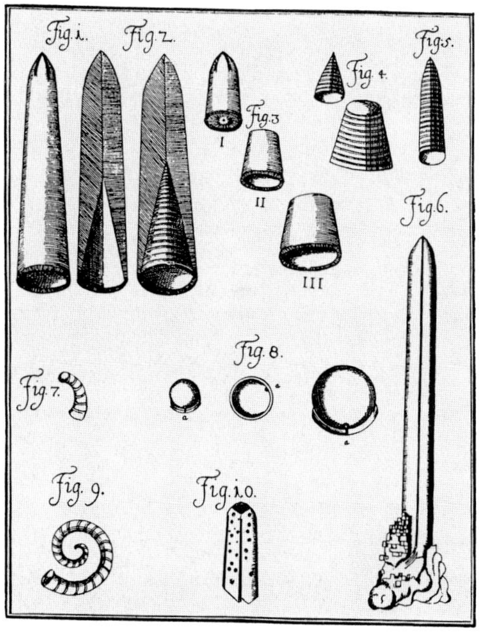

Abb. 13 Der Vergleich der Belemniten mit heute lebenden Verwandten (Spirula, Fig. 7 und 9) in der Dissertation Balthasar Ehrharts. Nach W. Quenstedt 1964.

Balthasar Ehrhart, geb. 29. 7. 1700 in Kaufbeuren, gest. 30. 4. 1756 in Memmingen, hatte in Tübingen und Leiden studiert. In seiner Leidener Dissertation über die Belemniten (1724) untersuchte er den Bau dieser bis dahin rätselhaften Fossilien und erkannte ihre Verwandtschaft mit Ammoniten, Nautilus und den heute lebenden Tintenfischen. Er glaubte, daß sie Meerestiere waren, und meinte, daß sie »unter jene Fossilien zählen, die . . . erst zur Zeit der Sintflut in den Schoß der Erde gerieten«. Seine Absicht, mit Hilfe der Sammlung von Philipp Heinrich Weissensee die fossilen Korallen aus dem oberen Weißen Jura der Gegend von Blaubeuren zu bearbeiten, wurde nicht verwirklicht. Ehrhart wurde in Memmingen Stadtphysikus (Arzt) und Mitglied der Naturforscher-Gesellschaft »Leopoldina« in Halle an der Saale. 1748 veröffentlichte er eine Beschreibung von sechs Regionen mit unterschiedlicher Fossilführung in Südwestdeutschland. Ehrhart hielt sie für Gebiete, deren Tier- und Pflanzenarten, bedingt durch unterschiedliche Lebensräume, gleichzeitig nebeneinander gelebt hatten. Tatsächlich handelt es sich allerdings um Schichtgruppen sehr unterschiedlichen Alters. Trotzdem nahm Ehrhart den Grundgedanken der Fazieslehre (vgl. S. 128) hier vorweg. Vgl. W. Quenstedt 1964; O. Wittmann 1979a, 1979b.

Abb. 14 Oskar Fraas (1824–1897).

Abb. 15 Joseph Probst (1823–1905).

Sammlungen mit[54], »Seine Königliche Majestät« habe »vermöge höchster Entschließung, den Pfarrverweser in Lauffen, Dr. Fraas, zum Conservator der petrefactologischen und geognostischen Abtheilung des Königlichen Naturaliencabinets . . . gnädig bestellt«. Oskar Fraas traf am 5. Mai 1855 in Stuttgart ein; am 11. Mai wurde er feierlich vereidigt. Bis zu seiner Pensionierung im Jahre 1894 stand er der Fossilien- oder Petrefaktensammlung vor. Ihm ist es zu verdanken, daß diese Sammlung zu einer der bedeutendsten weit und breit wurde, daß Sammler, Lieferanten und Laienforscher im ganzen Land motiviert wurden, und daß die Geologie und Paläontologie Gemeingut der Bevölkerung wurde. Oskar Fraas starb am 22. November 1897 in Stuttgart.

Joseph Probst[55] stammte aus Oberschwaben. Am 23. Februar 1823 wurde er in Ehingen an der Donau geboren. Seine Schulzeit schloß er auf dem katholischen Konvikt in Ehingen ab, ehe er im Alter von 17 Jahren mit dem Studium der katholischen Theologie in Tübingen begann. Ab 1846 versah er seinen Dienst als Pfarrverweser und Pfarrer in den nahe Biberach liegenden Orten Schemmerberg, Mettenberg und Unteressendorf. Im Alter von 75 Jahren trat er in den Ruhestand und lebte bis zu seinem Tode am 9. März 1905 in Biberach.

Während seiner Tätigkeit in Oberschwaben begann er, sich für den geologischen Aufbau dieser Landschaft zu interessieren. Obwohl er während seiner Tübinger Zeit keine Vorlesungen in Geologie besucht hatte, fing er an, sich in Sandgruben und Steinbrüchen umzusehen und Fossilien zu sammeln. Ab etwa 1852 betrieb er diese Liebhaberei mit wissenschaftlicher Gründlichkeit, wobei ihm schon früh Hermann von Meyer (vgl. S. 127) in Frankfurt am Main und Oswald Heer (vgl. S. 64) in Zürich bei der Bestimmung der Funde behilflich waren. Joseph Probst erkannte als erster, daß das Tertiär im nördlichen Oberschwaben aus drei Schichtengruppen aufgebaut ist: Zuunterst und zuoberst finden sich Süßwasserablagerungen, die sogenannte untere und die obere Süßwassermolasse; dazwischen liegen die Ablagerungen eines Meeresvorstoßes, die Meeresmolasse. Schwierigkeiten bereitete es zunächst, Leitfossilien, also solche Fossilien zu erkennen, die für bestimmte Schichtgruppen kennzeichnend sind, doch gelang es Probst schließlich, einige geeignete Schneckenarten namhaft zu machen. Seine Verdienste um die Erforschung des oberschwäbischen Tertiärs fanden ihre beste Anerkennung, als ihm 1877 die Würde eines Ehrendoktors der naturwissenschaftlichen Fakultät der Universität Tübingen verliehen wurde.

Joseph Probsts Ergebnisse beruhten auf seinen minutiösen Fossilaufsammlungen. Wenige Jahre vor seinem Tode stiftete er seine Bestände der Stadt Biberach. Sie sind noch heute in den dortigen Städtischen Sammlungen ausgestellt.

Theodor Engel[56] wurde am 20. November 1842 in Eschenbach bei Göppingen geboren. Auch er studierte Theologie in Tübingen. Wie zwanzig Jahre zuvor Oskar Fraas, so hörte auch Theodor Engel neben seinem Theologiestudium naturwissenschaftliche Vorlesungen, unter anderem bei Friedrich August Quenstedt (vgl. S. 82). Theodor Engel promovierte mit einer kirchengeschichtlichen Arbeit und wirkte dann, zuerst als Vikar, später als Pfarrer, in Heubach, Laufen an der Eyach, Ettlenschieß und Eislingen an der Fils. Diese Amtssitze kamen seinen paläontologischen Neigungen sehr entgegen, und so beschäftigte er sich neben seinen Aufgaben als Pfarrer intensiv mit den Fossilien des Juras der Schwäbischen Alb und ihres Vorlandes. Seine wohl bedeutendste Arbeit ist sein »Geognostischer Wegweiser durch

Württemberg«, der zuletzt 1908 in dritter Auflage erschien[57]. In diesem Werk schilderte er den geologischen Aufbau Württembergs, die detaillierte Abfolge der Schichten sowie ihren Gehalt an Fossilien. Außerdem gab er Hinweise auf Aufschlüsse und Fundplätze, die Fachleuten, interessierten Laien und Sammlern jahrzehntelang unentbehrlich waren. Theodor Engel starb am 28. Januar 1933 im Alter von über 90 Jahren. Seine Belegstücke vermachte er der Württembergischen Naturaliensammlung; seine übrige Sammlung wurde Eigentum der Stadt Göppingen. Sie ist heute im »Storchen« im Göppinger Vorort Jebenhausen ausgestellt.
Wie rege das Interesse an Paläontologie im 19. Jahrhundert in Baden und Württemberg war und wie verbreitet das Sammeln von Fossilien, zeigt auch das Echo in der Dichtkunst. 1845 entstand das Gedicht »Der Petrefaktensammler« des Pfarrers und Dichters Eduard Mörike[58]. Es lautet:

Abb. 16 Theodor Engel (1842–1933).

»Einmal noch an eurer Seite,
Meinen Hammer im Geleite,
Jene Frickenhauser Pfade,
Links und rechts und krumm und grade,
An dem Bächlein hin zu scherzen,
Dieß verlangte mich von Herzen.
Aber dann mit tausend Freuden
Gleich den Hügel auf zu weiden,
Drin die goldnen Ammoniten,
Lias-Terebratuliten,
Pentakrinen auch, die zarten,
Alle sich zusammenschaarten, –
Den uns gar nicht ungelegen
Just ein warmer Sommerregen
Ausgefurcht und abgewaschen,
Denn so füllt man sich die Taschen.
Auf dem Boden Hand und Knie,
Kriecht man fort, o süße Müh'! . . .«

1854 dichtete Joseph Victor Scheffel[59] seinen »Ichthyosaurus«:

»Es rauscht in den Schachtelhalmen,
Verdächtig leuchtet das Meer,
Da schwimmt mit Tränen im Auge
Ein Ichthyosaurus daher.

Ihn jammert der Zeiten Verderbniß,
Denn ein sehr bedenklicher Ton
War neuerdings eingerissen
In der Liasformation.

›Der Plesiosaurus, der Alte,
Er jubelt in Saus und Braus,
Der Pterodactylus selber
Flog neulich betrunken nach Haus.‹

›Der Iguanodon der Lümmel
Wird frecher zu jeglicher Frist
Schon hat er am hellen Tage
Die Ichthyosaura geküßt.‹

›Mir ahnt eine Weltkatastrophe,
So kann es ja länger nicht geh'n;
Was soll aus dem Lias noch werden,
Wenn solche Dinge gescheh'n?‹

So klagte der Ichthyosaurus,
Da ward es ihm kreidig zu Muth;
Sein letzter Seufzer verhallte
Im Qualmen und Zischen der Flut.

Es starb zu derselbigen Stunde
Die ganze Saurierei,
Sie kamen zu tief in die Kreide,
Da war es natürlich vorbei.

Und der uns hat gesungen
Dies petrefactische Lied,
Der fand's als fossiles Albumblatt
Auf einem Koprolith.«

Die Paläontologie war somit nicht nur eine Domäne der Wissenschaftler, sondern hatte in der ganzen Bevölkerung viele Freunde. Einen ganz erheblichen Anteil an der Entwicklung der paläontologischen Wissenschaft hatten ferner die vielen, teils prominenten, teils namenlosen Sammler, die dafür sorgten, daß das für die Forschung unerläßliche Material bereitgestellt wurde. Auffangbecken ihres Sammeleifers waren vor allem die beiden, oft miteinander konkurrierenden Sammlungen in Stuttgart[60] und Tübingen[61]. Daneben gibt es jedoch noch eine ganze Reihe weiterer Sammlungen[62], deren Schätze einen Besuch lohnen. Auf allen diesen Beständen beruht der Ruf Baden-Württembergs als einem klassischen Fundgebiet für Fossilien.

Quartär

Abb. 17 Backenzahn eines Mammuts aus der Cannstatter Grabung des Jahres 1700.

Die Cannstatter Mammutgrabung des Jahres 1700

Neugierde trieb den Herzoglich Württembergischen Grenadier Schraishohn, nachzugraben, als er am 4. April 1700 einen bemerkenswerten Gegenstand aus dem Löß ragen sah. Der Ort, wo sich dies ereignete, war ein Feld nahe der Uffkirche an der Landstraße von Cannstatt nach Waiblingen. Was Schraishohn so entdeckte, war eine ergiebige Fundstätte eiszeitalterlicher Knochen und Zähne. Viele Reste, vor allem von Mammutstoßzähnen, wurden geborgen, deren Elfenbein damals noch weithin als Einhorn – Unicornu fossile – gedeutet wurde (vgl. S. 20). Einhorn war eine Kostbarkeit; es wurde beinahe in Gold und Silber aufgewogen. Pulverisiertes Einhorn galt als unfehlbares Heilmittel gegen eine Vielzahl von Krankheiten, von der Pest bis hin zu Bissen, Stichen und Giften.
In einem Bericht aus dem Jahre 1714[63] heißt es über die medizinischen Eigenschaften des Einhorns: »Genug daß es auch ein gutes und abgängiges Materiale ist, und heut zu Tag zu vielen Artzneyen gesuchet wird. Den Kräfften nach hat es benebenst einer anhaltenden und adstringirenden Qualität auch eine Schweiß-treibende Gewalt an sich und ist deswegen wie die Terra sigillata in den hitzigen und gifftigen Fiebern wo sich ein Durchfall eräugnet ein vortreffliches Mittel: versüsset alle übernatürliche Säuere im Leib und stopffet auch gemeine Bauch-Flüsse, rothe Ruhr und dergleichen, wann man ein Scrupel oder halbes Quint darvon in einem gegen die Kranckheit streitenden Gewässer einnimmt.«
Es ist deshalb verständlich, daß Herzog Eberhard Ludwig[64] die Fundstätte ausbeuten ließ. In einem Grabungsbericht[65] heißt es darüber: »Nachdem anno 1700 den 4 Aprilis ein Granatir von Ihro hochf. durchl. Regiment bei Cantstatt vorbeygegangen und wahrgenommen, dass oben aus dem Boden etwas Weisses hervorgucket, und er eine Haue bey sich hatte, hatt er mit der Haue nachgegraben und also zum ersten mahl diese wundersame Sachen in der erde entdecket. Das erste stück, so er herausgegraben und noch selbigen Abend bei Hof über die fürstliche Tafel gebracht, hat die inscription ›das Erste Stück den 4. Apr. anno 1700.‹ Nachgehends hat man mit dem Nachgraben fortgefahren und bis in das folgende Jahr continuirt und nach und nach alle die sachen, die nicht ohne Verwunderung können gesehen werden,

herausgebracht und anhero zur Kunstkammer geführet und vorgestellt, deren jedoch auch eine große quantität in gestalt allerlei hörner, gross und klein, so aber gar mürb und gebrechlich gewesen und haben nicht gantz und unverbrechlich anhero können gebracht werden, Zur Hofapothek ist verwahret worden.« Eine Probe des Fundgutes wurde von Herzog Eberhard Ludwig der Stadt Zürich geschenkt, deren Rat in einem Schreiben vom 5. März 1701 für »einiche ansehnliche rariteten von allerhand gattungen unicornuum Fossilium«, die Johannes Schuckard (vgl. S. 21) vermittelt hatte, »keinen umgang nemmen« zu dürfen glaubt, »E. F. D.[66] für solche Liberalität und Freygebigkeit unseren Dienstfleissigsten Dank, wie hiermit beschieht, zu bezeugen . . .«[67].
Neben den Stoßzähnen wurden auch Backenzähne und Knochen der Elefanten sowie die Reste weiterer Tiere geborgen. Diese Funde galten als Kuriositäten. Sie waren es, die der Kunstkammer einverleibt wurden. Zwar erkannte man die Ähnlichkeiten der Funde mit Säugetierknochen – im Bericht[65] ist von Elefantenzähnen, Rippenstücken, Wirbeln, Knochenstücken und Gebissen die Rede –, trotzdem erschien es dem Verfasser des Berichtes »glaublicher, dass dise sachen vilmehr mineralia seyn«[68]. Man hatte nämlich bei der Grabung auch verwitterte Reste gefunden, »hie und wider weisse eingesprengte Düpflein . . . als wann es gleichsam das principium oder der Samen were, woraus sich solche Fossilia generiren«[69] . . . »Ein gar luculenter Beweisthum, dass solche Fossilia von sich selber in der erden generirert werden«, war auch folgende Beobachtung: »demnach dieses stück so ad 3 Zoll lang, oben hinauss zugespitzt, ausswendig mit einer schönen, weissen cortice sich in der gruben, welche schon dahmal 2 Mann dief aussgegraben war, an der wandt aus der erden herfürthat und zwar in solcher Dücke, muthmasete man, es were eine extremitet von einem grossen Horn, derer schon vorher etliche gar viele heraussgebracht worden, derowegen wollte man es mit sonderbahrer Vorsichtigkeit herausbringen, dass es nicht verbrochen werde, finge derowegen ein paar schritt hinter dem herausguckenden stück zu graben an, man fand aber nichts als diess eintzige principium, dahero war leichtlich zu schliessen, dass es nur ein Ansatz von einem neuen Horn gewesen, welches mit der Zeit immer hätte zugenommen und endlich auch ein gross stück darauss hätte werden können«[69]. In diesen Anschauungen spiegelt sich die damals noch weit verbreitete und gängige Auffassung wider, Fossilien seien »Naturspiele« und entstünden spontan in der Erde unter der Einwirkung von Kräften, welche dem Gebilde seine Gestalt verleihen und es erhärten lassen[70].
Es gab jedoch auch Zweifler. Der Arzt Dr. Salomon Reisel[71], der bei den Grabungen zugegen gewesen war, schilderte zunächst die Ausbeute mit »mehr als sechzig Hörner oder Hornförmige Stücker, die man anderswo gegrabenes oder Erd-Horn oder Helffenbein heisset, von einem biß auf zehen Schuh und mehr lang ausgegraben worden, zwischen und unter welchen unzählich viel Bein und Knochen gelegen, erstlich sehr grosse, als Hirn-Schädel-Schaalen, Kifer, meistens untere, Bak-Zähne, so theils noch in dem Kifer gestanden, theils ausgefallen, Schulter-Blätter, Hüfft-Achsel- dick-Schenkel-Bein mit ihren Pfannen und Bolzen, Mark- und Schienbein, Ruckwürbel, die denen von Elephanten ähnlich und gleicher Größe sind«[72]. Dann erörterte er mehrere Möglichkeiten, wie die Funde zu erklären seien. An Menschenreste glaubte er nicht, »es sey dann, daß man etliche grosse für Riesen-Beine annehmen wollte«[72]. Eher handele es sich um Reste von »bissigen und etwan auch unbekannten Thieren« und es möchten die »gelehrten und Natur-verständigen Männer

zu ihrem hochvernünfftigen Gutachten« kommen, »ob diese Hörner und Beine nur ein Spiel und Werk der Natur in der Erde gewachsen oder von lebendigen Thieren in Mutter-Leib gebohren seyen, wie nicht weniger, wie sie dahin möchten gekommen seyn«[72]. Vom Einhorn ist bei Reisel nicht mehr die Rede. Der Schaffhauser Stadtarzt Dr. David Spleiß[73] hielt die Knochen für die »Überbleibsele der Römischen hecatombarum und Vie-Opfer«, »worzu die Natur vermittelst des Salpeters und Kalkes auch etwas beygetragen habe«[74].

Noch weiter ging der Philosoph Georg Bernhard Bilfinger[75]. Er war 1693 in Cannstatt geboren. Die Fundgegend war ihm gut vertraut, und vielleicht erinnerte er sich auch noch an die Fundbergung in seiner Kindheit. 1725 wurde er vom russischen Zaren Peter dem Großen an die Petersburger Akademie berufen. Dorthin war kurz zuvor die erste Kunde von Mammutresten im Boden Sibiriens gedrungen. 1727 hielt Bilfinger in Petersburg einen Vortrag »de anatomia elephanti et ossibus Mammonteis«. Er nahm darin an, daß die »fossilia Canstadiensia« Elefantenknochen seien. Allerdings bezweifelte er, daß die Römer jemals Elefanten nach Cannstatt gebracht hätten, denn es gebe keine schriftliche Überlieferung hiervon. Dagegen versuchte er, glaubhaft zu machen, daß die Mammute einst in der Cannstatter Gegend gelebt hätten und dort durch irgendeine Katastrophe zugrunde gegangen seien. Aus Afrika oder Indien könnten ihre Gebeine nicht angeschwemmt sein, da sie auf diese Weise nicht in so unterschiedliche Gegenden wie Sibirien und Deutschland hätten gelangen können[76]. Daß Bilfinger mit seinen Mutmaßungen recht hatte, ahnte man jedoch nicht. Die Zeit war für solche Ideen noch nicht reif.

Abb. 18 Georges Cuvier (1769–1832).

Georges Cuvier und die Begründung der wissenschaftlichen Paläontologie

Die Schätze der Herzoglichen Kunstkammer – seit 1760 Herzogliches Naturalien-Cabinet und Kunstkammer genannt – erlangten zur Regierungszeit des Herzogs Carl Eugen[77] neue Bedeutung. Im Jahre 1783 wurden sie der Hohen Karlsschule[78] für Unterrichtszwecke zugänglich gemacht. Damals umfaßte die zoologische Sammlung, das sogenannte Regnum Animale, knapp 400 Objekte. Außerdem gehörten zu ihr noch 166 Fossilien, neben den Cannstatter Funden noch eine Anzahl weiterer Skelettreste eiszeitlicher Großsäugetiere aus Württemberg[79]. Die Begegnung eines der Schüler der Hohen Karlsschule mit diesen Beständen sollte für die wissenschaftliche Paläontologie von großer Bedeutung werden.

Am 18. Mai 1784 begann der noch nicht ganz fünfzehnjährige Offizierssohn Georges Cuvier[80] aus Montbéliard, das damals noch württembergisch war und Mömpelgard hieß, sein Studium an der Hohen Karlsschule in Stuttgart. Georges Cuvier war am 23. August 1769 geboren und zeigte sich schon als Kind aufgeweckt und wissensdurstig. Mit vier Jahren konnte er lesen; mit zehn Jahren wurde er am Gymnasium in Montbéliard in den alten Sprachen Latein und Griechisch unterrichtet; und mit zwölf Jahren war er in der Kenntnis der Tierwelt bestens bewandert. Mit 14 Jahren wurde er Herzog Carl Eugen vorgestellt, der anscheinend die Begabung des Jungen erkannte und ihm den kostenlosen Besuch der Hohen Karlsschule in Stuttgart ermöglichte.

Dort studierte Georges Cuvier Kameralwissenschaften, doch galt sein Interesse mehr den Naturwissenschaften. Schon bald freundete er sich mit einigen gleichgesinnten Mitschülern an[81]. Zusammen mit ihnen sammelte und bestimmte er Tiere und Pflanzen, unternahm Exkursionen und prägte sich die Bestände des Naturalien-Cabinets ein. Von besonderem Einfluß war die Bekanntschaft mit dem vier Jahre älteren Carl Friedrich Kielmeyer[82], der allerdings schon 1786 Stuttgart verließ und an die Universität Göttingen überwechselte. Noch ehe Kielmeyer 1790 an die Hohe Karlsschule als Professor für Zoologie zurückkehrte, hatte Georges Cuvier seine Ausbildung im April 1788 preisgekrönt beendet und war als Hauslehrer in der Normandie tätig geworden. Mit Kielmeyer und seinen anderen Stuttgarter Freunden blieb Cuvier jedoch sein Leben lang in engem brieflichem Kontakt. Von ihnen erbat er sich Auskünfte über Neuentdeckungen und Veröffentlichungen; mit ihnen tauschte er Erfahrungen aus; ihnen berichtete er über die politischen Verhältnisse im revolutionären Frankreich.

Cuviers Zwischenspiel als Hauslehrer in der Normandie war nur von kurzer Dauer. 1795 siedelte er nach Paris über und wurde dort einer der bekanntesten und am meisten gefeierten Naturforscher seiner Zeit. In der Sitzung des Institut National vom 1er pluviôse des Jahres IV der Französischen Revolution, d. h. am 24. Januar 1796, legte er überzeugend dar, daß der fossile Elefant – Cuvier meinte damit das Mammut[83] – von den beiden lebenden Arten klar zu unterscheiden ist. Dies gilt als der erste unwiderlegbare Beweis für das Vorhandensein ausgestorbener Arten und damit als die Geburtsstunde der wissenschaftlichen Paläontologie. Bis dahin war oft die Meinung geäußert worden, die vielen als Fossilien bekannten Tiere und Pflanzen lebten in der Gegenwart in noch unerforschten Teilen der Erde oder in der Tiefe des Meeres. Um 1800 war jedoch die Großtierwelt schon so gut bekannt, daß mit einer Entdeckung noch lebender Mammute kaum noch zu rechnen war. Cuvier gründete seine These von der artlichen Verschiedenheit des Mammuts vom Indischen und vom Afrikanischen Elefanten auf Unterschiede im Skelettbau. Hierbei kam ihm seine Kenntnis der Cannstatter Funde des Jahres 1700, die er als Schüler im Stuttgarter Naturalien-Cabinet bestaunt hatte, zugute. Es sind somit nicht zuletzt die »Fossilia Canstadiensia«, denen die wissenschaftliche Paläontologie ihre Entstehung verdankt.

Als Zusammenfassung seiner Studien über den Skelettbau, vor allem der Säugetiere, veröffentlichte Cuvier im Jahre 1812 die »Recherches sur les Ossemens fossiles«. In diesem Werk legte er seine Auffassungen über die Fossilien dar. Er hielt die Arten für unveränderlich, wobei er besonders die Gleichartigkeit tierischer Mumien aus dem vorchristlichen Ägypten mit ihren heutigen Verwandten und das Fehlen von Bindegliedern zwischen den Arten hervorhob[84]. Er zeigte, daß die Tierwelt der einzelnen erdgeschichtlichen Epochen voneinander verschieden war. Das Verschwinden der einzelnen Arten begründete er mit ihrer Vernichtung durch Katastrophen, das Erscheinen neuer Formen mit ihrer Zuwanderung aus anderen Regionen der Erde. Er erkannte, daß die Organismen belebte Systeme sind, in denen jedes Teil, jedes Organ, mit anderen Teilen harmoniert. Dieses Prinzip der Korrelation der Organe ermöglicht es, auch aus Einzelknochen, wie sie als Fossilien die Regel sind, das einstige Tier zu rekonstruieren. Cuviers Gedankengebäude gründete sich auf Beobachtungen und Erfahrungen. Spekulationen und philosophische Erörterungen waren ihm fremd. Wenn auch einige seiner Schlußfolgerungen heute als falsch angesehen werden, so hat sein Wirken doch nicht nur der Paläontologie, sondern auch der Zoologie ungeheure Impulse gegeben.

In der 1821 erschienenen zweiten Auflage der »Recherches sur les Ossemens fossiles« berücksichtigte Cuvier auch inzwischen neu aufgefundenes Fossilmaterial. So erwähnte er neue Mammutfunde aus Cannstatt, von denen er über seine Stuttgarter Freunde erfahren hatte. Der Fundort war eine Lehmgrube am Seelberg in der Nähe des heutigen Bahnhofs Stuttgart-Bad Cannstatt, südlich der Eisenbahnlinie. Dort wurde das Rohmaterial für die Cannstatter Ziegelbrennerei gewonnen. Dabei hatte Johann Georg Memminger[85] im Oktober 1816 ein Lager mit zahlreichen Mammutstoßzähnen entdeckt[86].
König Friedrich I. von Württemberg[87] wurde verständigt. Er eilte zur Fundstätte und war von dem, was er sah, so überwältigt, daß er äußerte, dies sei die größte Merkwürdigkeit seines Lebens. Er befahl die Ausgrabung und Bergung der Funde, ließ die besten Gelehrten des Landes kommen – auch Carl Friedrich Kielmeyer war bei der Grabung anwesend – und trug ihnen auf, das Zustandekommen und die Bedeutung der Funde zu erforschen. Was den König so fasziniert hatte, waren zwölf übereinander gestapelte Stoßzähne sowie einige Backenzähne des Mammuts. Daneben lagen weitere vier einzelne Stoßzähne, mehrere Backenzähne und einige sonstige Reste dieser eiszeitalterlichen Elefanten. Insgesamt handelte es sich um Zähne und Knochen von mindestens acht Tieren. Außerdem waren noch Knochen und Zähne anderer Tierarten im Fundgut vertreten.
Die Grabung fand bei naßkaltem Wetter statt und wurde von Sträflingen durchgeführt, die von einer Militärwache beaufsichtigt wurden. Von einem der Offiziere, dem Leutnant Natter, stammt ebenso wie vom Finder Memminger eine zeichnerische Dokumentation der Fundlage. König Friedrich überwachte persönlich den Fortgang der Grabung, die etwa 14 Tage dauerte. Am 27. Oktober erkältete er sich in der feuchten und kalten Grube. Die Krankheit verschlimmerte sich, und in der Nacht zum 30. Oktober 1816 starb der König.
König Friedrich hatte geglaubt, daß Menschen an der Anhäufung der Reste beteiligt waren. »Das künstliche Aussehen von dem Lager der dreyzehn[88] Stoßzähne hat bey Manchen die Vermuthung erregt, es möchten Menschenhände dabey thätig gewesen seyn, und der verewigte König selber hatte ein solches Gewicht auf diese Vermuthung gelegt, daß er sie dem . . . Professor von Kielmayer zu besonderer Untersuchung empfahl«[89]. Kielmeyer und Memminger ließen sich allerdings von der Idee ihres Königs nicht überzeugen. Sie meinten, daß »schon die Tiefe, in der man die Zähne fand«, gegen ein »absichtliches Zusammenlegen« spreche. Auch sei auffallend, daß der Lehm über den Zähnen ein »unberührter, natürlicher, gewachsener« Boden sei. Diskutiert und verworfen wurde auch die Annahme, es handele sich um Reste von Elefanten, welche die Römer mit sich führten. Memminger stellte fest, daß die Funde von Arten stammten, die »nicht, und soweit die Geschichte reicht, nie den lebenden Arten« angehörten. Außerdem sei es »nicht zu gedenken, daß die erwerbsüchtigen Römer weder so verschwenderisch mit dem Elfenbein umgingen, noch überhaupt so viele Elephanten mit sich führten«[89].
Der Mensch als Zeitgenosse der eiszeitlichen Großsäuger – dieser Gedanke war zu Anfang des 19. Jahrhunderts noch allzu revolutionär. Georges Cuvier hatte bei seinen Forschungen niemals einen Beweis dafür gefunden, und so galt sein Ausspruch »il n'y a point d'os humains fossiles« (es gibt keinen Nachweis fossiler Menschenkno-

Abb. 19 Die Aufdeckung der Cannstatter Stoßzahngruppe im Herbst 1816. Nach O. Fraas 1866.

chen) als Dogma. Er selbst hatte allerdings einschränkend bemerkt: »Allein ich will daraus nicht folgern, dass vor dieser Epoche die Menschen noch gar nicht vorhanden gewesen seyen«[90]. Doch seine Zeitgenossen ließen diese Vorsicht vermissen; für sie konnte und durfte es keine Menschen als Zeitgenossen von Fossilien geben. Der frühe Tod von König Friedrich verhinderte, daß die Frühgeschichte des Menschen anhand der neuen Befunde erneut und vorurteilslos erörtert wurde.
Die Stoßzähne wurden vollends freigelegt und als Ganzes in das Königliche Naturalienkabinett gebracht. »Es war übrigens keine geringe Aufgabe, die ganze Masse, an der sechs starke Pferde zu ziehen hatten, ohne Beschädigung auszuheben. Vermittelst eines vorsichtigen Verfahrens gelang es, indem man dieselbe, noch ehe sie von der Stelle gerückt wurde, nach und nach von allen Seiten mit Dielen einschloß,

welche man am Ende zusammenschraubte«[91]. Im Naturalienkabinett war die Stoßzahngruppe über ein Jahrhundert lang eine der größten Attraktionen des Museums. Johann Wolfgang Goethe wußte von den Cannstatter Funden und bemühte sich schon im Jahre 1820, allerdings vergeblich, um einen Tausch[92]. Der zu seiner Zeit viel gelesene Reiseschriftsteller Karl Julius Weber[93] war von der Stoßzahngruppe so beeindruckt, daß er sie 1826 in seinem Werk »Deutschland oder Briefe eines in Deutschland reisenden Deutschen« eigens erwähnte[94]. Im September 1944 wurde sie nach einem Luftangriff beim Brand des Museumsgebäudes vernichtet. Dadurch wurde es unmöglich, einer Anregung Fritz Berckhemers (vgl. S. 45) aus dem Jahre 1931 zu folgen: »Eine vollständige kritische Untersuchung der Stoßzahngruppe müßte entscheiden lassen, ob der Mensch an ihrem Zustandekommen beteiligt war oder nicht«[95].

Das menschliche Schädeldach von Cannstatt

Schon der Mammutfund des Jahres 1700 hatte Anzeichen dafür geliefert, daß der Mensch und das Mammut Zeitgenossen waren. Unter dem Fundgut von der Waiblinger Straße befand sich auch ein Rest eines menschlichen Schädeldaches. Lange wurde es in seiner Bedeutung nicht erkannt. In der ersten Hälfte des 19. Jahrhunderts wurde es erstmals beschrieben[96]. Allerdings meinte Oskar Fraas: »Das Origi-

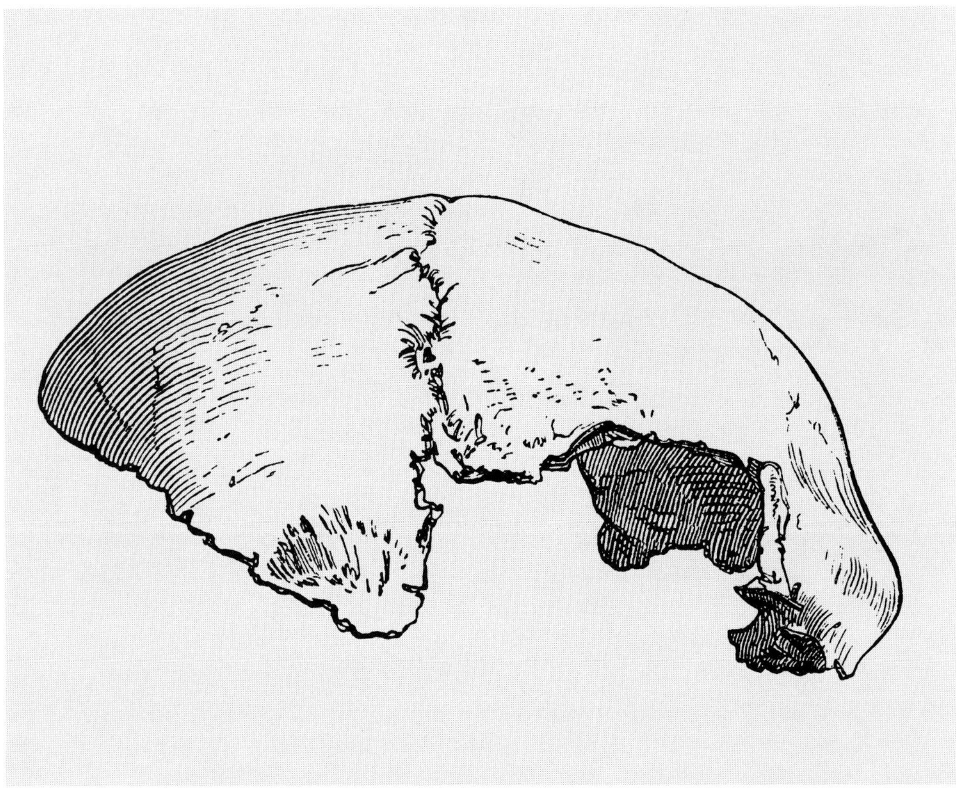

Abb. 20 Menschliches Schädeldach aus der Cannstatter Grabung des Jahres 1700; der Typus der »race de Canstadt«. Nach O. Fraas 1866.

nal stellt das Stück eines Schädeldaches dar, in welchem ein starker Augenbraunbogen auffällt, sonst aber nichts beobachtet werden kann, was nicht auch Hunderte von Schwabenschädeln zeigen«[97]. In der zweiten Hälfte des 19. Jahrhunderts geriet das Stück dann in den Strudel wissenschaftlicher Polemik.

Der französische Anthropologe und Anatom Armand de Quatrefages[98] hatte es nach Paris zur Untersuchung ausgeliehen. Oskar Fraas berichtete darüber: »Im Sommer 1869 hatte mich Herr von Quatrefages um Ueberlassung des . . . Originals gebeten. Gerne überließ ich das Stück dem über meine Gefälligkeit hoch erfreuten Kollegen . . . Derselbe nahm das Stück eigenhändig an sich, um es in Paris in Ruhe zu untersuchen. Aber bald kam kurz nach dem Einzug der Deutschen in Paris[99] ein lamentabler Brief, dieser Cannstatter Schädel sei in Folge des Platzens einer deutschen Granate im Museumssaale schwer beschädigt worden. Nothdürftig geflickt sandte mir Herr Quatrefages die Schädeltrümmer zurück«[100]. Allerdings hatte das Stück keine irreparablen Verluste erlitten.

Bald darauf publizierten Armand de Quatrefages und Ernest-Théodore Hamy[101] ihre These, der Cannstatter Fund stimme mit dem Neandertaler überein und gehöre zu den Menschen des Eiszeitalters. Sie nannten diese vermutlich ältesten Menschen die »race de Canstadt«[102] und erklärten den Namen als »souvenir justement donné à la découverte faite, dès 1700, du premier fossile humaine, à Canstadt«[103]. Ein Sturm der Entrüstung erhob sich. Der Arzt Hermann Hölder[104] ein weithin angesehener Fachmann der württembergischen Anthropologie, führte sogleich ernste Zweifel an den Fundumständen ins Feld. Aus dem Fundbericht Salomon Reisels gehe »mit

Der Skelettrest (Schädeldach und wenige weitere Knochen), der 1856 im Neandertal bei Düsseldorf gefunden und dem Lehrer Johann Carl Fuhlrott (geb. 1. 1. 1804 in Leinefelde, gest. 17. 10. 1877 in Elberfeld) aus Wuppertal-Elberfeld übergeben wurde, wird heute im Rheinischen Landesmuseum in Bonn aufbewahrt. Er verkörpert eine Menschenform, die den älteren Abschnitt der Würm-Eiszeit von etwa 75 000 bis 35 000 Jahren vor der Gegenwart charakterisiert. Obwohl die These, es handele sich um eine altertümliche Menschenform, vom Bonner Anatomen Hermann Schaaffhausen (1816–1893) unterstützt wurde, fand sie zunächst in deutschen Fachkreisen nur wenig Anklang.

Das Neandertal wird von der Düssel durchzogen. Es trägt seinen Namen nach dem Theologen und Liederdichter Joachim Neander (1650–1680) aus Bremen, der zeitweise in Düsseldorf wirkte und das nach ihm benannte Tal häufig aufsuchte.

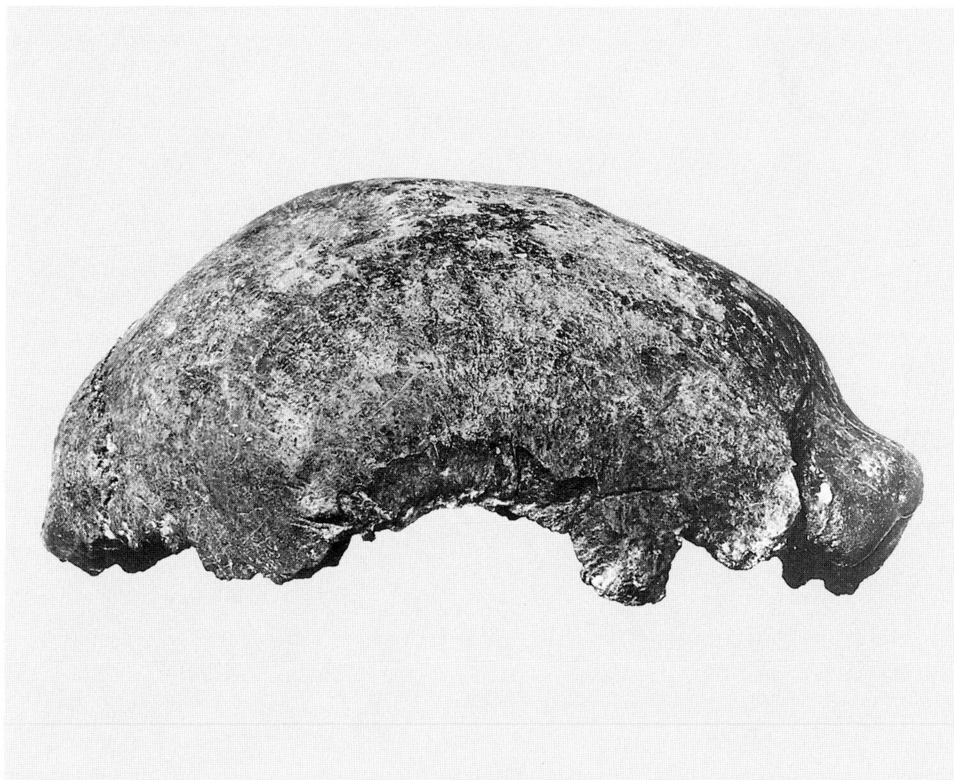

Abb. 21 Das Schädeldach des Neandertalers.

Sicherheit hervor, dass man nicht allein Funde aus der Mammuthsperiode, sondern auch spätere vor sich hatte[105]. . . . Wäre es also selbst nachgewiesen, dass im Jahre 1700 an dieser Stelle menschliche Knochen gefunden worden wären, so dürfte man sie, ohne genaue Kenntnis der Schichten, in welcher sie lagen, doch nicht für Zeitgenossen des Mammuths halten«[106]. Über Armand de Quatrefages heißt es allerdings: »Für den Irrthum indess, den Schädel von Cannstadt für einen Zeitgenossen des Mammuths zu halten, ist er kaum verantwortlich. Er folgte den Angaben des verstorbenen Professors Jäger in seinem Werke über die fossilen Säugethiere Würtembergs«[107].

Zu diesen Bedenken kam noch die ablehnende Haltung Rudolf Virchows[108] hinzu, der schon den Neandertaler nicht als fossilen Menschen anerkannt hatte[109]. Auf seinen ausdrücklichen Wunsch hin ließ sich auch Oskar Fraas zu einem Verdikt der »race de Canstadt« hinreißen, das in dem Satz gipfelte: »Fast möchte man im Interesse der Wissenschaft wünschen, die platzende deutsche Granate von 1870 hätte den Schädel von Cannstatt nicht blos einfach beschädigt, sondern vollständig zermalmt, um die unglücklichen Trümmer der Rasse gänzlich aus der Welt zu schaffen«[110]. Doch Virchow ließ auch jetzt noch nicht locker. Im Jahre 1892 befaßte sich auf seine Anregung hin die Versammlung der Deutschen Gesellschaft für Anthropologie, Ethnologie und Urgeschichte in Ulm erneut mit dem Fund[111], und Virchow konnte feststellen: »Dieses Gespenst einmal aus der Welt zu schaffen und gerade bei dieser Gelegenheit endgültig zu bestatten, schien mir eine würdige Aufgabe dieses Kongresses zu sein«[112].

Wie gut der Kongreß seine Aufgabe erfüllt hatte, geht aus den Worten des Straßburger Anatomen Gustav Schwalbe[113] hervor, der 1906 eine sorgfältige Beschreibung und Wertung des Cannstatter Fundes vorlegte: »Ich glaube . . ., daß der Schädel . . . nicht genau derselben Lokalität, an welcher die Mammutknochen gefunden wurden, angehört, sondern einer dicht daneben gelegenen, an welcher in der Fortführung jener Ausgrabungen auch Reihengräber eröffnet sein könnten. Ich bin also mit Hölder nach allem der Meinung, daß der Schädel nicht der Diluvialzeit entstamme, nicht mit den Mammutknochen zusammengehöre«[114]. Mehrere Jahrzehnte später kamen indessen Zweifel auf, ob es richtig gewesen war, dem Cannstatter Schädeldach sein eiszeitliches Alter abzusprechen. Sein Erhaltungszustand glich völlig demjenigen der Säugetierfunde, und deshalb stammte es wahrscheinlich auch aus derselben Zeit, nämlich der Würm-Eiszeit, beziehungsweise der Zeit des frühen Homo sapiens. Überprüfen läßt sich diese Frage allerdings nicht mehr, denn das Stück, das während des Zweiten Weltkriegs an den Münchener Anthropologen Theodor Mollison[115] ausgeliehen war, wurde dort ein Opfer des Bombenkriegs.

Die Rentierjäger von der Schussenquelle

Noch ehe das Cannstatter Schädeldach zum Streitobjekt der Anthropologie wurde, war in Baden-Württemberg ein weiteres Zeugnis des eiszeitalterlichen Menschen zutage gefördert worden. Als bei der Moorentwässerung im südlichen Federseemoor, dem sogenannten Steinhauser Ried, der Grundwasserspiegel abgesenkt wurde, hatte dies einen Rückgang in der Schüttungsmenge der benachbarten Quelle

Abb. 22 Skelett eines Elches aus nacheiszeitlichen Torfen vom Bahnhof Schussenried. Das rechte Hinterbein ist ergänzt. Länge des Tieres etwa 2,4 m.

Abb. 24 Luftaufnahme Oberschwabens mit dem Federseegebiet im Vordergrund und den Alpen im Hintergrund.

Abb. 23 Skelettmontage des 1910 entdeckten Steinheimer Steppenelefanten. Rückenhöhe etwa 4 m.

des Flüßchens Schussen zur Folge. Um seine Mühle weiterbetreiben zu können, begann der Müller Karl Benedikt Käs aus Schussenried im Jahre 1865, den Mühlgraben ebenfalls tiefer zu legen. Im Frühjahr 1866 senkte er auch die Quelle selbst um fast fünf Meter ab.

Bei diesen Arbeiten wurde eine schwarze Schlammschicht angeschnitten, die zahlreiche guterhaltene Knochen enthielt. Der Schussenrieder Apotheker August Friedrich Valet[116] erfuhr hiervon, sammelte einige Proben auf und sandte sie im Sommer 1866 nach Stuttgart. Daraufhin veranstaltete Oskar Fraas, unterstützt von Konrad Dietrich Haßler[117], im September 1866 eine Grabung, die erstmals überzeugend die Anwesenheit des eiszeitlichen Menschen in Mitteleuropa[118] ergab. Das

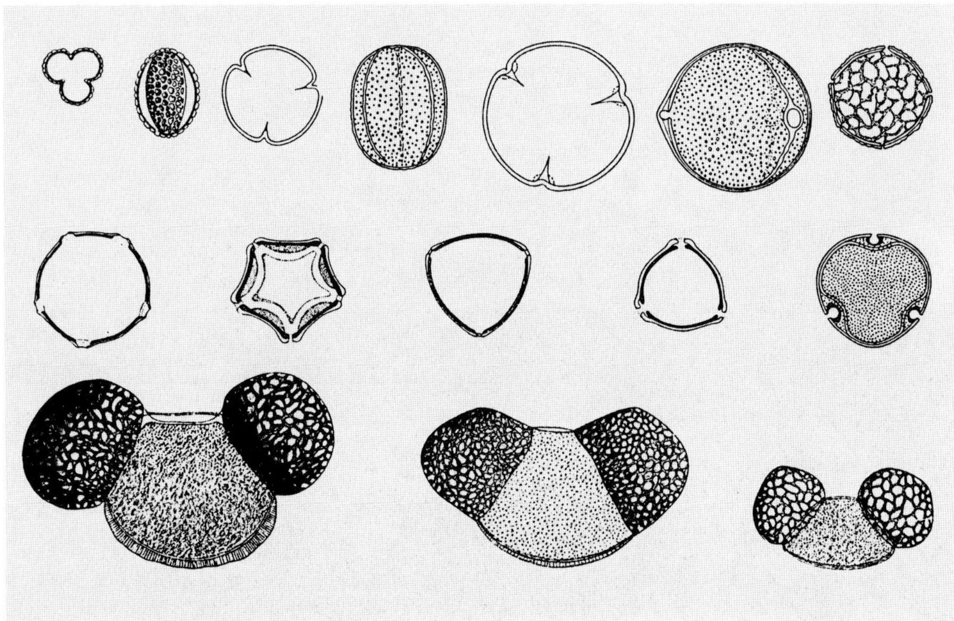

Abb. 25 Pollenkörner verschiedener Baumarten. Stark vergrößert. Nach P. Filzer 1954–1956.

Abb. 26 Karl Bertsch (1878–1965).

Fundgut enthielt ein umfangreiches Material teils intakter, teils zertrümmerter Rentierknochen, einzelne weitere Säugetierreste (Knochen vom Pferd, Vielfraß, Bär, Eisfuchs, Rotfuchs, Wolf und Hasen) sowie Reste von Vögeln, Fröschen, Fischen und Moosen. Ferner wurden zahlreiche als Schneidewerkzeuge zugerichtete Feuersteine und Feldsteine zum Zerklopfen von Knochen geborgen. Offensichtlich handelte es sich um die Abfallgrube einer eiszeitlichen Jägerhorde, die angeschnitten worden war[119]. Besonders beweiskräftig für die Anwesenheit des Menschen waren sodann aus Knochen hergestellte einfache Geräte, mehrere Funde roter, pastenartiger Farbe, ein Bruchstück eines Rentiergeweihs mit eingravierten, wenn auch undeutbaren Figuren, sowie die Überreste von Feuerstellen.

Tier- und Pflanzenwelt an der Fundstelle deuteten einhellig auf ein kaltes, arktisches oder hochalpines Klima, vergleichbar dem an der Schneegrenze. Sie mußten deshalb aus der Eiszeit stammen, also aus einer Zeit, als die Gletscher große Teile des Alpenvorlandes (und Nordeuropas) bedeckten. Daß Tiere, Pflanzen und die Hinterlassenschaften des Menschen gleichaltrig waren, stand außer Zweifel. Oskar Fraas selbst erläuterte dies folgendermaßen[120]: »Der Werth dieses Platzes wird . . . dadurch noch erhöht . . ., dass er vom Anfang seiner Entdeckung an bis zum Ende der Ausgrabung unter der streng controlirenden Aufsicht . . . stund, dass ferner sein ganzer Inhalt ausnahmslos in Eine Hand gelangte, keinerlei Verschleuderungen . . . statt hatten und endlich die Durchwühlung der Culturschichte durch die Hände zuverlässiger, mit derartigen Arbeiten vertrauter Männer vorgenommen wurde« . . . »In erster Linie soll meine Aufgabe sein, ausführlich die geognostischen Verhältnisse darzulegen, um allen und jeden Zweifel abzuschneiden, als ob vielleicht die Überreste älterer vormenschlicher Zeiten sich mit den Resten späterer Menschenzeit . . . vermengt haben könnten. Glücklicherweise sind die natürlichen Lagerungsverhältnisse so deutlich und überzeugend, dass keinem Menschen . . . derlei Gedanken kommen können.«

Grundwasser- und Seespiegelabsenkungen fanden im Federseemoor mehrfach und zu unterschiedlichen Zwecken statt. Für einen Überblick über die Absenkungen des Federsees selbst, welche die Gewinnung landwirtschaftlich nutzbarer Flächen zum Ziel hatten, vgl. E. Wall 1964. Die Grundwasserabsenkung im Steinhauser Ried, die Anlaß zur Tieferlegung der Schussenquelle gab, sollte den Abbau von Torf ermöglichen.

Das Federseegebiet ist durch seine jungsteinzeitlichen Moordörfer (»Pfahlbauten«) bekannt geworden. Es war ferner das Studienobjekt des Pioniers der Pollenanalyse in Württemberg, Karl Bertsch (geb. 1. 2. 1878 in Dormettingen, Ausbildung im Lehrerseminar in Saulgau, seit 1913 Lehrer in Ravensburg, 1927 Ehrendoktor der Universität Tübingen, 1958 Verleihung des Titels Professor, gest. 24. 10. 1965 in Ravensburg). Bertsch untersuchte, in welchen Anteilen die Pollenkörner der einzelnen Baumarten in Moorproben unterschiedlichen Alters enthalten sind. Er erarbeitete so eines der ersten vollständigen deutschen Pollendiagramme (vgl. F. Firbas 1949, S. 8) und rekonstruierte auf dieser Basis die nacheiszeitliche Klimageschichte Oberschwabens (vgl. K. Bertsch 1924, 1926, 1927). Bertsch ist ferner durch seine »Flora Württembergs und Hohenzollerns« und weitere botanische Bestimmungsbücher bekannt geworden. Vgl. K. Baur 1968.

Abb. 27 Die Grabung an der Schussenquelle im Jahre 1866. Nach O. Fraas 1867 a.

Abb. 28 Undeutbare Gravur auf einem Rengeweih aus der Grabung an der Schussenquelle.

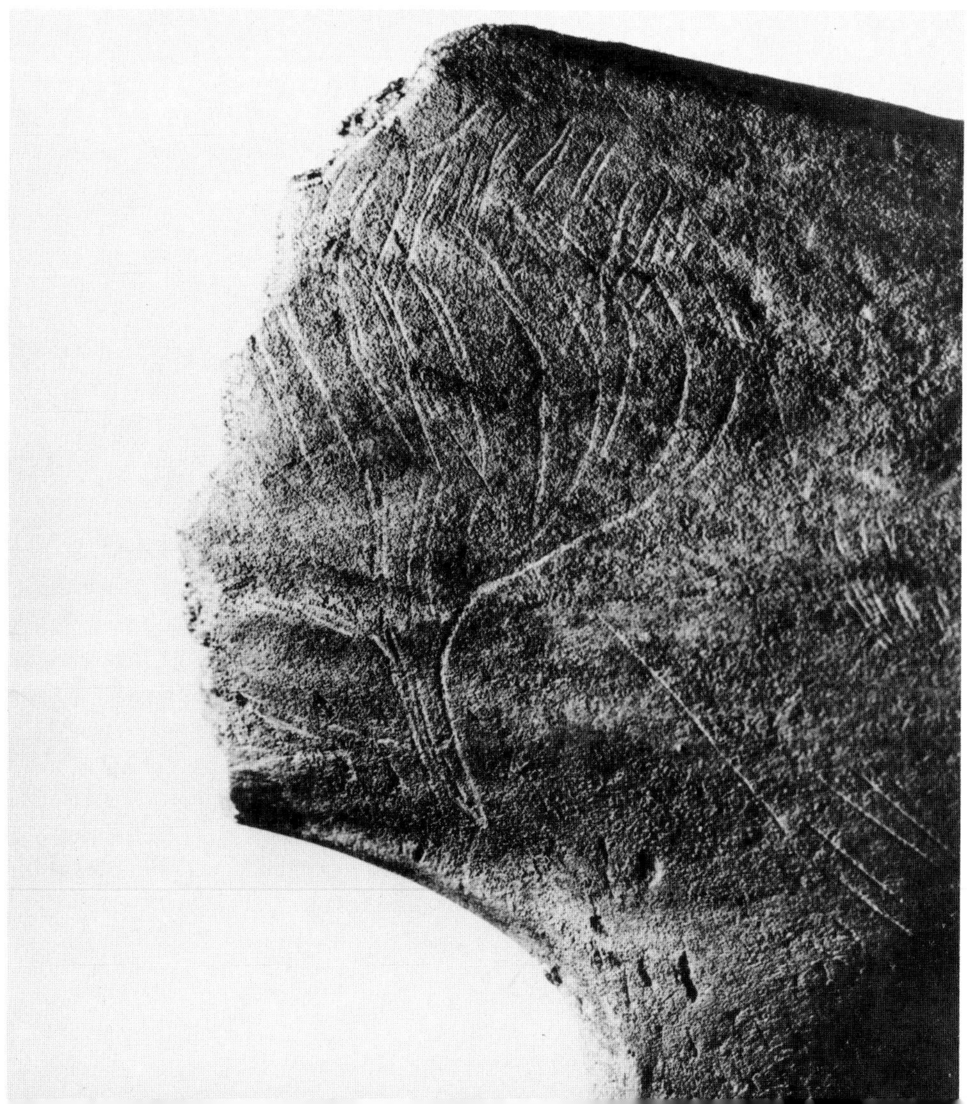

Nacheiszeitliche Tierreste sind in den Torfen des Federsees und seiner Umgebung verschiedentlich zutage gefördert worden. 1880 entdeckte der Oberförster Eugen Frank (geb. 20. 1. 1842 in Esslingen, gest. 4. 9. 1897 in Schussenried) aus Schussenried im Torf des Steinhauser Rieds das Skelett eines domestizierten Rindes. Im Sommer 1909 wurde bei Bauarbeiten am Bahnhof Schussenried in etwa 6,5 Metern Tiefe ein Skelett eines alten, starken Elchbullen angeschnitten. Abgesehen vom rechten Hinterbein war es vollständig erhalten. Um die Bergung machte sich der damalige Forstamtmann Karl Eugen Rau (geb. 9. 11. 1870 in Bodelshausen, Forstbeamter und Fossiliensammler, 1905 Promotion über Lias-Brachiopoden, gest. 13. 2. 1966 in Tübingen) verdient. Elche waren anscheinend in der Nacheiszeit in Südwestdeutschland nicht selten. Mit der zunehmenden Besiedelung des Raumes wurden sie jedoch mehr und mehr zurückgedrängt. Letztmals ist ihr Vorkommen als einheimisches Wild im Jahre 764 n. Chr. bezeugt; damals wurde bei Ellwangen ein stattliches Tier erlegt. Vgl. R. Vogel 1941.

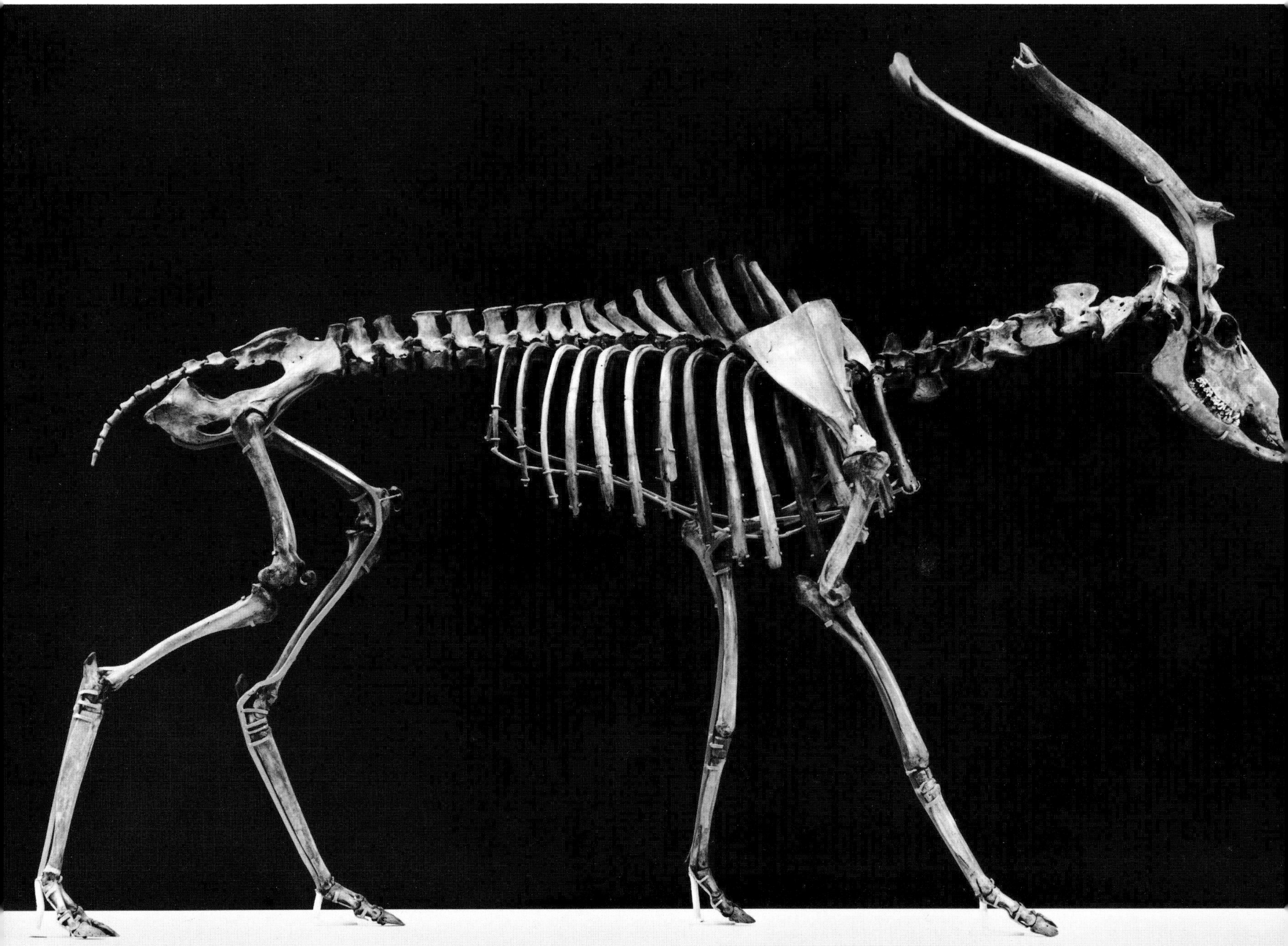

Abb. 29 Skelett eines Rentieres, zusammengestellt aus der Ausbeute der Grabung an der Schussenquelle. Länge etwa 1,7 m.

Bei dieser Klarheit der Beweisführung war es kein Wunder, daß die Grabung an der Schussenquelle im In- und Ausland Aufsehen erregte und Anerkennung fand. Selbst Rudolf Virchow war von den Arbeiten Oskar Fraas' angetan: ». . . die neueren Untersuchungen in Schwaben, welche vom Professor Fraas geleitet sind, haben in immer größerer Ausdehnung die Cultur des Rennthier-Menschen . . . zu studiren gestattet. Wir können daher nicht blos die Existenz des Rennthieres und damit die kalte Periode . . . darthun, sondern auch constatiren, dass in der Zeit, welche sich an diese Periode zunächst anschloss, der Mensch auf diesem Boden gewohnt hat«[121].

Abb. 30 Skelett eines Höhlenbären, zusammengestellt aus der Ausbeute vom Hohlenstein im Lonetal. Länge etwa 2,1 m.

Abb. 31 Schädel von Höhlenbären aus dem Hohlenstein im Lonetal. Schädellänge etwa 45 cm.

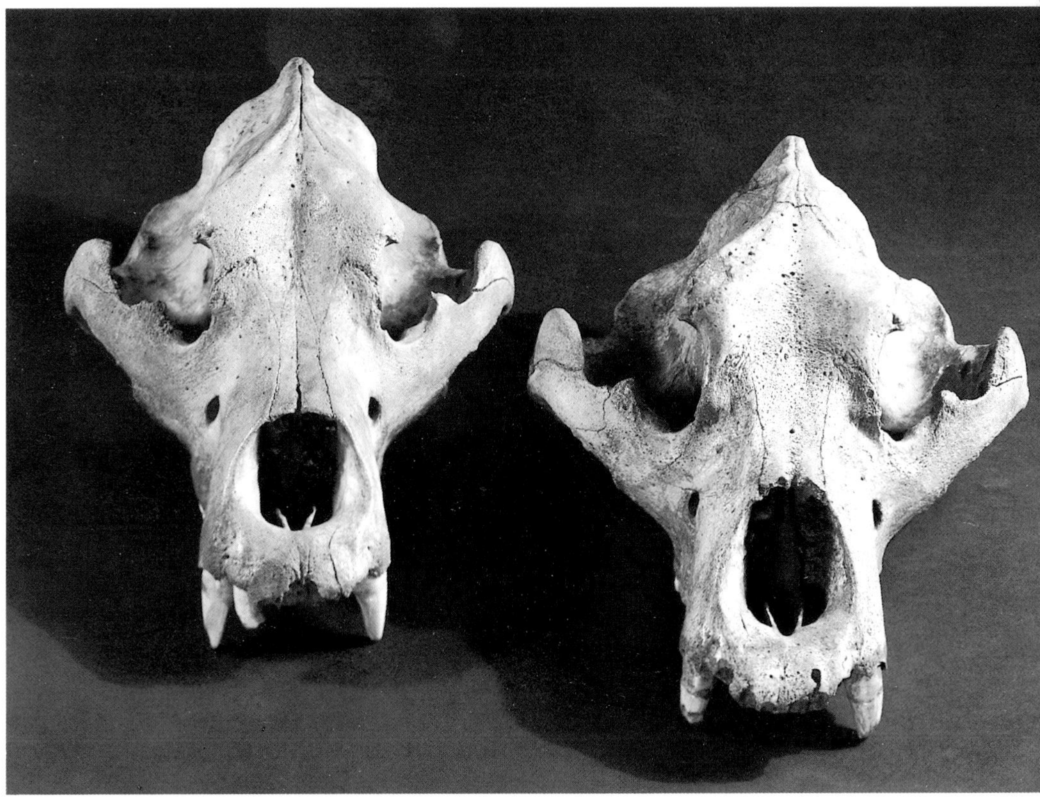

Im Jahre 1861, also fünf Jahre vor der Grabung an der Schussenquelle, wurde im Felsmassiv des Hohlensteins im Lonetal auf der östlichen Schwäbischen Alb die Bärenhöhle entdeckt und von Oskar Fraas ausgebeutet. Dabei wurden Tausende von Knochen des Höhlenbären geborgen. Bei Nachgrabungen in den Jahren 1866 und 1871 wurden zusammen mit den Resten dieser eiszeitlichen Tierart auch Hinweise auf den vorgeschichtlichen Menschen entdeckt, die 1861 noch nicht als solche erkannt worden waren. Es handelte sich um zerschlagene, gespaltene und durchbohrte Knochen und Zähne. Das Alter der Funde liegt zwischen 30000 und 35000 Jahren.

Der Hohlenstein war ein sogenannter Bärenschlupf. Hier hielten die Bären ihren Winterschlaf und hier waren die Wurfplätze. Die Bären behielten diese Schlupfe über lange Zeiträume bei. Verendete Tiere blieben liegen, und ihre Knochen häuften sich im Laufe langer Zeiten zu großen Massen an. Weitere solche Bärenhöhlen sind beispielsweise der Hohle Fels bei Schelklingen, die Sibyllenhöhle unter der Teck und die Erpfinger Höhle.

Die Erpfinger Höhle wurde 1834 entdeckt und Karlshöhle genannt. Der Erpfinger Malermeister Karl Bez stellte im Jahre 1949 fest, daß die Höhle eine Fortsetzung haben müsse, die am 27. Dezember 1949 tatsächlich gefunden wurde. Die unberührte Höhle barg eine große Zahl von Resten des Höhlenbären, die teilweise noch heute an Ort und Stelle besichtigt werden können. Zwei Skelette wurden im Institut und Museum für Geologie und Paläontologie der Universität Tübingen aufgestellt. Vgl. G. Wagner 1952.

Außer den Bärenhöhlen gab es auf der Schwäbischen Alb im ausgehenden Eiszeitalter auch – allerdings viel seltener – die sogenannten Hyänenhorste. Ein Beispiel ist die Irpfel bei Giengen an der Brenz.

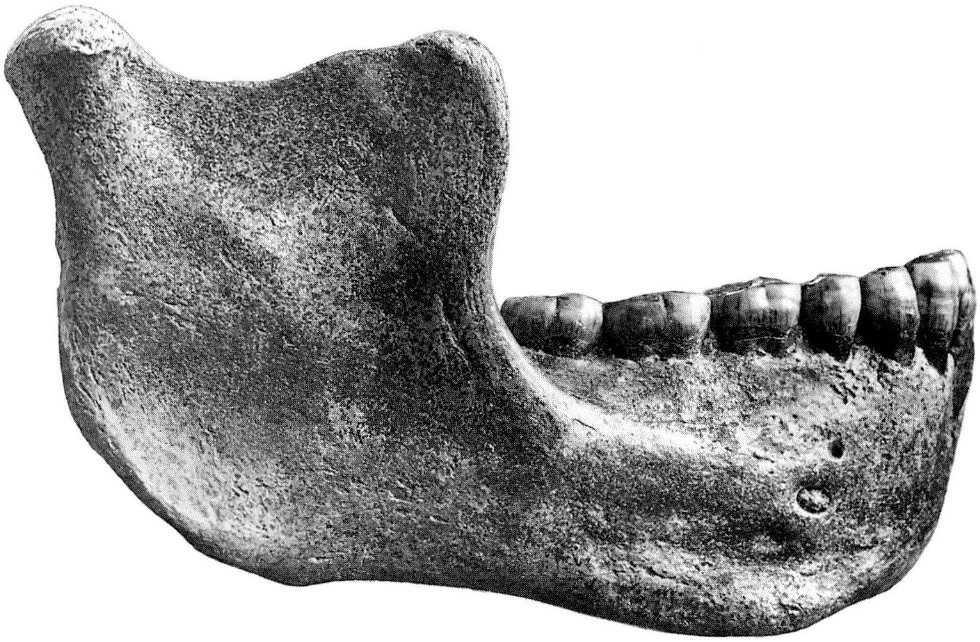

Abb. 32 Unterkiefer des Heidelberger Urmenschen.

Der Homo heidelbergensis

Daß der Mensch aber auch schon viel früher im heutigen Südwestdeutschland zu Hause war, weiß man seit der Entdeckung des »Homo heidelbergensis« am 21. Oktober 1907. Einen Tag später schrieb Josef Rösch[122], Besitzer einer Sandgrube bei Mauer an der Elsenz, zehn Kilometer südöstlich von Heidelberg, an den Dozenten für Anthropologie an der dortigen Universität, Otto Schoetensack[123]: »Schon vor 20 Jahren haben Sie sich bemüht, durch Funde in meiner Sandgrube Spuren des Urmenschen zu finden, um den Nachweis zu liefern, daß zu gleicher Zeit mit dem Mammut[124] auch schon der Mensch in unserer Gegend gelebt hat. Gestern wurde nun dieser Beweis erbracht, indem über 20 m unter der Ackeroberfläche auf der Sohle meiner Sandgrube die untere Kinnlade, sehr gut erhalten, mit sämtlichen Zähnen, von einem Urmenschen stammend, gefunden wurde«[125]. Schoetensack fuhr mit dem nächsten Zug nach Mauer. »Die Fundstelle in der Sandgrube fand ich noch ganz unberührt. Der 52 Jahre alte Arbeiter Daniel Hartmann[126] bestätigte mir, daß er tags zuvor beim Ausheben des Sandes vermittels einer Schaufel auf den Unterkiefer gestoßen sei, der beim Herauswerfen in zwei Hälften vorgelegen habe. Es waren zur Zeit der Auffindung des Kiefers in der Sandgrube noch ein Arbeiter und ein Knecht, der gerade eine Fuhre Sand holte, zugegen. In Anbetracht der Wichtigkeit des Fundes hielt ich es für geboten, hierüber vom Großh.[127] Notar Weihrauch in Neckargmünd ein von den drei Arbeitern, Herrn J. Rösch und mir unterzeichnetes Protokoll aufnehmen zu lassen, dem Photographien des Fundobjektes, der Fundstelle und der von dem Geometer gefertigte Lageplan angeheftet sind. Aus dieser zu den Akten des geologisch-paläontologischen Institutes gegebenen Urkunde, d. d. Neckargmünd 19. November 1907, geht auch hervor, daß Herr J. Rösch den Fund, wie ich dankerfüllt hinzufüge, schenkungsweise der Universität Heidelberg überlassen hat«[128].

Abb. 33 Otto Schoetensack (1850–1912).

Die Schnecken der Fundschicht des Heidelberger Menschen wurden auf Veranlassung von Otto Schoetensack von David Geyer (geb. 6. 11. 1855 in Köngen, Lehrer in Neckartailfingen, Backnang und Stuttgart, 1920 Ehrendoktor der Universität Tübingen, gest. 6. 11. 1932 in Stuttgart) untersucht. David Geyer war zu seiner Zeit einer der führenden Malakologen (Weichtierforscher) Deutschlands und beschäftigte sich sowohl mit rezenten (heutigen) als auch eiszeitalterlichen Schnecken. Ihn interessierten vor allem ökologische Fragen, Einflüsse des Standorts und seines Kleinklimas auf die Verbreitung der einzelnen Schneckenarten, und auf diesem Gebiet leistete er Bahnbrechendes. Vgl. F. Berckhemer 1933b; D. Geyer 1925; H. Schwenkel 1932; H. Wägele 1933; W. Wenz 1933.

Da es über die Fundschicht des Unterkiefers keinerlei Zweifel gab, konnte man sein Alter mit Hilfe von Fossilien bestimmen, die in derselben Schicht geborgen worden waren. Als besonders beweiskräftig erwiesen sich dabei der Waldelefant (Palaeoloxodon antiquus) und das Etruskische Nashorn (Dicerorhinus etruscus). Daraus ergab sich, daß der Heidelberger Mensch vor den drei großen Vereisungen (vgl. S. 20) gelebt haben mußte, das bedeutet nach unserer heutigen Kenntnis vor etwa einer halben Million Jahren. Er hat damit ungefähr das gleiche Alter wie der wenige Jahre zuvor entdeckte Pithecanthropus erectus aus Java[129], in dessen engere Verwandtschaft er auch gehört. Schoetensack hatte recht, wenn er schrieb: »Dieser Fund bedeutet den weitesten Vorstoß abwärts in die Morphogenese[130] des Menschenskelettes, den wir bis heute zu verzeichnen haben«[131].

Otto Schoetensack hatte auch aufmerksam darauf geachtet, ob im Mauerer Fundgut Werkzeuge, bearbeitete Gesteine oder Knochen, oder gar Brandspuren enthalten seien – vergebens. Erst Alfred Rust[132] beschrieb fast ein halbes Jahrhundert später Objekte aus Mauer, die er als Werkzeuge des Heidelberger Menschen deutete, die jedoch genauso gut angesplitterte Gerölle sein könnten[133].

Die Bergung des Unterkiefers von Heidelberg war nur möglich, weil zwei Umstände zusammentrafen. Zunächst gab es einen engagierten Wissenschaftler, Otto Schoetensack, der aufgrund häufiger Säugetierfunde erkannte, daß bei genügend langer und intensiver Suche auch einmal ein menschlicher Rest zum Vorschein kommen könnte. Hinzu kam aber noch der Sandgrubenbesitzer Josef Rösch, »bei dem wissenschaftliche Bestrebungen stets ein offenes Ohr und volles Verständnis fanden«[134], der an Ort und Stelle alles Erforderliche veranlaßte, damit ein solcher Fund auch erkannt und geborgen würde.

Abb. 34 David Geyer (1855–1932). Nach G. Wagner 1933.

Abb. 35 Wasserschnecke Planorbis carinatus aus dem Quartär Oberschwabens. Durchmesser knapp 1 cm.

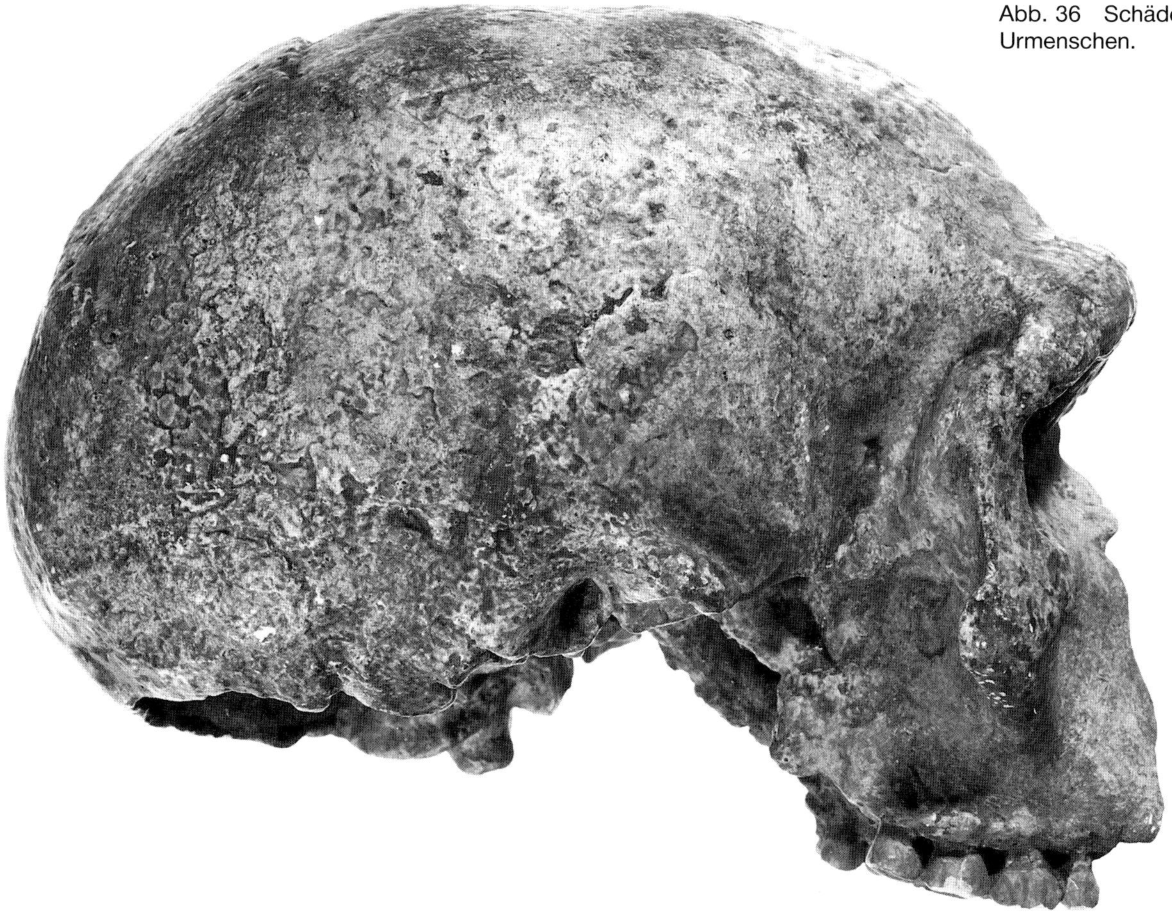
Abb. 36 Schädel des Steinheimer Urmenschen.

Der Steinheimer Urmensch

Ein genau gleiches glückliches Zusammenspiel bewährte sich im Jahre 1933 in Steinheim an der Murr aufs neue. Seit dem Jahre 1925 hatte Fritz Berckhemer, Konservator an der Württembergischen Naturaliensammlung in Stuttgart, seine besondere Aufmerksamkeit auf die Kiesgruben im unteren Murrtal[135] gerichtet. Im Winter 1932/33 schrieb er: »Der Winter wird in den Steinheimer Gruben hauptsächlich zum Abräumen der einige Meter mächtigen Decke von Löß und Lößlehm benutzt. Erst in der besseren Jahreszeit wird im Zusammenhang mit der Bautätigkeit der Abbau des Schotters selbst lebhafter betrieben, und es stellen sich damit die Funde ein. . . . Sobald ein größerer Fund sich zeigt, wird er zunächst wieder zugedeckt und das Museum in Stuttgart fernmündlich verständigt, so daß wir Gelegenheit haben solche Reste noch in ihrem Lager zu untersuchen und die Bergung sachgerecht vornehmen zu lassen«[136].
Wie dieses Vorgehen von den naturwissenschaftlich Interessierten eingeschätzt wurde, verdeutlicht eine Äußerung des Arztes Ernst von Scheurlen[137] aus dem Jahre 1938: »Württemberg hat nie ein Gesetz zum Schutz der Bodenfunde besessen[138]; es verdient daher das geschickte Vorgehen des verstorbenen Professors Eberhard Fraas (vgl. S. 114) und seines Nachfolgers Dr. Berckhemer alle Anerkennung, daß

Abb. 37 Fritz Berckhemer (1890–1954).

Fritz Berckhemer wurde am 25. 5. 1890 in Stuttgart geboren. Er studierte Geologie und Paläontologie in Stuttgart und Tübingen und promovierte 1913 in Tübingen zum Doktor der Naturwissenschaften. Auf der Rückreise von einem einjährigen Aufenthalt in New York geriet er in französische Gefangenschaft; bis 1919 war er in der Bretagne interniert. Ende 1919 wurde er an der Württembergischen Naturaliensammlung zunächst Assistent, 1921 Konservator und 1926 Hauptkonservator. 1922 heiratete er die Tochter von Eberhard Fraas (vgl. S. 114), dessen Amt er bekleidete. Fritz Berckhemer setzte am Stuttgarter Museum die Tradition von Vater und Sohn Fraas fort, indem er sich mit großem Erfolg bemühte, die wichtigsten Neufunde württembergischer Fossilien an die Naturaliensammlung zu ziehen. Im Zweiten Weltkrieg gelang es ihm, die Mehrzahl der Stücke der ihm anvertrauten Sammlung rechtzeitig zu evakuieren, ehe das Museumsgebäude zerstört wurde. Dabei, bei der Bergung von Resten aus dem Brandschutt des Museums, sowie bei der Rückführung ausgelagerter Bestände in Ausweichquartiere in Ludwigsburg, entstand und verschlimmerte sich das Herzleiden, dem er am 2. 9. 1954 in Stuttgart erlag. Vgl. K. Staesche 1955.

sie es verstanden haben, die Besitzer der Gruben, wie auch deren Arbeiter zu veranlassen, daß kein einziger Fund offen oder heimlich nach auswärts verhandelt wurde, und alle erfolgreich zu belehren, bei jedem Fund weiteres Nachgraben zu unterlassen und sofort die Naturaliensammlung zu benachrichtigen. Die Befolgung dieser Lehren gereicht Grubenbesitzern und Arbeitern zur besonderen Ehre«[139].

Der Geologe Georg Wagner[140] wußte von den Bemühungen Berckhemers und wünschte ihm um 1930, »daß die planmäßige und zielbewußte Arbeit . . . bald durch den Fund des Homo Steinheimensis gekrönt werde«[141]. Am Montag, dem 24. Juli 1933, war es soweit. Siebeneinhalb Meter unter dem Ackerboden und fünf Meter unterhalb der Grenze Löß/Kies, hart am Rande einer schmalen Abbauterrasse, arbeitete Karl Sigrist[142] in der väterlichen Kiesgrube. Er selbst schilderte fast 40 Jahre später das Geschehen folgendermaßen: »Bei dem damals üblichen Abbau von Kies und Sand im Handbetrieb wurde ein Knochen von der Größe eines Fünfmarkstückes sichtbar. Zuerst dachte ich, das ist doch nichts Rechtes, holte dann aber doch eine gewöhnliche Bauklammer, die ich für Funde immer bereithielt. Mit diesem Werkzeug begann ich mit der Freilegung des Knochenstückes, das sich nachher als die linke Stirnseite eines Schädels entpuppte. Nach und nach wurde die Stirne mit den großen Überaugenwülsten und den Augenhöhlen sichtbar. Als nun dieses Gebilde vor mir lag, da war mir klar, daß es sich hier um einen Schädel handeln mußte. Ich ließ darauf sofort die Herren in Stuttgart telephonisch verständigen, ließ mich jedoch durch die starken Überaugenwülste des Schädels zu der Meldung verleiten, daß ein affenartiger Schädel gefunden worden sei«[143].

Auch in Stuttgart wurde der Ablauf der Ereignisse sorgfältig registriert. Fritz Berckhemer berichtete darüber im Jahre 1934: »Am 24. Juli 1933 wurde dem Stuttgarter Museum fernmündlich aus der Sigristschen Kiesgrube in Steinheim an der Murr ein »affenartiger« Schädel gemeldet. . . . Da das Museum schon manche überraschend zutreffende Meldung von Herrn Sigrist erhalten hat, so suchte ich unverzüglich die Fundstelle auf. Der Entdecker Karl Sigrist jun. hatte das Fossil im Kies belassen und mit einem alten Sack zugedeckt. Als nun vor meinen Augen der Fund wieder aufgedeckt wurde, zeigte sich eine Knochenfläche, die einem Schädeldach anzugehören schien. . . . ich war nach der Besichtigung überzeugt, daß wenn überhaupt ein Schädel in Frage kam, es nur ein solcher von einem Urmenschen sein konnte. Dieser kostbare Fossilschatz durfte nur durch die geübte Hand unseres Oberpräparators Max Böck[144] geborgen werden; wenn ich selbst oder Herr Sigrist versucht hätten, das Fundstück freizulegen, so wäre uns höchst wahrscheinlich die mürbe, mit losem Sand erfüllte Knochenkapsel unter den Händen zerfallen. Da es schon spät am Mittag war und das Wetter schön und beständig schien, so deckten wir zunächst den Fund wieder sorgfältig zu, Herr Sigrist versprach strenge Geheimhaltung, und ich beschloß am anderen Tag in der Frühe mit dem Präparator und allen zu der Bergung nötigen Hilfsmitteln wieder zu kommen«. Am darauffolgenden Tag »konnte mit der Bergung selbst begonnen werden; die zunächst freiliegenden Teile wurden mit einem Pinsel vollends vom Sand gereinigt und mit einem Gemisch von Aceton-Celluloid und von Schellacklösung gehärtet. Dann wurde die Freilegung fortgesetzt, wieder gehärtet usw. Schließlich erhielt das immer noch in seinem ursprünglichen Lager befindliche Fundstück eine Hülle von Gipsbrei und Rupfen, nachdem die Schädelkapsel vorher leicht eingeölt worden war, um bei der Ausarbeitung im Museum eine leichte Loslösung vom Gips zu erzielen. . . . Infolge dieser überaus sorg-

Abb. 38 Lebensbild des Waldelefanten Palaeoloxodon antiquus.

Abb. 39 Schädel eines Waldelefanten aus dem Quartär von Rheinhausen bei Speyer. Die Schädelknochen sind zur Gewichts- und Materialeinsparung zu einem lockeren Wabenwerk umgebildet. Höhe 1,06 m.

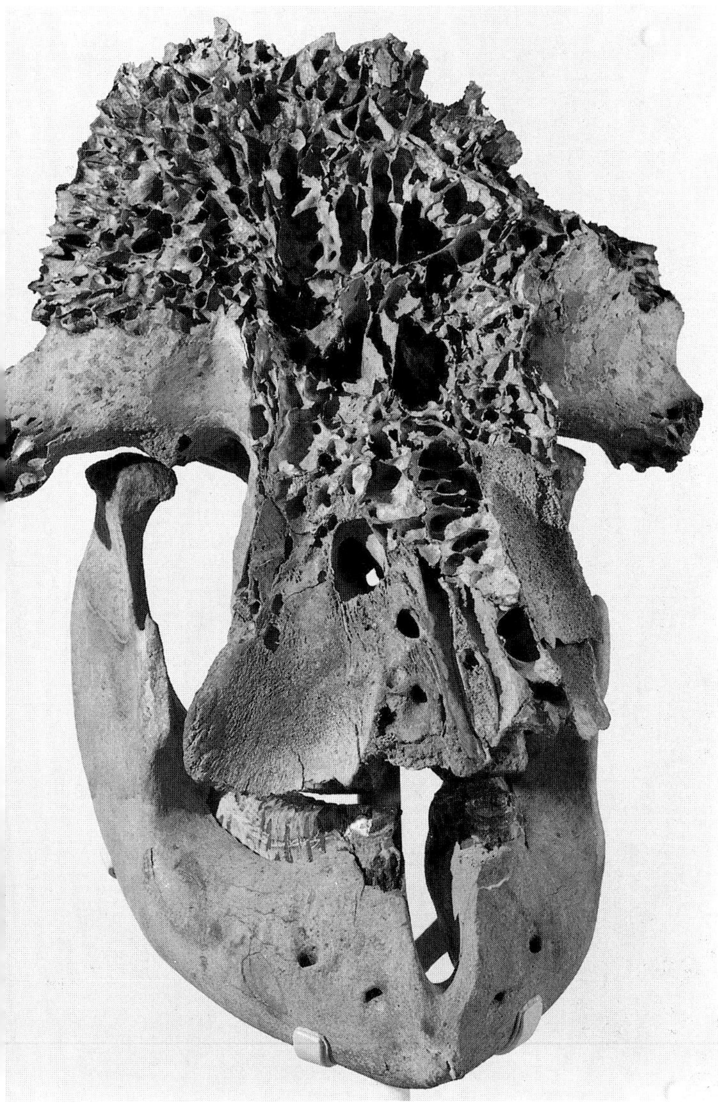

fältigen Bergungsarbeit war es Präparator Böck dann auch möglich, die Herrichtung des Schädels nachher tadellos und ohne Bruch vorzunehmen«[145].

Über den Schädel selbst äußerte Fritz Berckhemer: »Die rechte Seite des Schädels ist vollständig erhalten, während die linke Seite, die auch im Gestein nach oben lag, beträchtlich zerstört ist. . . . An der zerstörten linken Oberkieferseite finden wir noch drei Backenzähne, während auf der gut erhaltenen rechten Seite vier Zähne vorhanden sind. Im Vergleich mit einem Schädel des Neandertalmenschen finden wir auch beim Urmenschenschädel von Steinheim an der Murr die kräftigen Überaugenwülste. Dagegen gleicht das Hinterhaupt mehr dem des heutigen Menschen, und er steht, obwohl er geologisch etwas älter ist als der Neandertaler, der Entwicklungslinie zum heutigen Menschen näher als dieser«[146]. Tatsächlich handelt es sich beim Steinheimer Fund um den ältesten bekannten Vorläufer des heutigen Menschen[147].

Auch dem Steinheimer Urmenschen wurden lange nach seiner Entdeckung vermeintliche Artefakte[148] zugeschrieben. Johann Itermann[149] hatte sie zwischen 1960 und 1968 in den Steinheimer Kiesgruben aufgesammelt. Bei kritischer Betrachtung handelt es sich jedoch samt und sonders um Gerölle – beziehungsweise um »Belege urgeschichtlichen Irrens«[150].

Die eiszeitalterliche Tierwelt von Steinheim

In den Kiesgruben von Steinheim folgen zwei unterschiedliche Faunen[151] übereinander. Die untere und damit ältere hat ein Alter von etwa 250000 Jahren und stammt aus einem Interglazial (einer Warmzeit), und zwar dem Mindel/Riß- oder Holstein-Interglazial (vgl. S. 20). Sie ist gekennzeichnet durch Tiere des Waldes, besonders durch Skelettreste und Zähne des Waldelefanten (Palaeoloxoden antiquus). Die Tiere erreichten mit einer Rückenhöhe von über fünf Metern eine beeindruckende Größe. Ihre Stoßzähne wurzelten in ziemlich geradegestreckten, aber auseinanderweichenden Hülsen, die beim Austritt aus dem Oberkiefer einen erheblichen Abstand voneinander hatten. Die Stoßzähne waren deshalb nur schwach gekrümmt und erreichten eine erhebliche Länge[152]. Gleichzeitig lebten Waldnashorn (Dicerorhinus kirchbergensis), Auerochse (Bos primigenius), Waldriesenhirsch (Megaloceros giganteus antecedens) und – als Besonderheit und wichtiger Klimaanzeiger – der Wasserbüffel (Bubalus murrensis). Aus dem oberen Teil der Waldelefanten-Schotter stammt auch der Schädel des Steinheimer Urmenschen.

Nur wenig jünger sind Schotter mit Resten von Tieren der Steppe. Ihr Alter wird auf etwa 200000 Jahre geschätzt. Sie stammen vom Beginn der Riß-Eiszeit, als das Klima zuerst trockener und erst danach kalt wurde. Ihre kennzeichnenden Fossilien sind Knochen und Zähne des Steppenelefanten, Vorfahre des Mammuts. Auch der Steppenelefant (Mammonteus primigenius fraasi) war ein riesiges Tier. Seine Rükkenhöhe betrug etwa vier Meter, die Stoßzahnhülsen waren gekrümmt und beim Austritt aus dem Oberkiefer einander dicht benachbart. Die Stoßzähne waren dementsprechend stärker eingekrümmt und ragten weniger weit vor. Neben ihm kommen in den Steppenelefantenschottern unter anderem noch Reste des Steppen-

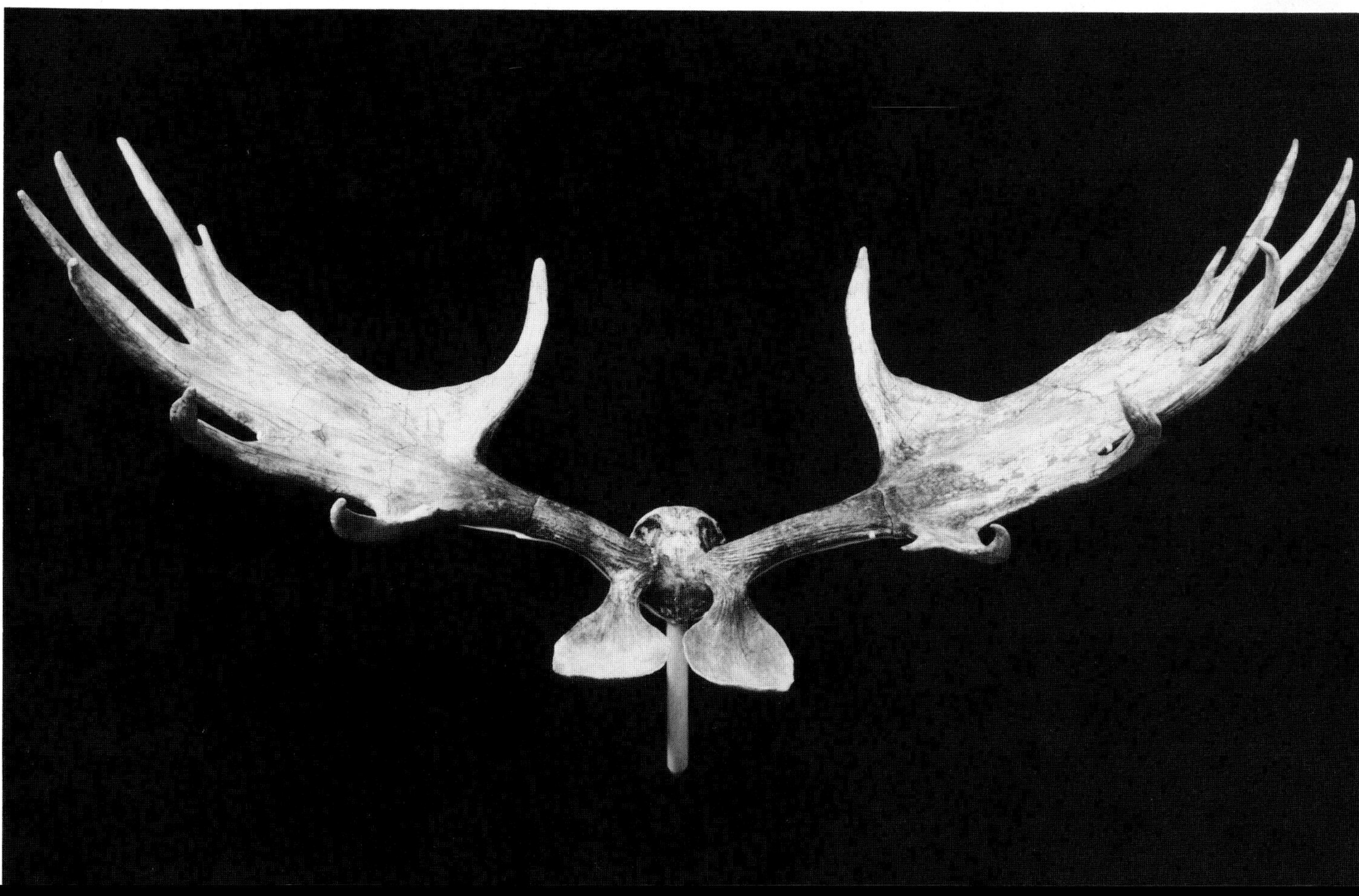

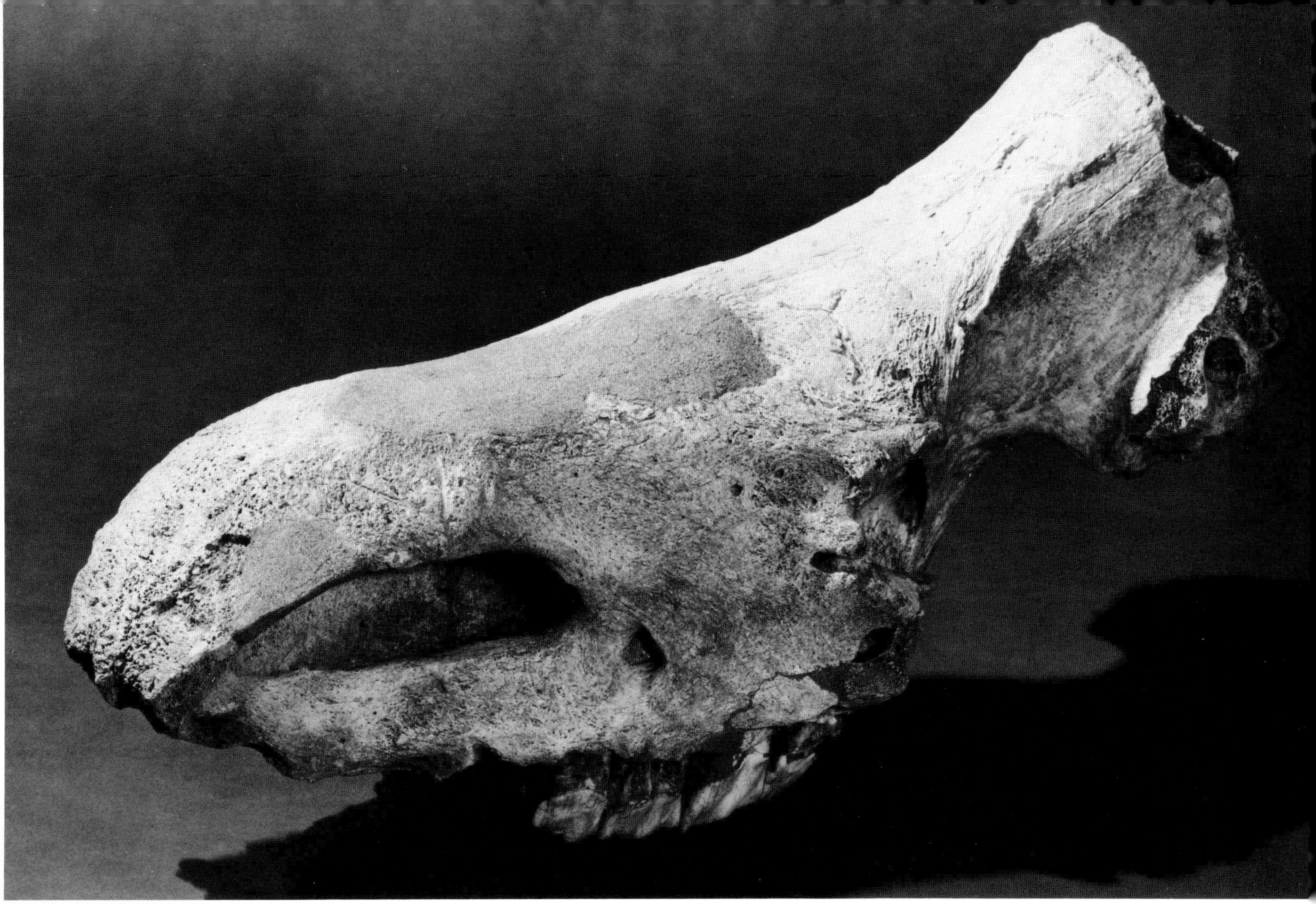

Abb. 42 Schädel eines Fellnashorns aus dem Quartär von Erkenbrechtsweiler. Länge etwa 75 cm.

Abb. 43 Fundlage eines Auerochsenskeletts aus der Holstein-Warmzeit von Steinheim an der Murr. Nach W. O. Dietrich 1929.

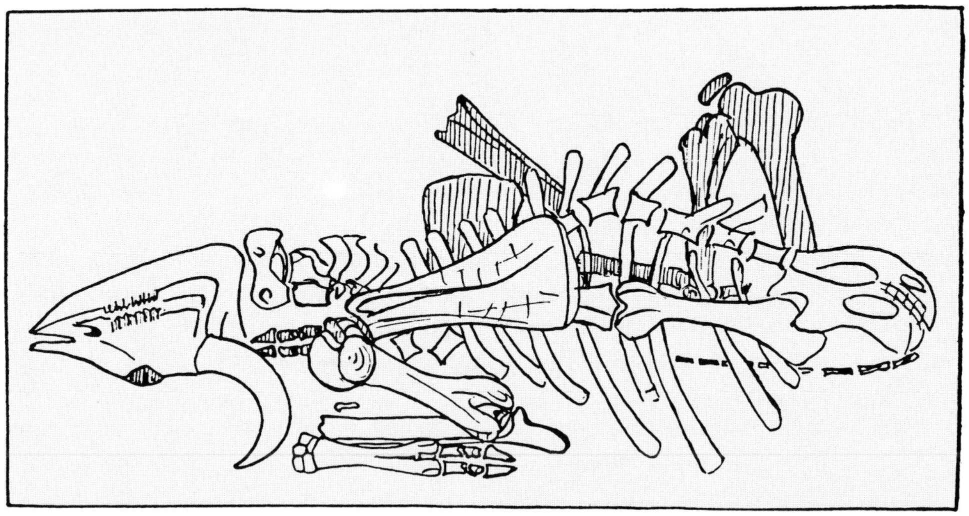

Abb. 40 Schädel und Geweih eines Waldriesenhirsches aus der Holstein-Warmzeit von Steinheim an der Murr. Breite etwa 135 cm.

Abb. 41 Geweih eines Steppenriesenhirsches aus der beginnenden Riß-Eiszeit von Steinheim an der Murr. Breite etwa 2,5 m.

Abb. 44 Lebensbild des Steppenelefanten Mammonteus primigenius fraasi.

bisons (Bison priscus), einer Pferdeart, des Fellnashorns (Coelodonta antiquitatis) und des Steppenriesenhirsches (Megaloceros giganteus) vor[153].
Dieser Steppenriesenhirsch besaß ein breit ausladendes Geweih mit einer Spannweite von weit über zwei Metern. Es leuchtet ein, daß sich ein solches Tier im Wald nicht mehr bewegen konnte, sondern an das offene Gelände gebunden war. Über die Gründe, wieso in nur 50000 Jahren die Entwicklung von relativ schmalen, steil aufragenden Geweihen zu derart breiten Schaufeln führte, kann man nur spekulieren. Möglicherweise war es das Imponiergehabe der Hirsche, das dazu beitrug, daß die Tiere mit den jeweils mächtigsten, breitesten Geweihen die Hirschkühe um sich scharten und so ihr Erbgut bevorzugt weitergeben konnten. Im beengenden Milieu des Waldes setzte die Selektion[154] dieser Entwicklung eine Grenze, die später in der offenen Steppe wegfiel. Daß im übrigen ein solches Geweih, das jährlich abgeworfen und neu gebildet wurde, für den Stoffwechsel des Tieres eine enorme Belastung war, sei nur am Rande angemerkt[155].
Der spektakulärste Fund aus den Steppenelefanten-Schottern von Steinheim kam im Jahre 1910 zutage. Am 6. August dieses Jahres stießen Arbeiter in der Kiesgrube Sammet[156] auf das linke Hinterbein eines großen Elefanten. »So glücklich fügten sich hier die Umstände, so groß war das Verständnis für ›das Mammut‹ bei Alt und Jung, so groß auch – nicht zuletzt – das Entgegenkommen des Fundeigentümers, Herrn K. Sammet in Steinheim, daß, soviel von dem Skelett überhaupt vorhanden war, alles vollständig gehoben und ohne größere Schwierigkeiten nach dem Naturalienkabinett überführt werden konnte. Soweit die Knochen im Lager ein Anfassen nicht

Abb. 45 Lebensbild des Mammuts.

Die Verwaltung der Naturaliensammlung berichtete der Direktion der wissenschaftlichen Sammlungen des Staates am 24. 9. 1910 über die Bergung des Skeletts. Am 9. 11. 1910 ergänzte sie ihren Bericht dahingehend, daß die zahlreichen Funde der letzten Zeit mehr Sorge als Freude bereiteten, »da unsere beschränkten Raumverhältnisse eine würdige Aufstellung dieser Objekte nicht gestatten«. Sie schlug deshalb vor, »einen kleinen Anbau auf der Hofseite« mit einer Grundfläche von 6 × 24 Metern zu errichten, und bat »Seine Excellenz den Herrn Staatsminister von Fleischhauer«, »sich wenn möglich persönlich von der bei uns herrschenden Notlage zu überzeugen«. Dieser Besuch fand noch im November 1910 statt und erbrachte den Auftrag an die Naturaliensammlung »das K. Bezirksbauamt um gefl. Ausfertigung von Plänen zu diesem Anbau zu ersuchen«. Am 23. Januar 1911 waren die Pläne fertig und die Kosten in Höhe von 45000 Mark ermittelt. Schon am 15. Februar 1911 teilte das Württembergische Finanzministerium dem Ministerium des Kirchen- und Schulwesens mit, daß der dreistockige Anbau »im überschlägigen Betrag von 45000 M zur Ausführung genehmigt und das Bezirksbauamt angewiesen worden ist, für die baldige Einleitung und Durchführung des Bauwesens Sorge zu tragen.« Am 6. März 1911 begannen die Arbeiten; im Oktober 1911 waren sie weitgehend abgeschlossen. Quelle: Archiv des Staatlichen Museums für Naturkunde in Stuttgart.

erlaubten, wurden sie mit passend geformten Gipshüllen umkleidet, wodurch sie sich als ein ganzes Stück gewinnen ließen. . . . Das schwierigste und schwerste Stück, das es zu bewältigen galt, war der Schädel, der als *ein* Stück mitsamt den 1 m langen Stoßzahnstummeln gewonnen wurde: ein 12 Zentner schwerer Gips- und Schotterklumpen war mit größter Vorsicht aus dem Grubentiefsten zu heben.« Die Grabung »zog sich über 2½ Wochen hin; davon waren nur 10 Tage eigentliche Arbeitstage, an den übrigen wurde der Abraum abgegraben. Gewonnen wurde das Skelett durch den Präparator am Naturalienkabinett Herrn M. Böck, der unermüdlich von früh bis spät an der Arbeit war. Er ist es auch, der das ganze Skelett in knapp drei Monaten durchpräparierte, eine Leistung, die laut von der sachgemäßen Bergung der zwar im Lager schön erhaltenen, aber mühselig zu konservierenden Knochen zeugt«[157].

Für das Skelett des Steinheimer Elefanten wurde unverzüglich ein Anbau am Stuttgarter Naturalienkabinett errichtet. Dort wirkte es bis zu seiner Auslagerung im Zweiten Weltkrieg[158] durch seine gewaltige Größe als »monumentales Schaustück«[159] und verkörperte so das, was man sich gemeinhin unter einem Mammut vorstellte.

Das eigentliche Mammut allerdings gehört einem späteren Abschnitt des Eiszeitalters an. Es erreichte bei weitem nicht die Größe des Steppenelefanten und lebte erst während der letzten, der Würm-Eiszeit in Herden in der eisfreien Tundra Mitteleuropas. Hier war es Jagdwild des späteiszeitlichen Menschen, und hiervon zeugen die Stoßzahndepots, die in den Jahren 1700 und 1816 in Cannstatt gefunden wurden.

Stuttgart-Bad Cannstatt besitzt zahlreiche Mineralquellen, die nur zum Teil genutzt werden. Ein Absatz dieser Quellen ist der Sauerwasserkalk oder Travertin, der sich in mehreren warmen Phasen des Quartärs innerhalb der letzten 300000 Jahre gebildet hat. Im Travertin eingeschlossen finden sich vielfach Reste der quartären Tier- und Pflanzenwelt.
Im Steinbruch Haas oberhalb des linken Neckarufers wurden im Frühjahr 1980 in einer Lehmschicht aus der Holstein-Warmzeit Fremdgesteine entdeckt, die als primitive Steinwerkzeuge eines Urmenschen gedeutet werden. Mit ihnen zusammen lagen Reste von Großsäugetieren, die den Abfall von Mahlzeiten darstellen könnten. Im benachbarten Steinbruch Lauster wurden inmitten des Travertins, etwa 2,5 Meter über der Lehmschicht, große Teile eines Waldelefantenskeletts entdeckt. Die Artefakte aus dem Steinbruch Haas stammen zwar aus der Zeit des Steinheimer Urmenschen, müssen jedoch nicht diesem zugeschrieben werden, sondern könnten eher noch von Nachfahren des Pithecanthropus erectus (dem auch der Heidelberger Urmensch angehört) stammen. Demnach hätten in der Holstein-Warmzeit zwei verschiedene Menschenarten oder -rassen das heutige Südwestdeutschland bewohnt (vgl. K. D. Adam 1982, 1983; E. Wagner 1985). Einer späteren Warmzeit, der Eem-Warmzeit, gehören Travertine auf Untertürkheimer Markung an, in denen ebenfalls Zeugnisse menschlicher Besiedelung des Stuttgarter Raumes gefunden wurden. Besonders bemerkenswert ist ein Brachiopode aus dem Jura, den einer dieser frühen Menschen von der Schwäbischen Alb mitgebracht haben muß. Es ist dies der früheste Nachweis einer Beschäftigung des Menschen mit Fossilien. Vgl. K. D. Adam 1983.

Abb. 46 Skelett eines Waldelefanten im Travertin der Holstein-Warmzeit von Bad Cannstatt. Länge etwa 4,6 m.

Abb. 47 Federn eines Schwans und Blätter aus dem Travertin der Eem-Warmzeit von Untertürkheim. Breite des Bildausschnitts 34 cm.

Abb. 48 Panzer zweier Schildkröten aus dem Travertin der Holstein-Warmzeit von Bad Cannstatt. Breite des Blocks 37 cm.

Tertiär

Johann Jakob Scheuchzers »Homo diluvii testis«

Abb. 49 Johann Jakob Scheuchzer. Nach H. Fischer 1973.

»Wisset, vielerfahrener Herr, daß uns einige Reste des in der Sintflut untergegangenen Menschengeschlechtes überkommen sind«, schrieb der Züricher Arzt und Naturforscher Johann Jakob Scheuchzer[160] im Jahre 1726 an den britischen Gelehrten Sir Hans Sloane[161]. »Bisher besaß ich in meiner ziemlich großen Sammlung nur zwei schwärzlich glänzende versteinerte Rückenwirbel davon[162]. Nun aber ist mein Museum durch ein gütiges Geschick um einen . . . Rest bereichert worden, der aller Beachtung würdig erscheint. Was sich an ihm erkennen läßt, sind . . . recht zahlreiche, wirklich erhaltene Teile eines menschlichen . . . Hauptes mit Schläfenbogen, Stirnbein, Vorder- und Hinterhauptsknochen, Augenhöhle . . .« Und von einem zweiten Fund berichtete Scheuchzer: »Dieser Fund . . . zeigt von dem Skelett eines erwachsenen Menschen . . . den Rand des Stirnbeins, den Jochbogen, die Augenhöhlen, . . . sowie Rückenwirbel in zusammenhängender Reihe, 16 an der Zahl«[163]. Beide Funde stammten aus Öhningen unweit des Bodensees in Südbaden. Dort wurden bis ins 20. Jahrhundert hinein weiche, schieferige Mergelkalke aus dem jüngeren Tertiär[164] abgebaut. Sie wurden als Bausteine, Pflastersteine, Rohmaterial für Steinmetzarbeiten und zur Kalkbrennerei verwendet. Beim Abbau waren schon seit dem 17. Jahrhundert prachtvoll erhaltene Fossilien entdeckt und gesammelt worden. Auch Johann Jakob Scheuchzer bemühte sich um gute Funde für seine Sammlung[165]. Schon vor 1708 hatte er aus Öhningen Fischreste erhalten, die für ihn Zeugnis der biblischen Sintflut wurden.
Scheuchzer war nicht von jeher ein Anhänger der Sintflutlehre gewesen. In seiner Jugend war er, wie die meisten seiner Zeitgenossen, von der spontanen Entstehung der Fossilien überzeugt. Erst unter dem Einfluß des englischen Arztes und Geologen John Woodward[166] betrachtete er sie mit anderen Augen. Erste Zweifel äußerte er im Jahre 1702: »Es ist erstaunlich und entweder ein schwerwiegender Beweis für eine allgemeine Flut, oder das sicherste Argument für eine figurenbildende Naturkraft auf den emporragenden Kämmen der Alpen, daß auf den höchsten Bergen der Schweiz Figurensteine verschiedenster Art gefunden werden«[167]. Schon 1708 war er jedoch zum überzeugten Verfechter der Sintflutlehre geworden. In der deutschspra-

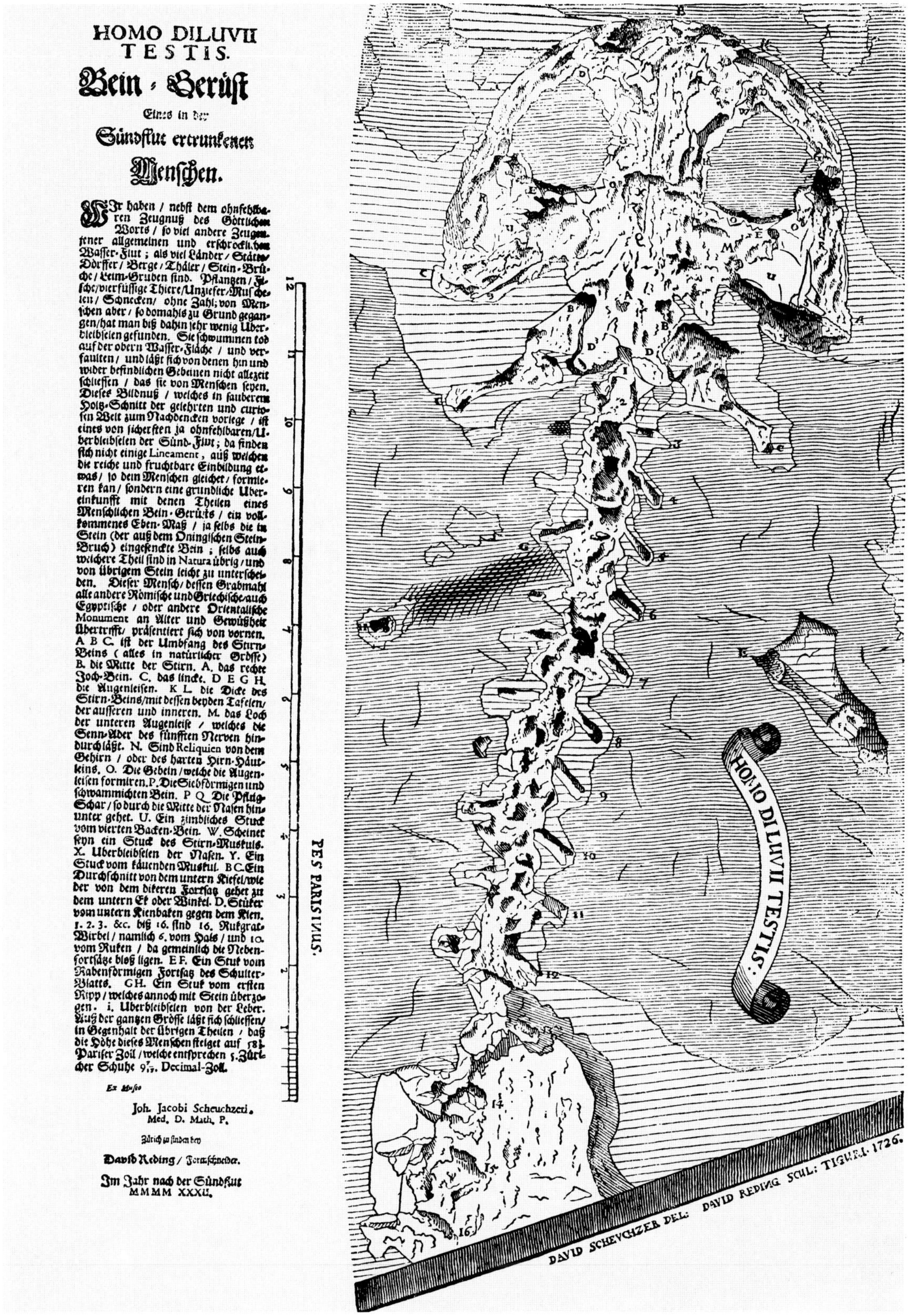

HOMO DILUVII TESTIS.

Bein-Gerüst

Eines in der

Sündflut ertrunkenen

Menschen.

WJr haben / nebst dem ohnfehlbaren Zeugnuß des Göttlichen Worts / so viel andere Zeugen jener allgemeinen und erschrocklichen Wasser-Flut; als viel Länder / Stätte / Dörffer / Berge / Thäler / Stein-Brüche / Leim-Gruben sind. Pflantzen / Fische / vierfüssige Thiere / Unziefer / Muschelen / Schnecken / ohne Zahl; von Menschen aber / so domahls zu Grund gegangen / hat man biß dahin sehr wenig Uberbleibselen gefunden. Sie schwummen tod auf der obern Wasser-Fläche / und verfaulten / und läßt sich von denen hin und wider befindlichen Gebeinen nicht allezeit schliessen / das sie von Menschen seyen. Dieses Bildnuß / welches in sauberem Holtz-Schnitt der gelehrten und curiosen Welt zum Nachdencken vorlege / ist eines von sicherstem ja ohnfehlbaren / Uberbleibselen der Sünd-Flut; da finden sich nicht einige Lineament, auß welchen die reiche und fruchtbare Einbildung etwas / so dem Menschen gleichet / formieren kan / sondern eine grundliche Ubereinkunfft mit denen Theilen eines Menschlichen Bein-Gerüsts / ein vollkommenes Eben-Maß / ja selbs die in Stein (der auß dem Oningischen Stein-Bruch) eingesenckte Bein; selbs auch weichere Theil sind in Natura übrig / und von übrigem Stein leicht zu unterscheiden. Dieser Mensch / dessen Grabmahl alle andere Römische und Griechische / auch Egyptische / oder andere Orientalische Monument an Alter und Gewüßheit übertrifft / präsentiert sich von vornen. A B C. ist der Umbfang des Stirn-Beins (alles in natürlicher Grösse) B. die Mitte der Stirn. A. das rechte Joch-Bein. C. das lincke. D E G H. die Augenleisen. K L. die Dicke des Stirn-Beins / mit dessen beyden Tafelen / der ausseren und inneren. M. das Loch der unteren Augenleise / welches die Senn-Ader des fünfften Nerven hindurchläßt. N. Sind Reliquien von dem Gehirn / oder des harten Hirn-Häutleins. O. Die Gebein / welche die Augenleisen formiren. P. Die Siebförmigen und schwammichten Bein. P Q. Die Pflug-Schar / so durch die Mitte der Nasen hinunter gehet. U. Ein zimbliches Stuck vom vierten Backen-Bein. W. Scheinet seyn ein Stuck des Stirn-Muskuls. X. Uberbleibselen der Nasen. Y. Ein Stuck vom käuenden Muskul. B C. Ein Durchschnitt von dem untern Kiefel / wieder von dem dikeren Fortsatz gehet zu dem untern Ek oder Winkel. D. Stüker vom untern Kienbaken gegen dem Kien. 1. 2. 3. &c. biß 16. sind 16. Rukgrat-Wirbel / namlich 6. vom Hals / und 10. vom Ruken / da gemeinlich die Nebenfortsäze bloß ligen. E F. Ein Stuk vom Rabenförmigen Fortsatz des Schulter-Blatts. G H. Ein Stuk vom ersten Ripp / welches annoch mit Stein überzogen. i. Uberbleibselen von der Leber. Auß der gantzen Grösse läßt sich schliessen / in Gegenhalt der übrigen Theilen / daß die Höhe dieses Menschen steiget auf 58½. Pariser Zoll / welche entsprechen 5. Zürcher Schuhe 9$\frac{7}{17}$. Decimal-Zoll.

Ex Museo

Joh. Jacobi Scheuchzeri.
Med. D. Math. P.

Zürich zu finden bey

David Reding / Formschneider.

Im Jahr nach der Sündflut
MMMM XXXII.

Abb. 50 Flugblatt »Homo diluvii testis« aus dem Jahre 1726.

chigen Ausgabe seiner Schrift »De Piscium Querelae et Vindiciae«[168] schrieb er: »Ich war ehemals auch der Meinung, daß dergleichen Figuren anzusehen seyen, als Spiele der Natur, und hervorgebracht werden können nach denen von Gott geordneten Natur-Gesätzen, in dem Lett, ohne Zuthun eines Männ- oder Weibleins von gleicher Art; nachdem aber eine große Menge dergleichen gebildeten Steinen von allerhand Orten her gesamlet, und mehrere observationes gemachet, sein mir die Augen in Erforschung der Wahrheit in so weit aufgegangen, das nun ganz klärlich sihe den Ursprung dergleichen versteinerten Sachen von der Sündfluth«[167]. Und die Fische selbst läßt er ausrufen: »Wir sind Fische, nicht aber nur ausgegrabene Fossilien und tierähnliche Gestalten, die den Eingeweiden der Erde entstammen, . . . sondern ein von den Wogen herbeigetragenes Geschlecht, das vor der Sündflut lebte und in ihr als Opfer fremden Wahnes unterging«[169].

Nur eines fehlte jetzt noch: ein Skelett eines in der Sintflut ertrunkenen Menschen. Scheuchzer notierte[170]: »Wenn etwas verdient, zum Gedächtnis eines geführten grundbösen Lebens und darauf erfolgten gerechten Strafe aufbehalten zu werden, so wären dies die Gebeine der Menschen, so in der Sündflut zugrunde gegangen. Es sind aber diese . . . überaus rar, und ich habe in unsern Landen noch nichts angetroffen, welches unter die Überbleibsel der Sündflut rechnen könnte.« Er ließ jedoch nicht locker und sammelte, was er in Öhningen finden und bekommen konnte. Endlich, 1726, hielt er größere Skelettreste in der Hand, die er als menschliche Reste deutete.

Dem Brief an Sir Hans Sloane folgte die Veröffentlichung. Scheuchzer war so sehr von seinem Fund fasziniert und zugleich so sehr von missionarischem Eifer erfüllt, daß er ein Flugblatt drucken ließ, auf dem das Fossil abgebildet ist und das die Überschrift trägt »Homo diluvii testis. Bein-Gerüst Eines in der Sündflut ertrunkenen Menschen«. Im Text heißt es: »Wir haben, nebst dem ohnfehlbaren Zeugnuß des Göttlichen Worts, so viel andere Zeugen jener allgemeinen und erschröcklichen Wasser-Flut; als viel Länder, Stätte, Dörffer, Berge, Thäler, Stein-Brüche, Leim-Gruben sind. Pflantzen, Fische, vierfüssige Thiere, Unziefer, Muschelen, Schnekken, ohne Zahl; von Menschen aber, so domahls zu Grund gegangen, hat man biß dahin sehr wenig Überbleibselen gefunden. Sie schwummen Tod auf der obern Wasser-Fläche, und verfaulten, und läßt sich von denen hin und wider befindlichen Ge-

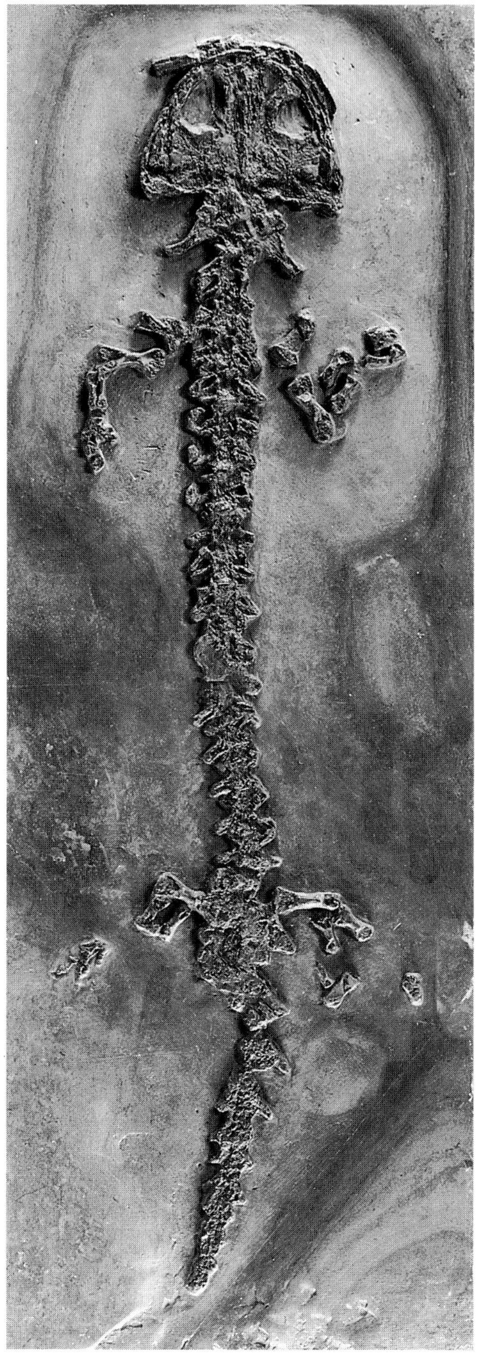

Abb. 52 Riesensalamander Andrias scheuchzeri aus dem mittleren Miozän von Öhningen. Länge etwa 60 cm.

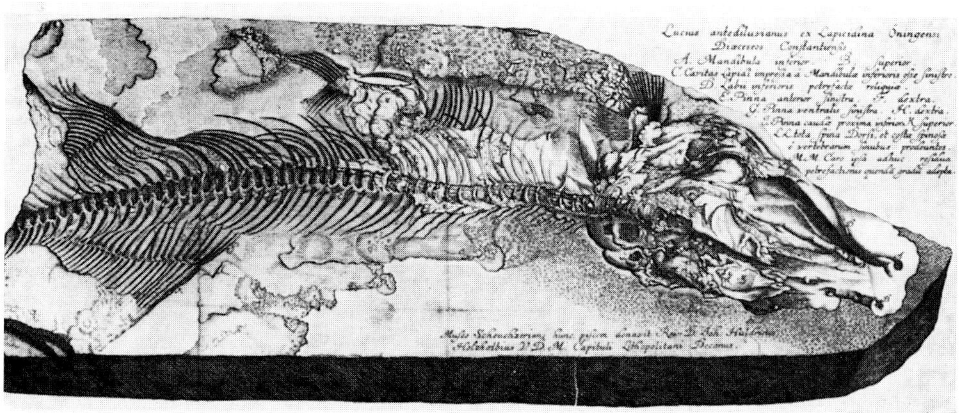

Abb. 51 Skelett eines Hechtes von Öhningen, von Johann Jakob Scheuchzer im Jahre 1708 abgebildet.

beinen nicht allezeit schliessen, das sie von Menschen seyen. Dieses Bildnuß, . . . ist eines von sichersten ja ohnfehlbaren Überbleibselen der Sünd-Flut.« Im einzelnen beschreibt Scheuchzer den »Umbfang des Stirnbeins«, »das rechte Joch-Bein«, »die Augenleisen«, »das Loch der unteren Augen-Leise, welches die Senn-Ader des fünfften Nerven hindurchläßt«, »Reliquien von dem Gehirn oder des harten Hirn-Häutleins«, »Überbleibselen der Nasen«, »ein Stück vom käuenden Muskul«, »Stüker vom untern Kienbaken gegen dem Kien«, »16 Rukgrat-Wirbel« und »Überbleibselen von der Leber«. Er konstatiert »eine gründliche Übereinkunfft mit denen Theilen eines Menschlichen Bein-Gerüsts« und »ein vollkommenes Eben-Maß«.

Die Bestimmung des Fundes läßt nicht ahnen, daß Johann Jakob Scheuchzer ein guter Arzt war, der es – kurz vor seinem Tode am 23. Juni 1733 – bis zum Stadtarzt von Zürich gebracht hatte. Schon 1758 erkannte nämlich Johannes Geßner[171], daß es sich keineswegs um ein Menschenskelett handeln könne, und sprach den Fund als Wels an. 1777 hielt ihn der Holländer Peter Camper[172] für eine große Eidechse. 1811 untersuchte ihn Georges Cuvier. Er erkannte, daß es sich um einen riesenhaften Salamander handelte[173]. Damals waren lebende Riesensalamander noch nicht bekannt. Sie wurden erst 1829 in Ostasien entdeckt. Dort bewohnen sie Flüsse oder feuchte Plätze nahe der Flußufer und ernähren sich von Schnecken, Würmern und Insekten. Da sie als Leckerbissen gelten, werden sie trotz ihrer Seltenheit und Gefährdung noch heute verfolgt und gehandelt.

Die Riesensalamander sind zwar die berühmtesten Funde von Öhningen, doch sind andere Fossilien weitaus häufiger. An Wirbeltieren kommen neben einigen Säugetier-, Vogel-, Schlangen-, Schildkröten- und Froschresten vor allem Fische vor. Schon Johann Jakob Scheuchzer bildete 1708 einen herrlichen Hecht ab[174]. Im Jahre 1805 schilderte der Konstanzer Lehrer Joseph Maximilian Karg[175], in welcher Schönheit die Fische erhalten sind: »Gleich Mumien liegen diese Petrefacte in ihren Schiefern, oft auf das kenntlichste erhalten; bey einigen unterscheidet man nicht nur den Umriß des Körpers, den Rückgrat mit seinen Wirbelbeinen, und mit den Fortsätzen oder Gräten derselben, sondern auch die Flossen mit ihren Strahlen, die Knochen und Knorpeln des Kopfes, die Zähne in den Kinnladen, die Cristalllinse, die Kiemendeckel, die Schuppen mit ihren Streifen, und das eingetrocknete Fleisch am Rumpfe«[176].

Abb. 53 Titelblatt der zweiten Auflage von Johann Jakob Scheuchzers »Herbarium diluvianum« aus dem Jahre 1723.

JOHANNIS JACOBI SCHEUCHZERI,
Tigurini, Medicinæ Doctoris, Matheseos Professoris, Academiæ Leopoldino-Carolinæ & Societatum Regiarum, Anglicæ ac Prussicæ, Membri,
HERBARIUM
DILUVIANUM.
Editio Novissima, duplo Auctior.

LUGDUNI BATAVORUM,
Sumptibus PETRI VANDER Aa, Bibliopolæ,
Civitatis atque Academiæ Typographi.
MDCCXXIII.

Die Öhninger Fälschungen

Scheuchzers Veröffentlichungen und noch mehr das Wachsen des naturwissenschaftlichen Interesses in der zweiten Hälfte des 18. Jahrhunderts ließen die Nachfrage nach den Öhninger Fossilien steigen. Der Konstanzer Fürstbischof Maximilian, in dessen Gebiet die Öhninger Steinbrüche[177] lagen, bereicherte »das von ihm zu Mersburg in dem Jahre 1784[178] angelegte Naturalienkabinet mit diesen Fossilien nicht so sehr vermittelst eines Befehls, die Petrefactenschiefer ihm zuerst zum Kaufe einzuliefern, als vielmehr durch die großmüthige Belohnung . . ., die dem glücklichen Finder eines nur einigermassen interessanten Stückes gewiß war«[179]. Da die Steinbrüche bald nicht mehr genug Fundgut liefern konnten, begann die große Zeit der Fälscher[180].

Unvollständig erhaltene Reste wurden mit Teilen ergänzt, die nicht dazu gehörten. Bruchstücke von Fossilien wurden aneinandergefügt und auf diese Weise schön und vollständig aussehende Gebilde geschaffen. Oft stammten die Einzelteile, zum Beispiel Kopf und Rumpf, von ganz verschiedenen Arten. Flossen wurden angesetzt, und Kompositionen aus unterschiedlichsten Resten ergaben die merkwürdigsten Phantasieprodukte. So erkannte schon Louis Agassiz[181] im Jahre 1832 bei seinen »Untersuchungen über die fossilen Süsswasser-Fische der tertiären Formationen«, »daß man in grösseren Platten von Oeninger Schiefern die Form grössrer und kleinrer Forellen ziemlich tief ausgegraben, und diese Höhle mit allerlei Bruchstücken aller um Oeningen vorkommenden Fische durcheinander ausgefüllt hatte . . ., und zwar oft auf die verkehrteste Weise, so dass neben- und an-einander Wirbelsäulen-Stücke mit abwechselnd nach oben und unten gerichteten Rippen liegen, untermengt mit Schuppen und Flossen-Parthieen«[182]. Den Höhepunkt stellte allerdings ein Vogel dar, angeblich eine Wachtel, der aus lauter Fischwirbel und -rippen nachgebaut worden war[183].

Die Technik der Fälschungen war raffiniert. Im weichen Gestein[184] wurden Vertiefungen ausgeschabt; in diese wurden Bruchstücke von Fossilien eingepaßt und mit einer Mischung aus Kalksteinmehl und Gips festgeklebt. Manchmal setzte man gar keine fossilen Reste ein, sondern Knochen heutiger Tiere. Zum Einfärben der Schabe- und Klebestellen verwendete man die grünen Fruchtschalen unreifer Walnüsse. Wo man keine geeigneten Ersatzteile hatte, gravierte man einfach die fehlenden Skelettpartien ins Gestein und färbte nach. Von hier aus war es schließlich nur noch ein kleiner Schritt, »Fossilien« überhaupt nur noch ins Gestein einzukratzen.

Von zweien der Fälscher glaubt man, die Namen zu kennen. Der erste war ein Steinhauer namens Besenstein aus der benachbarten Schweizer Stadt Stein am Rhein. Er war es wohl, der den Konstanzer Fürstbischof nicht nur mit echten, sondern auch mit falschen Fossilien belieferte. Nach seinem Tod, um 1795, und einer Pause von über 20 Jahren führte der Juwelier Leonhard Barth aus Wangen bei Öhningen das Fälscherhandwerk im großen Stil fort. Er hatte gegen ein hohes Honorar Lieferverträge mit bedeutenden Geologen und Sammlern seiner Zeit abgeschlossen[185]. Obwohl die Fundstätten größtenteils ihm gehörten[186], reichte die Ausbeute nicht mehr aus, um seine Verpflichtungen zu erfüllen. Nicht wenige seiner »Funde« stellte er selbst her; trotzdem war er hoch verschuldet, als er um 1880 starb.

Der Öhninger Maarsee

Das Fundgebiet der Öhninger Fossilien war einst ein Maarsee. Gesteine der jungtertiären Oberen Süßwassermolasse (vgl. S. 16) wurden im mittleren Miozän von einem Vulkanschlot durchschlagen. Der Krater füllte sich mit Wasser und wurde so zum Maar. An seinem Boden bildeten sich Seekreiden und andere Ablagerungen. Später griff der See über den Kraterrand soweit hinaus, als das Wasser durch ausgeschleuderte vulkanische Tuffmassen[187] aufgestaut wurde. Die Fläche des Sees betrug etwa einen Quadratkilometer[188].

Die Fossilien stammen aus unterschiedlichen Horizonten der Seefüllung. Eine Schicht von knapp drei Zentimetern Dicke wird als »Buch der Natur« bezeichnet.

Maximilian Christoph Rodt von Bussmannshausen, geb. 10. 12. 1717, seit 1775 Fürstbischof von Konstanz, gest. 17. 1. 1800 in Meersburg, übernahm und erweiterte das von seinem Bruder Franz Conrad Casimir (geb. 10. 3. 1706 in Meersburg, seit 1750 Fürstbischof von Konstanz und seit 1756 Kardinal, gest. 6. 10. 1775 in Meersburg) gegründete Meersburger Naturalienkabinett, dessen Bestände nach der Säkularisierung (1803) an das Kurfürstlich (später Großherzoglich) Badische Naturalienkabinett in Karlsruhe übergingen. Dieses war um 1752 von der Markgräfin Caroline Louise (geb. 11. 7. 1723 in Darmstadt, Prinzessin von Hessen-Darmstadt, gest. 6. 4. 1783 in Paris) und Markgraf Karl Friedrich von Baden (geb. 22. 11. 1728 in Karlsruhe, 1738 Markgraf, 1751 Heirat, 1803 Kurfürst, 1806 Großherzog, gest. 10. 6. 1811 in Karlsruhe) gegründet worden. Der Transport von Meersburg nach Karlsruhe, der 900 Öhninger Fossilien betraf, fand vom 29. 7. bis 6. 8. 1803 statt. Der Direktor des Karlsruher Naturalienkabinetts, Carl Christian Gmelin (geb. 18. 3. 1762 in Badenweiler, gest. 26. 6. 1837 in Karlsruhe), hatte zur Eile gedrängt, um »dieses Cabinet von seinem ihm bevorstehenden Verderben zu retten ohne den geringsten fernern Aufschub«, weil »die Oeninger Fisch- und Pflanzenschiefer . . . dem Staube ausgesetzt und gar nicht geordnet sind, dabey an einem ungünstigen Orte liegen« (G. Mayer 1973a, S. 199). Zum Transport standen ein Wagen mit drei Pferden, zwei Soldaten und zwei Knechte zur Verfügung. Die Unkosten für »Weg- und Zehrgelder, Trink- und Schmiergelder« betrugen 200 Gulden (entsprechend etwa 8000 DM). Vgl. G. Mayer 1972, 1973a; E. Oberdorfer 1951, 1966.

58

Abb. 55–59 Pflanzenreste aus dem mittleren Miozän von Öhningen.

Abb. 55 Frucht eines Ahorns. Länge 4 cm.

Abb. 56 Blatt einer Pappel. Länge 8 cm.

Abb. 57 Blatt des Lorbeergewächses Persea princeps. Länge etwa 10 cm.

Abb. 58 Blatt des Schmetterlingsblütlers Podogonium knorri. Länge 4 Zentimeter.

Abb. 59 Blätter des Schmetterlingsblütlers Podogonium knorri. Breite etwa 22 cm.

Abb. 54 Markgräfin Caroline Louise von Baden (1723–1783).

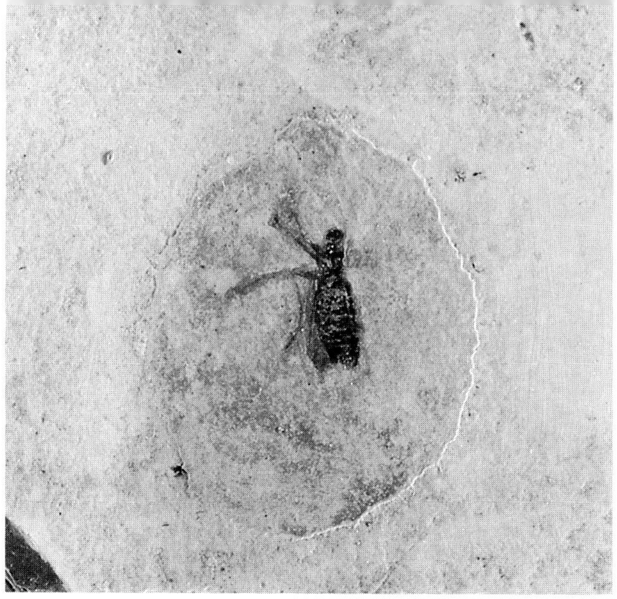

Abb. 60–65 Insekten aus dem mittleren Miozän von Öhningen.

Abb. 60 Libellenlarve. Länge 3 cm.

Abb. 61 Frühlingsfliege Bibio brevis. Länge 1 cm.

Abb. 62 Bockkäfer Mesosa jasonis. Länge 2,5 cm.

Abb. 63 Libellenlarve. Länge 2,5 cm.

Abb. 64 Prachtkäfer Capnodis. Länge 2,5 cm.

Abb. 65 Schildwanze Halys bruckmanni. Länge mit Fühler 2,3 cm.

Abb. 66–68 Fische aus dem mittleren Miozän von Öhningen.

Abb. 66 Weißfisch Leuciscus oeningensis. Länge 9 cm.

Abb. 67 Weißfisch Leuciscus oeningensis. Länge 14 cm.

Abb. 68 Hecht Esox lepidotus. Länge 80 cm.

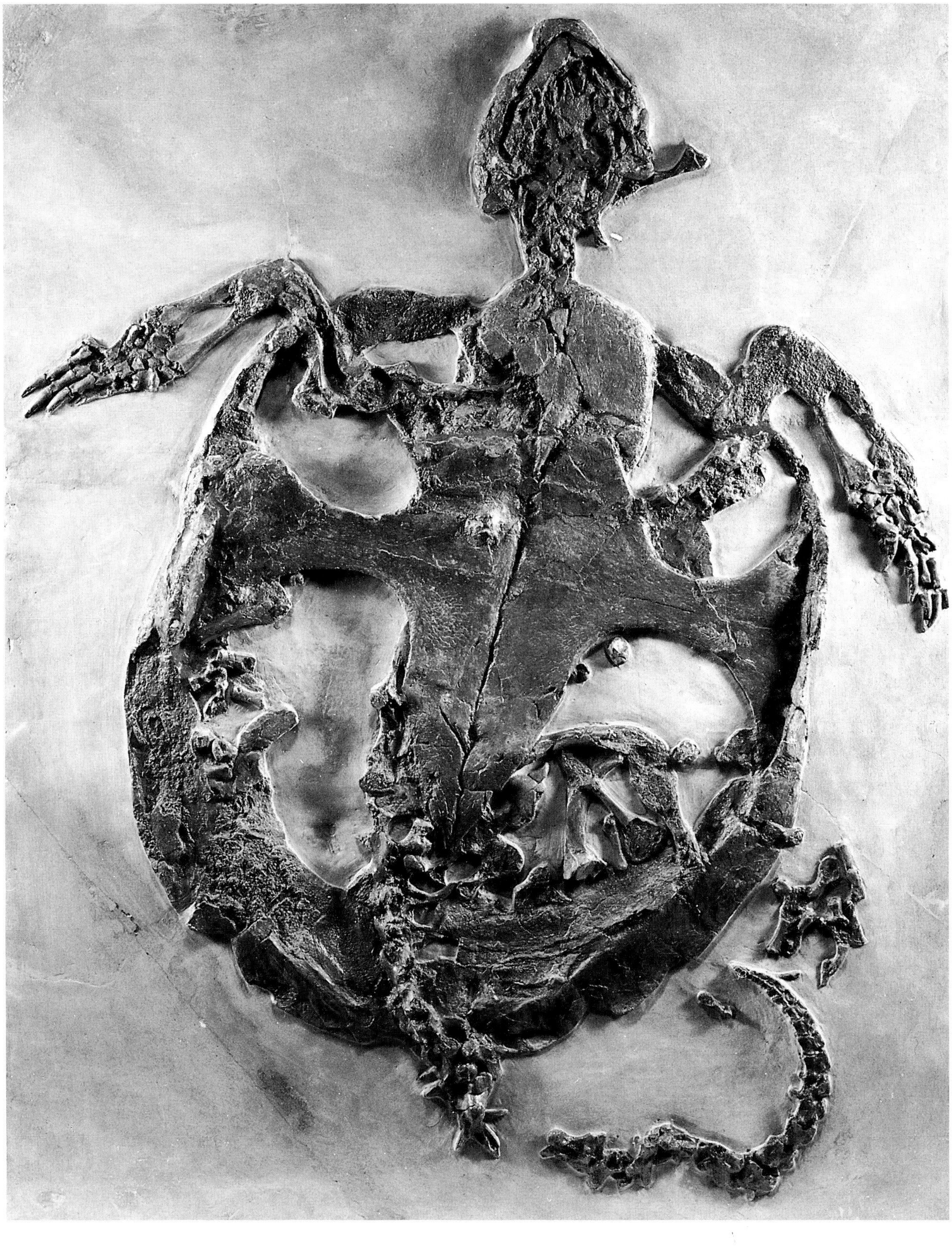

Abb. 69 Alligatorschildkröte Chelydropsis murchisoni aus dem mittleren Miozän von Öhningen. Länge etwa 70 cm.

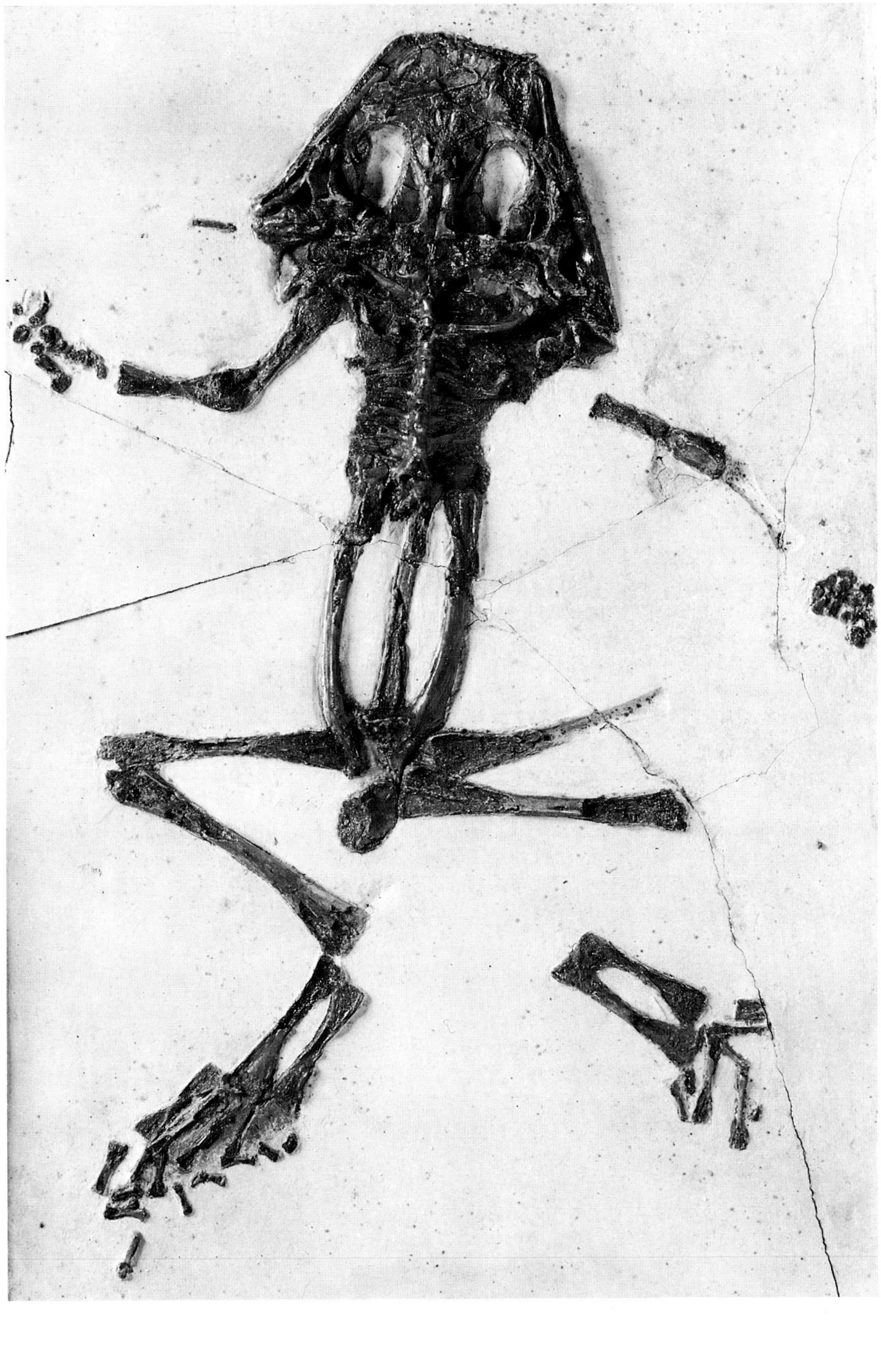

Abb. 70 Frosch Latonia seyfriedi aus dem mittleren Miozän von Öhningen. Länge etwa 30 cm.

Sie spaltet in etwa 250 dünne, abwechselnd helle und dunkle Lamellen auf. Man vermutet, daß es sich hierbei um Jahresschichtungen handelt. Die hellen Lagen entstanden, wenn im Frühjahr und Sommer nach starken Regenfällen feinster Sand in den See gespült wurde. Die dunklen Lagen sind reich an organischer Substanz und bildeten sich nach dem Laubfall im Herbst und Winter. An Fossilien sind vor allem Insekten von herrlicher Erhaltung häufig; nach ihnen heißt das »Buch der Natur« auch Insektenschicht. Pflanzen sind seltener, doch meinte Oswald Heer[189], der Bearbeiter der Öhninger Pflanzen: »Die Lamellen, welche die Blüthen des Kampherbaumes und der Pappeln enthalten, sind sehr wahrscheinlich im Frühjahr, diejenigen, welche uns geflügelte Ameisen, die Früchte von Ulmen, Pappeln und Weiden weisen, zur Sommerzeit und diejenigen, welche die Früchte des Kampherbaumes, der Dattelpflaume, der Waldrebe und der Synantheren einschließen, im Herbst entstanden«[190].

Die Mehrzahl der Pflanzen stammt aus höheren Horizonten der Seefüllung. Außer Laichkräutern, Armleuchteralgen und Brachsenkräutern, die zeitweilig dichte Rasen am Seegrund gebildet hatten, kommen in einzelnen Lagen viele eingewehte oder eingeschwemmte Blätter von Bäumen und Sträuchern vor, die das Seeufer gesäumt hatten. Die Funde deuten auf eine artenreiche Pflanzenwelt; man rechnet mit etwa 150 Arten. Häufig sind vor allem die Blätter des Ahorns, der Pappel und des Kampferbaumes[191]. Als Seltenheiten kennt man auch Blätter des Amberbaumes, der nur etwa vier Kilometer weiter nördlich, an der Fundstelle Schrotzburg, ein Viertel des ganzen Fundgutes stellt[192]. Auch Pollenkörner kommen in den Seeablagerungen vor; zahlreich sind vor allem die Pollen von Gräsern und Sauergräsern[193].

Mit Hilfe der Öhninger Pflanzen kann man Landschaft und Klima zur Zeit des mittleren Miozäns im Molassebecken gut rekonstruieren. Der Öhninger Maarsee war ebenso wie andere Seen, Sümpfe und Flußläufe von einem dichten, artenreichen Waldstreifen[194] umgeben, während trockenere Gebiete von Steppe bedeckt waren. Das Klima war wesentlich wärmer als heute; die mittlere Jahrestemperatur dürfte etwa 15° C betragen haben. Nachtfröste gab es allenfalls vereinzelt. Die jährliche Niederschlagsmenge war gering; man schätzt etwa 150 Millimeter. In der Steppe lebten zahlreiche Säugetiere, die am See zur Tränke gingen. Im See selbst waren Schildkröten, Frösche und Fische zu Hause – und eben auch die Riesensalamander, die Scheuchzer fälschlicherweise als Menschenreste gedeutet hatte.

Abb. 71 Oswald Heer (1809–1883). Nach K. Mägdefrau 1959.

Nur etwa 30 Kilometer nördlich von Öhningen sind aus einem anderen ehemaligen Maarsee des Hegau-Vulkanismus, dem Höwenegg bei Immendingen, wesentlich jüngere Säugetierfaunen überliefert. Sie stammen aus dem oberen Miozän und haben ein Alter von etwa 10 Millionen Jahren. Nach ersten Fossilfunden um das Jahr 1936 wurde die Lokalität durch das Geologische Institut der Universität Freiburg im Breisgau unter ständiger Kontrolle gehalten. 1950 wurde mit planmäßigen Grabungen begonnen, die bis 1963 fortgeführt wurden. Grabungsleiter war Dr. Erwin Jörg (geb. 10. 1. 1917 in Frickingen bei Meersburg, gest. 11. 2. 1977 in Waldkirch; vgl. R. U. Roesler, H. Tobien und G. Mayer 1977), der in Göttingen und Freiburg studiert hatte, nach dem Zweiten Weltkrieg Assistent in Freiburg, ab 1953 an den Landessammlungen für Naturkunde in Karlsruhe tätig und dort seit 1970 Direktor war. Die bedeutendsten Funde vom Höwenegg sind dreizehige Pferde der Gattung Hipparion, die besterhaltenen Skelette dieser Tiergruppe. Unter ihnen ist eine trächtige Stute mit geburtsreifem Embryo besonders bemerkenswert. Ferner sind vom Höwenegg weitgehend vollständige Antilopenskelette, Nashörner, zahlreiche Schildkrötenreste und Fische bekannt. Vgl. E. Jörg, H. Rest und H. Tobien 1955; H. Tobien und E. Jörg 1959; H. Steinert 1974.

Abb. 72 Skelett des dreizehigen Urpferdes Hipparion aus dem oberen Miozän des Höwenegg. Länge etwa 2,3 m.

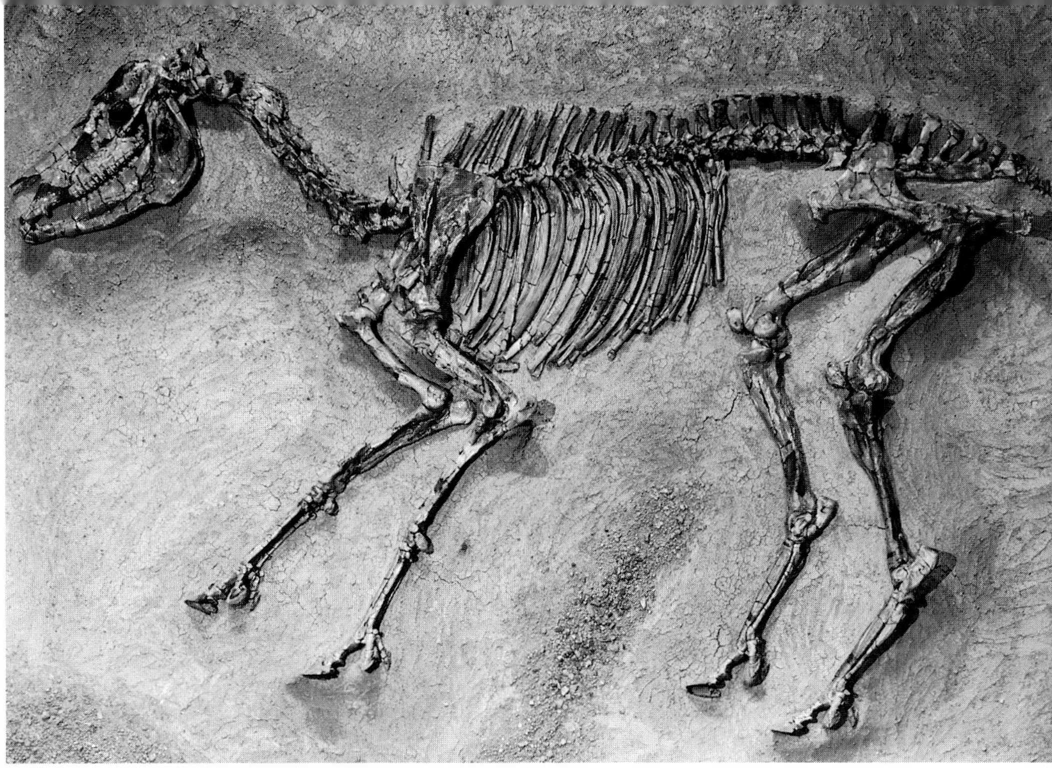

Abb. 73 Die Grabung am Höwenegg und die Funde der Jahre 1953–1958. Nach H. Tobien und E. Jörg 1959.

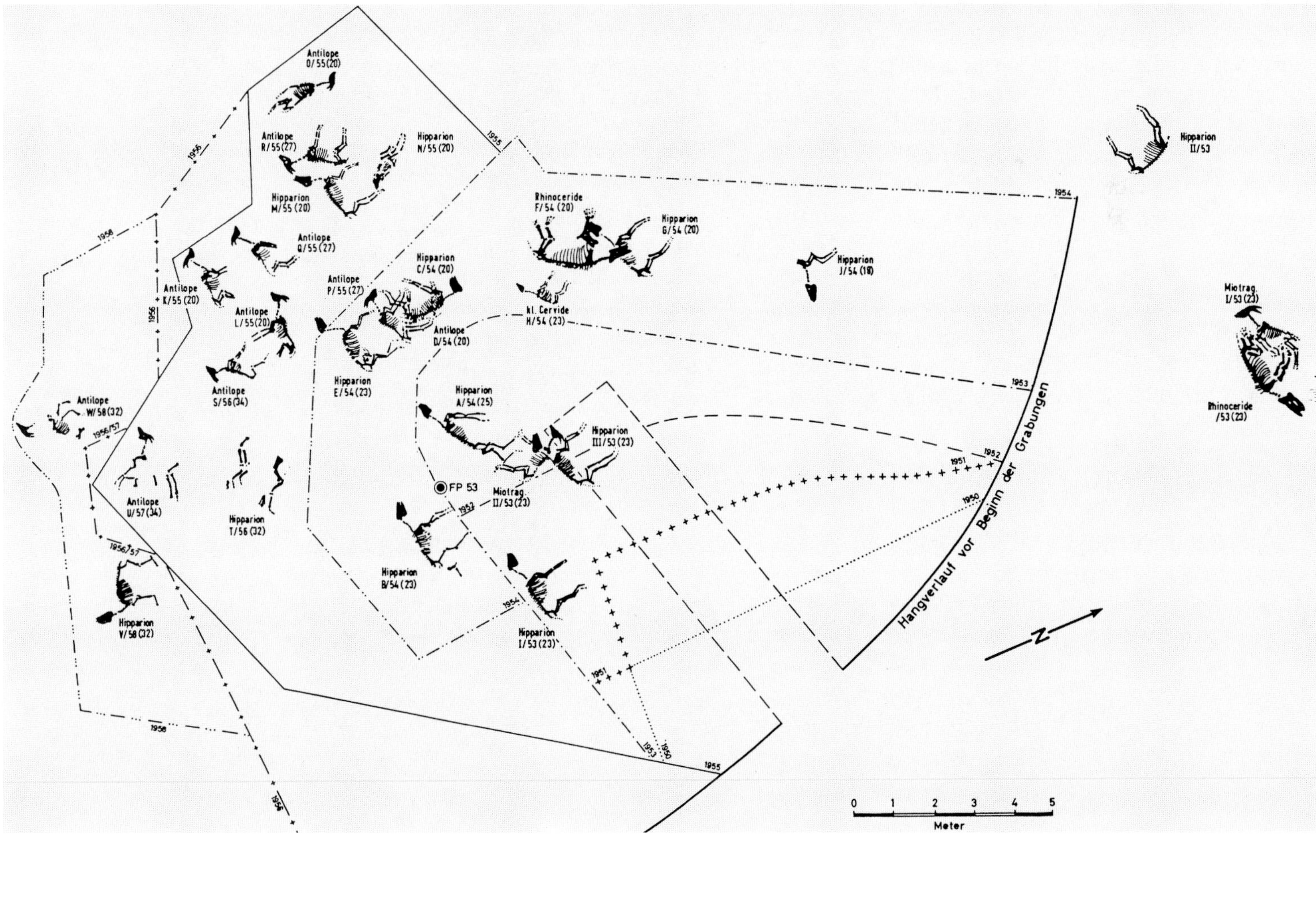

Abb. 74 Skelett der Antilope Miotragocerus pannoniae aus dem oberen Miozän des Höwenegg. Länge etwa 1,6 m.

Abb. 75 Skelett des Salamanders Palaeopleurodeles hauffi aus dem mittleren Miozän des Randecker Maares. Länge 11 cm.

Das Randecker Maar bei Weilheim unter Teck ist der wieder ausgeräumte Krater eines der zahlreichen Vulkane, die vor etwa 10–15 Millionen Jahren, im Mittelmiozän, in der mittleren Schwäbischen Alb für kurze Zeit tätig waren. An seinem Grund bildete sich ein See, in dem sich zuerst ein feinschichtiges Faulschlammsediment, das man Dysodil nennt, und später Seekreide ablagerten. Aus dem Dysodil kennt man schon seit der Mitte des 19. Jahrhunderts Fossilien; seit dieser Zeit haben auch mehrere kleine Grabungen stattgefunden (vgl. E. Endriss 1889; F. Westphal 1963). Vom baumbestandenen Seeufer stammen Pflanzenreste (vgl. L. Rüffle 1963), Landschnecken, Insekten und Kleinsäuger. In kleinen Bächen und am Ufersaum lebten Wasserschnecken, Insektenlarven, Frösche und Salamander. Fische sind im Dysodil unbekannt. Daraus schließt man, daß das Wasser sauerstoffarm, mit Nährstoffen übersättigt und vielleicht, infolge der starken Verdunstung in einem warmen Klima, salzhaltig war. Vgl. B. Jankowski 1981; T. Löffler und F. Westphal 1982.

Abb. 76 Fliege Penthetria aus dem mittleren Miozän des Randecker Maares. Breite 2,5 cm.

Abb. 77 Spinne Lycosa aus dem mittleren Miozän des Randecker Maares. Länge mit Beinen etwa 2 cm.

Abb. 78 Zweig von Gleditsia lyelliana aus dem mittleren Miozän des Randecker Maares. Länge des Zweiges etwa 10 cm.

Abb. 79 (Farbtafel) Blätter des Seifenbaumes Sapindus, einer Weide und von Gleditsia knorri aus dem mittleren Miozän des Randecker Maares. Höhe der Platte etwa 20 cm.

N° Podogonium Knorrii
A.Br.

Abb. 80 Fische (Schleien der Gattung Tinca) aus dem mittleren Miozän von Steinheim am Albuch. Breite der Platte etwa 1 m.

Abb. 81 Zusammengeschwemmte Gehäuse der Schneckengattung Gyraulus aus dem mittleren Miozän von Steinheim am Albuch. Größe der Gehäuse 0,5–1 cm.

Abb. 82 Schädel, Unterkiefer und Stoßzähne des Hauerelefanten Deinotherium aus dem unteren Miozän von Langenau. Länge des Schädels etwa 90 cm.

Die Fossilien im Meteorkrater von Steinheim am Albuch

Etwa zur gleichen Zeit, als Oswald Heer die Ablagerungsbedingungen im Öhninger Maarsee von Zürich aus erforschte, wurden die ungefähr gleichaltrigen Ablagerungen im Meteorkrater von Steinheim am Albuch[195] von Stuttgart und Tübingen aus gründlicher untersucht. Auch in diesen Gesteinsschichten waren schon früh Fossilien entdeckt worden. Am 5. Juli 1709 schrieb der Arzt Rosinus Lentilius[196] in sein Tagebuch: »Heute wurden mir aus dem Heidenheimer Distrikt nahe dem Dorfe Steinheim in einer Sandgrube ergrabene winzige, blendend weiße Schälchen überbracht. Gleich Schnee erglänzten sie weiß in einem überaus ergötzlichen und gar seltenen Anblick. Sie werden in jener Sandgrube schon viele Jahre hindurch zusammen mit dem weißen Sand nahe der Oberfläche ergraben und für den häuslichen Gebrauch feilgeboten, um Fußböden, hölzerne Gefäße etc. zu scheuern. Niemals habe ich etwas Seltsameres gesehen, womit sich die Phantasie beschäftigen könnte. Denn was man über Naturspiele sagt, sind für mich in Wirklichkeit Spiele der Phantasie. Die Natur bringt nichts ohne Zweck hervor. Zu welchem Zweck aber mag sie derartige Schälchen bilden. Daß es kleine Tiere gewesen seien, kann man sich ganz und gar nicht vorstellen. So winzige Schälchen, in denen kleine Schnecken leben, sind niemals gesehen worden. Und warum schließlich erschöpft sich diese Grube wohl nicht?«[197]

Abb. 83 Luftaufnahme des Beckens von Steinheim am Albuch.

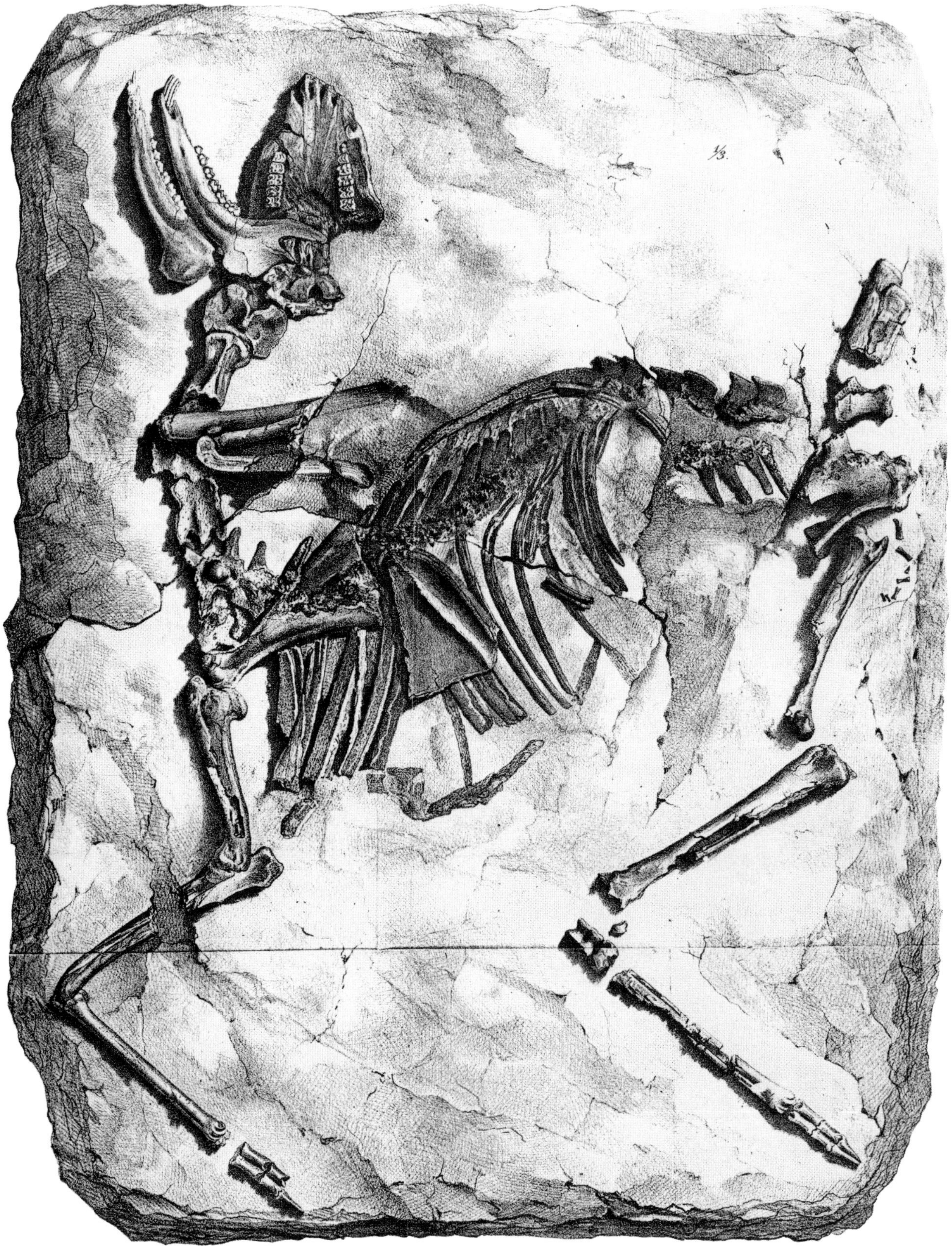
1/3

Abb. 84 Weiblicher Gabelhirsch aus dem mittleren Miozän von Steinheim am Albuch in der Darstellung von Oskar Fraas (1862 a). Breite der Platte etwa 75 cm.

Abb. 85 Schädel und Geweih des Gabelhirsches Heteroprox aus dem mittleren Miozän von Steinheim am Albuch. Länge des Schädels etwa 20 cm.

Abb. 86 Skelett des Zwerghirsches Micromeryx aus dem mittleren Miozän von Steinheim am Albuch. Schulterhöhe etwa 45 cm.

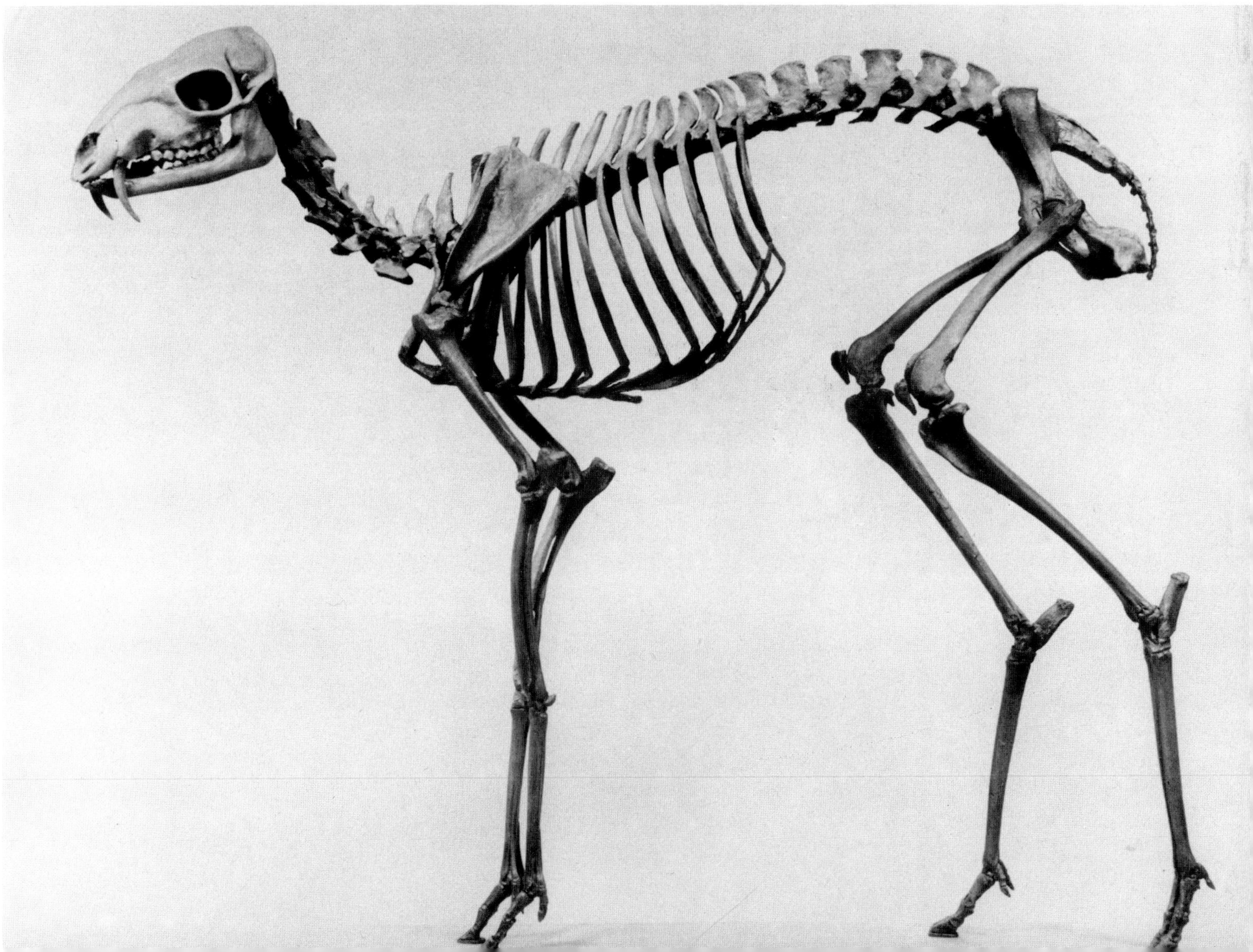

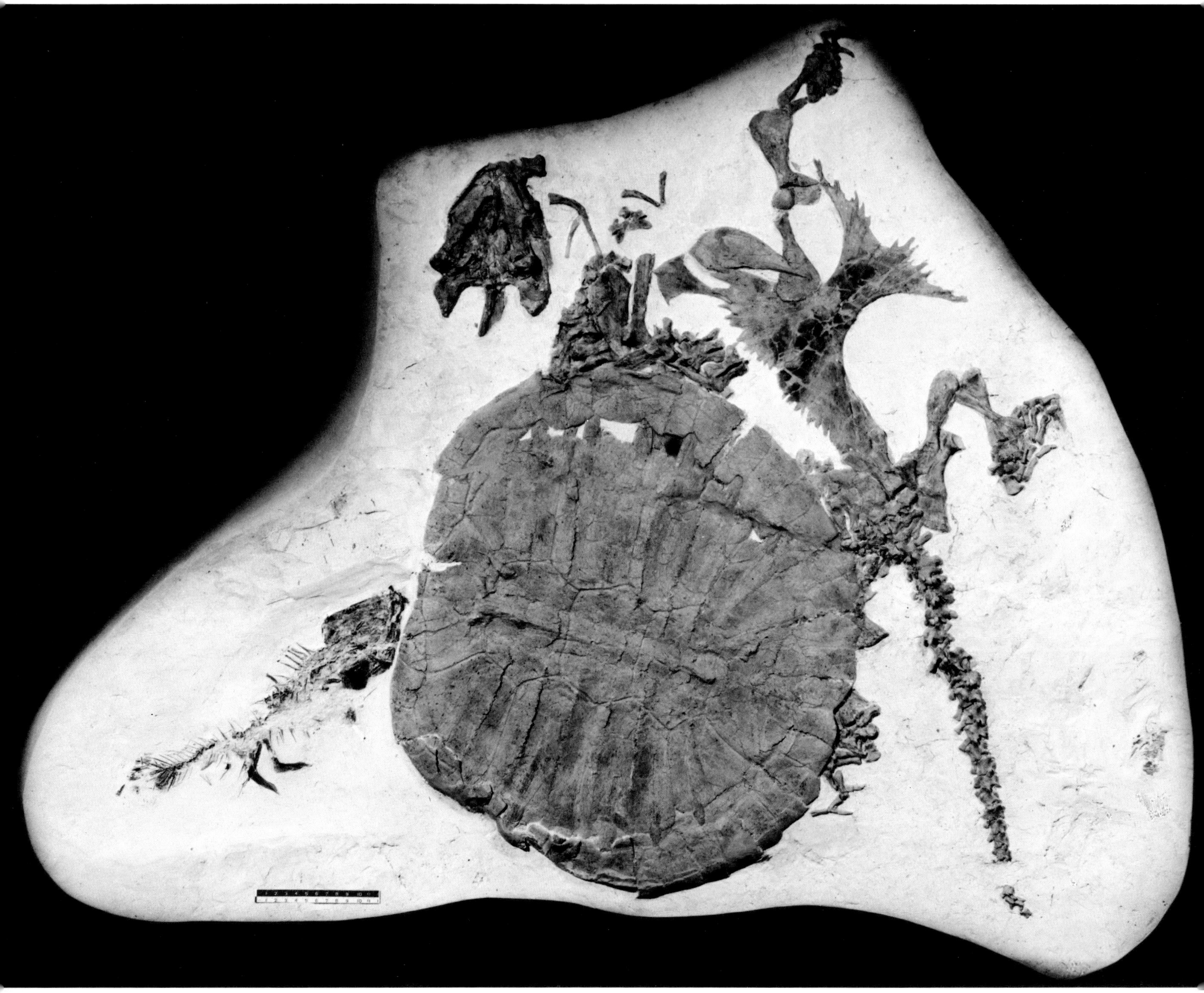

Abb. 87 Panzer der Schildkröte Chelydropsis aus dem mittleren Miozän von Steinheim am Albuch. Länge des Panzers etwa 45 cm.

Abb. 88 Georg Friedrich Jäger (1785–1866).

Georg Friedrich Jäger, geb. 25. 12. 1785 in Stuttgart, jüngerer Bruder des ehemaligen Karlsschülers Carl Christoph Friedrich Jaeger (vgl. Anm. 81). Schulbesuch in Stuttgart, Medizinstudium (1803–1807) in Tübingen, 1808 Promotion über die Wirkungen von Arsenik. Danach Reise nach Göttingen und Paris, wo Jäger von Georges Cuvier gastfreundlich aufgenommen wurde. Nach Stuttgart zurückgekehrt, eröffnete Jäger eine Arztpraxis und wurde 1817, neben seiner praktischen Tätigkeit, als Nachfolger seines Bruders »Inspektor«, d. h. Betreuer des Königlichen Naturalienkabinetts, was er bis 1856 blieb. Die Tätigkeit am Naturalienkabinett bot Anlaß zur Beschäftigung mit fossilen Wirbeltieren, wobei die Arbeiten über Säugetiere grundlegend sind. Jägers wissenschaftliche Interessen waren jedoch darüber hinaus breit gefächert. Seine wissenschaftliche Tätigkeit machte ihn weithin bekannt; 35 wissenschaftliche Gesellschaften und Akademien aus aller Welt verliehen ihm Diplome; er war in den persönlichen Adelsstand erhoben, Ehrenbürger der Stadt Stuttgart und Träger hoher staatlicher Auszeichnungen. Gest. 10. 9. 1866 in Stuttgart. Vgl. J. G. Kurr 1867b.

Von Wirbeltierfunden, nämlich von Fischen und Säugetieren, berichteten schon 1824 Carl Friedrich Stahl[198] und 1830 Friedrich Hartmann[199]. Eine erste Zusammenstellung der bis dahin von Steinheim bekannten Säugetiere gab der Stuttgarter Arzt, Naturforscher und Betreuer des Königlichen Naturalienkabinetts, Georg Friedrich Jäger, im Jahre 1835. 20 Jahre später begann Oskar Fraas mit seinen Untersuchungen in Steinheim. Im Jahre 1870 schrieb er: »Seit 15 Jahren gebe ich mir . . . Mühe, womöglich Alles in die Hände zu bekommen, was die Sandgräber[200] an Fossilien förderten, um ein übersichtliches Bild über die merkwürdige Fauna dieses Platzes zu gewinnen«[201]. Mit welchen Schwierigkeiten er dabei zu kämpfen hatte, wird aus seiner Äußerung aus dem Jahre 1885 deutlich: »Ein großer Teil der alljährlich ausgegrabenen Knochen und Zähne wandert in die Hände derer, welche den Sandgräber am besten bezahlen. Doch kam bis jetzt immer noch das Beste unter den Funden an die Landessammlungen. . . . Denn das Gefühl, daß die Steinheimer Funde denn eigentlich doch zusammengehören und ihre heimatlichen Museen nicht verlassen sollten, ist glücklicherweise mächtiger geworden, als die Gier nach Besitz«[202]. Erschwert wurde die Auswertung der Steinheimer Funde auch durch die Art der Ablagerung: »Der Sandgräber hackt mit seiner Haue die Sandwand an . . . Mit Vorsicht arbeitet er . . ., weiß er doch, daß er mit jedem wohlerhaltenen Stück seinen Tagelohn verdoppeln wird. Nicht immer gelingt es zu erhalten, was man in der Sandwand vor Augen hat und nur wegnehmen zu dürfen wähnt, denn jedem Stich mit dem Messer, mit dem man jetzt arbeitet, rieselt der Sand nach . . . Kein Mittel gibt es, den beweglichen . . . Sand festzuhalten, der zerfällt, wo man ihn auch berühren will und den im Gebirg schon zerbröckelten und gleichfalls nur lose noch zusammenhängenden Knochen nach sich zieht. Nur was hart ist von Hause aus, kann gerettet werden«[203].

Trotzdem war die Ausbeute gewaltig. Schon 1870 kannte Oskar Fraas 27 Säugetierarten aus den Steinheimer Ablagerungen. Heute ist diese Zahl auf 54 Arten angewachsen. Hinzu kommen die Reste von Vögeln, Schildkröten und anderen Kriechtieren, sowie Fischen. So ist allein von den Wirbeltierfunden her die Ansicht Fritz Berckhemers berechtigt, das Steinheimer Becken sei ein »Glanzpunkt des Schwäbischen Tertiärs«[204]. Noch mehr allerdings haben die Schneckenschälchen die Fundstätte weltweit bekannt und berühmt gemacht.

Das größte Säugetier, das aus Steinheim bekannt wurde, ist ein Mastodon, das 1883 entdeckt, im Zweiten Weltkrieg jedoch zerstört wurde. Mastodonten sind Verwandte der Elefanten. Sie zeichnen sich durch Backenzähne aus, die zitzenförmige Höcker tragen und zu mehreren in jeder Kieferhälfte vorhanden waren. Je zwei Schneidezähne im Ober- und Unterkiefer waren zu Stoßzähnen umgebildet.
Zeitgenossen dieser tertiären Rüsseltiere waren die mit ihnen verwandten Deinotherien, bei denen die Stoßzähne als mächtige, abwärts gebogene Hauer nur im Unterkiefer saßen. Ein nahezu vollständiges Deinotherium-Skelett wurde, zusammen mit einer großen Zahl weiterer Tierreste, 1976 bei Langenau nordöstlich von Ulm ausgegraben. Die Fundstätte wurde beim Bau der Autobahn Ulm–Heidenheim angeschnitten und vom Lehrer Helmut Bracher dem Staatlichen Museum für Naturkunde in Stuttgart gemeldet. Die fossilführenden Schichten gehören in die Süßbrackwassermolasse (Untermiozän), sind sind etwa 3–4 Millionen Jahre älter als die Ablagerungen im Steinheimer Becken (vgl. E. P. J. Heizmann, L. Ginsburg und Ch. Bulot 1980).
In der weiteren Umgebung von Ulm kommen in der Unteren Süßwassermolasse zahlreiche Fundstätten mit Wirbeltierresten vor, die teilweise schon im vergangenen Jahrhundert, teilweise aber erst in jüngster Zeit (z. B. beim Bau der Universitätsklinik auf dem Ulmer Eselsberg im Jahre 1981) ausgebeutet wurden.

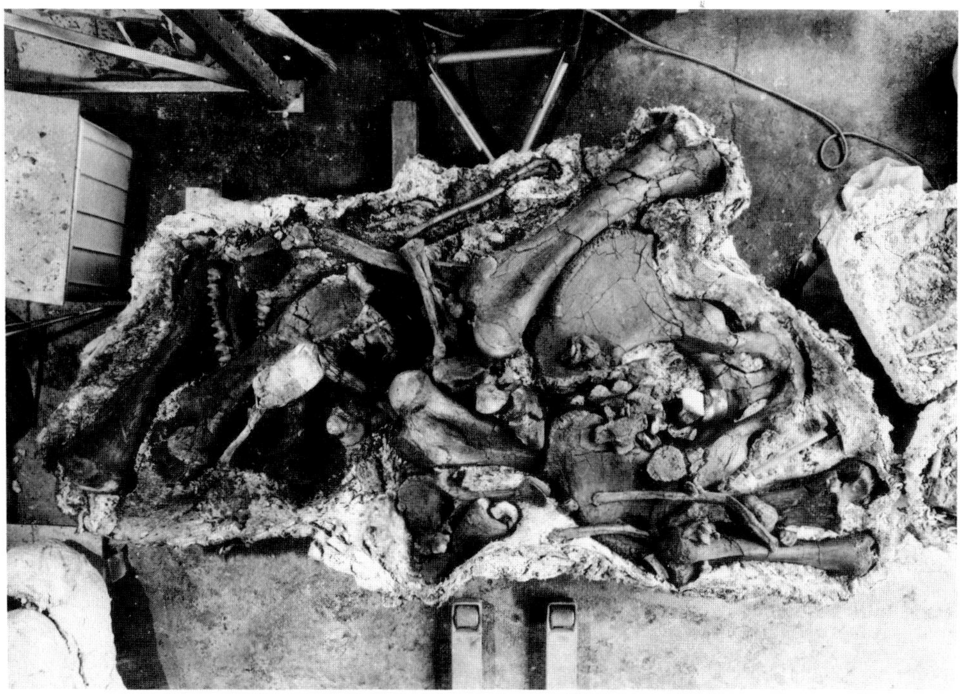

Abb. 89 Fundsituation von Teilen eines Skeletts des Hauerelefanten Deinotherium aus dem unteren Miozän von Langenau nach der Ausgrabung im Sommer 1976. Länge des eingegipsten Blockes etwa 2,5 m.

Abb. 90 Skelettmontage des Hauerelefanten Deinotherium aus dem unteren Miozän von Langenau. Schulterhöhe etwa 2,7 m.

Abb. 91 Charles Darwin (1809–1882).

Der Schnecken-Stammbaum

Dieser Ruhm hängt aufs engste mit der Evolutionslehre Charles Darwins zusammen. Am 24. November 1859 veröffentlichte Charles Darwin[205] sein Buch über die Entstehung der Arten durch natürliche Zuchtwahl[206]. Noch am gleichen Tage war die erste Auflage von 1250 Exemplaren vergriffen, so sehr fand das Werk das Interesse seiner Zeitgenossen. Schon lange war das Dogma von der Unveränderlichkeit der Arten ins Wanken geraten[207]. Doch jetzt legte erstmals ein Naturforscher eine überzeugende und durch eine Vielzahl von Argumenten untermauerte Erklärung vor, wieso Arten sich verändern konnten.

In Darwins Werk sind – und darauf beruht sein Erfolg – zwei Theorien vereinigt. Zunächst wird die Ansicht vertreten, alle Tiere und Pflanzen seien aus ihren Vorfahren durch Fortpflanzung hervorgegangen, dabei hätten sich die Merkmale der Arten allmählich gewandelt, Tier- und Pflanzenarten seien also nicht unveränderlich. Diese Gedanken nennt man die Abstammungslehre oder Deszendenz-Theorie; die Abänderung der Artmerkmale im Laufe der Zeit wird auch als Transformismus bezeichnet.

Mit seiner zweiten Theorie, der Selektionstheorie, versuchte Darwin, die Veränderlichkeit der Arten zu erklären. Er nahm an, daß die Individuen einer Art innerhalb bestimmter Grenzen unterschiedliche Erbanlagen besitzen und daß deshalb die Arten eine gewisse Variabilität aufweisen. Diejenigen Individuen haben die besten Chancen, zu überleben und sich fortzupflanzen, die an die äußeren Lebensbedingungen am besten angepaßt sind. Unter dem Einfluß der natürlichen Auslese, das heißt der Selektion, werden bestimmte Varianten einer Art allmählich häufiger; andere werden unterdrückt. Da die Selektion Erbanlagen betrifft, sind auch die Abänderungen im Erscheinungsbild der Arten erblich. Allerdings erfolgen die Veränderungen so langsam, daß man sie nicht direkt beobachten kann. Dennoch müssen sich die heutigen Tier- und Pflanzenarten aus ihren Vorfahren, den Fossilien, herleiten lassen.

Erste Anregungen zu seinen Ideen hatte Darwin auf der Weltreise der »Beagle« in den Jahren 1832 bis 1836 empfangen. Besonders beeindruckt hatte ihn die endemische[208] Tierwelt der einzelnen Inseln der Galapagos-Archipels. Es dauerte jedoch Jahrzehnte, bis er alle Bausteine seines Ideengebäudes zusammengetragen hatte und die Veröffentlichung wagte.

Die Zoologie war alsbald in zwei sich heftig bekämpfende Lager gespalten. In Deutschland war es vor allem der Zoologe Ernst Haeckel[209], der unermüdlich für die Darwinschen Ideen eintrat. Wie aber reagierten die Paläontologen? Sie waren es doch, die versuchen mußten, den Beweis oder die Widerlegung zu liefern, daß sich Arten im Laufe der Erdgeschichte verändern. Tatsächlich erschienen schon bald nach 1859 mehrere Veröffentlichungen, die auf Darwin und seine Lehre zurückgriffen[210] oder sie wenigstens diskutierten[211].

Der Schweizer Zoologe und Paläontologe Ludwig Rütimeyer[212], Professor in Basel, hatte noch kurz vor Erscheinen der »Entstehung der Arten« den Gedanken der Abstammung erwogen, aber dann doch ausdrücklich verworfen. 1863 diskutierte er ihn erneut und meinte, es »wäre der Palaeontolog voreilig zu nennen, welcher der Frage über eine wirkliche historische Verwandtschaft solcher Formen sein Ohr von vornherein verschließen wollte«[213]. Der erste aber, der an einem konkreten Beispiel nachweisen konnte, wie sich bei Fossilien die Merkmale von Schicht zu Schicht, also mit dem Ablauf der Zeit, ganz allmählich ändern, war Franz Hilgendorf[214] mit seiner Arbeit über die Steinheimer Schnecken[215].

Am 5. Dezember 1839 in Neudamm (Neumark, heutiges Westpolen) geboren, studierte Hilgendorf von 1859 bis 1862 Naturwissenschaften in Berlin, wechselte dann jedoch an die Universität Tübingen über. Hier setzte er seine Studien bei Friedrich August Quenstedt (vgl. S. 82) fort. Beide zusammen unternahmen im Herbst 1862 eine Exkursion nach Steinheim am Albuch, über die, zurückblickend, Quenstedt im Jahre 1866 schrieb: ». . . auf einer gemeinschaftlichen Excursion im Herbst 1862« machte »Herr Dr. Hilgendorf mir an einer günstigen Stelle die scharfsinnige Bemerkung . . ., das die vielgestaltigen Valvaten[216] nicht bunt durch einander liegen, sondern eine gewisse Ordnung inne halten: die flachen beginnen unten, und nach oben entwickeln sich allmählig die höher gewundenen. . . . Die Sache schien durch die Darwinsche Entwicklungstheorie der Geschöpfe noch ein ganz besonderes Interesse zu bekommen«[217].

Hilgendorf war von seiner Entdeckung fasziniert, und Quenstedt war beeindruckt. »Hr. Hilgendorf verfolgte diese bisher nicht hervorgehobene Thatsache mit einem Eifer und einer Ausdauer, denen ein Erfolg nicht fehlen kann«[217]. Wochenlang weilte er im Gelände, sammelte und verglich die schneckenführenden Schichten an den verschiedenen Aufschlüssen innerhalb des Steinheimer Beckens. Bald danach hatte er seine Ergebnisse niedergeschrieben und bei der Philosophischen Fakultät[218] der Tübinger Universität eingereicht[215]. Nach einem Kolloquium vor der Fakultät am 28. April 1863 empfing er den Grad eines Doktors der Philosophie. Noch heute wird sein Untersuchungsmaterial am Institut und Museum für Geologie und Paläontologie der Universität Tübingen aufbewahrt. Soweit man weiß, enthält es den ersten auf einer beobachteten Merkmalsänderung beruhenden Stammbaum der paläontologischen Wissenschaft[219].

Nach seiner Rückkehr nach Berlin bemühte sich Hilgendorf um die Förderung für eine vertiefte Untersuchung der Steinheimer Schnecken. Anscheinend erkannte die Preußische Akademie der Wissenschaften sehr klar die Bedeutung des Vorhabens Hilgendorfs, denn sie finanzierte im Frühsommer 1865 einen erneuten, zweimonatigen Geländeaufenthalt. 1866 konnte Hilgendorf der Akademie seine Arbeit »Über Planorbis multiformis im Steinheimer Süßwasserkalk«[220] einreichen.

Die Reaktion auf seine Veröffentlichung war zwiespältig. Einerseits gab es gewichtige Stimmen, die Hilgendorfs Ergebnisse für richtig hielten. Hierunter zählen vor allem Charles Darwin selbst[219], Oskar Fraas[221], Moritz Wagner[222] und – mit Einschränkungen – Alpheus Hyatt[223]. Andererseits gab es jedoch auch heftige Kritik, die von Carl Ludwig Fridolin Sandberger[224] angeführt wurde. Sandberger schrieb: »Von verschiedenen Seiten wurde das von Hilgendorff behauptete getrennte und übereinander gelegene Vorkommen einer Anzahl von Planorbis-Formen in dem Süsswasserkalke von Steinheim . . . als werthvolle Stütze der Darwin'schen Theorie erwähnt. Ich war . . . veranlasst, diese Sache an Ort und Stelle zu untersuchen und habe gänzlich abweichende Resultate erhalten. ... Es ist mir daher unbegreiflich, wie Hilgendorff aus solchem Materiale eine aus angeblich auf einander folgenden Formen bestehende Entwickelungsreihe... hat construiren können«[225]. Vielleicht unter dem Einfluß der Einwände rückte auch Quenstedt allmählich immer entschiedener von seiner ursprünglich wohlwollenden Haltung ab[226].

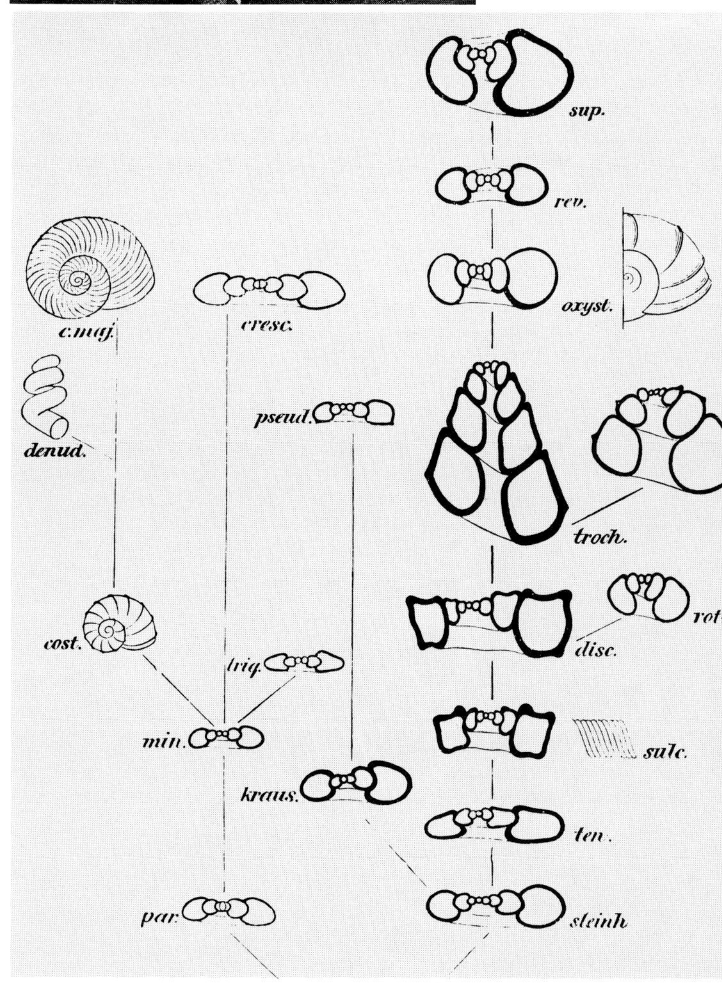

Abb. 92 Franz Hilgendorf (1839–1904).

Hilgendorf versuchte in mehreren Publikationen, Sandberger zu überzeugen, und bemühte sich sein ganzes Leben lang um die Anerkennung seiner Ergebnisse. Doch erst lange nach seinem Tode wurden seine Beobachtungen durch den Steinheimer Forstbeamten Franz Gottschick[227] und den Frankfurter Zoologen Wilhelm Wenz[228] in vollem Umfang und auf Dauer bestätigt[229]. Die Tatsache des Merkmalswandels wird allerdings bis heute unterschiedlich gedeutet. Lange schien es, als ob man die Ursachen in Temperatur- oder Salzgehaltsschwankungen des Wassers in einem abgeschlossenen Becken unter heißem Klima sehen müsse, wodurch sich die Form der Schneckengehäuse nicht-erblich verändert habe[230]. In jüngster Zeit wird dagegen wieder mehr die Theorie der raschen, auf erblichen Merkmalsänderungen beruhenden Evolution vertreten[231]. Auch wenn somit die Deutung sicherlich noch nicht endgültig feststeht, so bleibt es doch Franz Hilgendorfs Verdienst, am Beispiel der Steinheimer Schnecken als erster Darwins Evolutionslehre auf Fossilien angewandt zu haben.

Abb. 93 Franz Hilgendorfs Stammbaum der Steinheimer Schnecken in einer überarbeiteten Version. Nach F. Hilgendorf 1879.

Jura

Friedrich August Quenstedt und das griechische Alphabet

Am 7. Oktober 1837 traf Friedrich August Quenstedt[232] in Tübingen ein. Er war am 24. August in Berlin aufgebrochen und über den Harz, seine Thüringer Heimat, Böhmen, das Maintal und Hohenlohe an den Neckar gewandert. Hier sollte er die seit 1834 verwaiste Universitätsprofessur für Naturgeschichte übernehmen[233]. Gerne war er nicht gekommen. Vergebens hatte er den preußischen Minister gebeten, ihm das Bleiben in Berlin zu ermöglichen. Hier hatte Quenstedt seit dem Sommer 1830 Naturwissenschaften studiert. Besonders die Mineralogie hatte es ihm angetan, doch seine Doktorarbeit, die er 1836 verfaßte, handelte von Fossilien: »De notis nautilearum primariis« – über die Merkmale paläozoischer Nautiloideen. Und die Fossilien waren es, denen in Tübingen sein Lebenswerk galt.
Friedrich August Quenstedt war eigentlich nach Tübingen berufen worden, weil man sich von ihm eine tatkräftige und sachkundige Mitarbeit bei der Suche nach Steinkohlevorkommen im Schwarzwald versprach. Er selbst sah jedoch schon bald seine wichtigste Aufgabe in der Erforschung des Juras und seiner Fossilien.
Seit den Anfangszeiten der Juraforschung um 1800 standen vor allem vier Gebiete im Brennpunkt der Aufmerksamkeit: England, Frankreich, das Juragebirge und die Schwäbische Alb. In England erkannte um 1800 der Ingenieur William Smith[234], daß jede Schicht ihre kennzeichnenden Fossilien enthält und daß man mit Hilfe der Fossilien das relative Alter einer Ablagerung feststellen kann. Dieser grundlegenden Einsicht verdankt die Forschungsrichtung der Stratigraphie[235], das ist die Lehre von den Altersbeziehungen der Schichten, ihren Aufschwung und ihre spätere Bedeutung.
Etwa gleichzeitig mit William Smith hatte Alexander von Humboldt[236] festgestellt, daß die Schichten, aus denen sich das Schweizer Juragebirge und die nordöstlich anschließende Schwäbische und Fränkische Alb aufbauen, einer bis dahin noch unbenannten Periode der Erdgeschichte entstammen. Er nannte deshalb ihre charakteristischen Ablagerungen die Jurakalke. Erst später benutzte Christian Keferstein[237] den Namen »Jura« für diesen Zeitabschnitt, und 1839 schlug Leopold von Buch[238] die Unterteilung in einen unteren, einen mittleren und einen oberen Jura vor.

Abb. 94 Friedrich August Quenstedt (1809–1889).

Abb. 95 Carl Hartwig von Zieten (1785–1846).

Umseitig:

Abb. 96 Schmelzschuppenfisch der Gattung Gyrodus aus dem Weißen Jura ζ von Nusplingen. Länge 65 cm.

Abb. 97 Meereskrokodil Geosaurus aus dem Weißen Jura ζ von Nusplingen. Länge etwa 1,9 m.

Abb. 98 Meerengel der Gattung Squatina aus dem Weißen Jura ζ von Nusplingen. Länge 1,03 m.

In Württemberg waren, kurz ehe Quenstedt in Tübingen eintraf, schon einige Werke über den Jura und seine Fossilien erschienen. Carl Friedrich Stahl (vgl. S. 77) hatte 1824 eine »Übersicht über die Versteinerungen Würtembergs nach dem gegenwärtigen Standpunkte der Petrefaktenkunde« veröffentlicht. Zwischen 1830 und 1833 erschien in mehreren Lieferungen das Tafelwerk »Die Versteinerungen Württembergs« von Carl Hartwig von Zieten[239]. Zieten wurde als Offizierssohn am 2. Februar 1785 in Neubrandenburg in Mecklenburg geboren. 1801, mit 16 Jahren, wurde er im preußischen Militär als Standartenjunker angestellt. 1808 folgte er seinem Vater nach Württemberg, wo er bis zum Major aufstieg. In den Napoleonischen Kriegen, im Mai 1809, wurde ihm der rechte Arm zerschmettert; 1813 brach er ihn erneut. Da er deswegen keinen aktiven Dienst mehr verrichten konnte, lebte er zurückgezogen und widmete sich teils dem Zeichnen und der Ölmalerei, teils der Insektenkunde. Nachdem er nach einem Schlaganfall wieder kleine Exkursionen unternehmen konnte, begann er, Fossilien zu sammeln, zu vergleichen und zu zeichnen. Viele seiner Zeichenvorlagen erhielt er auch von anderen Sammlern, vor allem vom Göppinger Oberamtsarzt Ernst Gustav Friedrich Hartmann[240]. Das Werk, dessen Zeichnungen besonders beachtenswert sind, brachte Zieten viele Ehrungen ein. Hierdurch angeregt, vertiefte er seine Studien, starb aber mitten in den Vorarbeiten für eine zweite Auflage am 20. Juni 1846.

Wie der Major von Zieten, so war auch Graf Friedrich von Mandelsloh[241] geologisch-paläontologischer Autodidakt. Von Beruf war er Forstbeamter. Im Sommer 1829 führte ihn eine Reise nach England. Sein Bruder war Geschäftsträger des Königs von Württemberg beim englischen Hof und ebnete ihm die Wege zu den englischen Naturforschern, deren emsiges Sammeln ansteckte. Als Mandelsloh kurz darauf nach Urach versetzt wurde, arbeitete er sich so rasch in die Schichtenfolge des Juras ein, daß er im Herbst 1834 der Versammlung Deutscher Naturforscher und Ärzte in Stuttgart seine »Geognostischen Profile der Schwäbischen Alp« vortragen konnte (vgl. S. 122).

Der geistige Hintergrund, vor dem die Erforschung des Juras in der ersten Hälfte des 19. Jahrhunderts – und damit auch Quenstedts Werk – zu sehen ist, läßt sich am deutlichsten am Wirken Alcide d'Orbignys, des berühmten französischen Juraforschers, aufzeigen[242]. D'Orbigny war ein überzeugter Anhänger der Katastrophentheorie, wie sie gerade in Frankreich von Georges Cuvier verfochten worden war. Im »Prodrome de Paléontologie«[243] unterschied er 28 Epochen der Erdgeschichte, die er »étages« (Stufen) nannte. Jede von ihnen glaubte er durch eine charakteristische Tier- und Pflanzenwelt gekennzeichnet, die jeweils von einer gewaltigen Erdrevolution vernichtet und durch eine völlige Neuschöpfung ersetzt worden sei. Den Jura unterteilte d'Orbigny in zehn Stufen[244]. Er benannte sie vor allem nach Lokalitäten, an denen die betreffenden Schichten und ihre Fossilien am besten entwickelt waren. Zwar hat später eine Inflation von Stufen mehr Verwirrung als weitere Klarheit gebracht, die Herleitung der knapp 100 Stufennamen nach europäischen Orten[245] gibt aber doch einen ungefähren Anhaltspunkt, welche Lokalitäten als bedeutungsvoll angesehen wurden. 31 liegen in England, 27 in Frankreich, 16 im Juragebirge und zehn zwischen Rhein und Ries. Von den heute gebräuchlichen elf Stufennamen stammen je vier aus England und Frankreich und zwei aus Württemberg. Das zeigt, welcher Rang dem Jura Schwabens seit den Anfangszeiten der stratigraphischen Forschung beigemessen wurde.

Quenstedt erkannte schon um 1840, daß es auf der Schwäbischen Alb Fundstellen gab, die den Plattenkalken von Solnhofen und Eichstätt entsprechen. Die bekannteste Lokalität wurde Nusplingen im Bäratal. Dort wurden im frühen 19. Jahrhundert Plattenkalke als Dachplatten abgebaut. Später versuchte man, Steine für die Lithographie (vgl. Anm. 18) zu gewinnen, jedoch vergebens. Obwohl die Schichten fossilarm sind, kamen doch im Verlauf des Abbaus vereinzelt hervorragend erhaltene Fossilien zutage. 1853 wurden Quenstedt die ersten Funde von Krebsen, Tintenfischen und, durch Vermittlung von Oskar Fraas, »Bruchstücke von geschwänzten und ungeschwänzten Flugsauriern zugleich« überbracht (vgl. F. A. Quenstedt 1855, S. 32). Jetzt setzte Quenstedt Preise aus für gute Funde. »Eines Montag Morgens kommt ein expresser Bote, dreizehn Stunden weit her, . . . ›der Vogel sei da, ich solle sogleich kommen, denn man brauche Geld‹« (vgl. F. A. Quenstedt 1855, S. 32). Der »Vogel« war ein hervorragend erhaltener schwanzloser Flugsaurier.

Nun wurde der Abbau allein der Fossilien wegen weitergeführt. Die bedeutendsten Stücke, die dabei geborgen wurden, waren Fische, darunter die »Meerengel« der Gattung Squatina, die weitläufig mit den Rochen verwandt sind, ein weiterer schwanzloser Flugsaurier, der 1877 ans Stuttgarter Naturalienkabinett ging, und Meereskrokodile der Gattung Geosaurus. Der ergiebigste Steinbruch wurde schließlich vom Mineralien- und Fossilienhändler Bernhard Stürtz aus Bonn (1845–1928) aufgekauft. 1938 ging er in das Eigentum des Vereins für vaterländische Naturkunde in Württemberg über. Das Gelände steht heute unter Grabungsschutz.

Nusplingen ist nicht der einzige Ort im Weißen Jura der Schwäbischen Alb, der Saurierskelette geliefert hat. 1893 wurden in Schnaitheim bei Heidenheim große Teile des Krokodils Dakosaurus, »einem Meerdrachen, wie ihn kaum schrecklicher die Phantasie ausmalen kann« entdeckt (E. Fraas 1894). 1974–1976 gelang bei Neuffen die Bergung eines Skeletts des Meereskrokodils Machimosaurus. In denselben Jahren wurden bei Geislingen an der Steige Reste eines großen Plesiosauriers sichergestellt. Beide Funde sind noch unpräpariert.

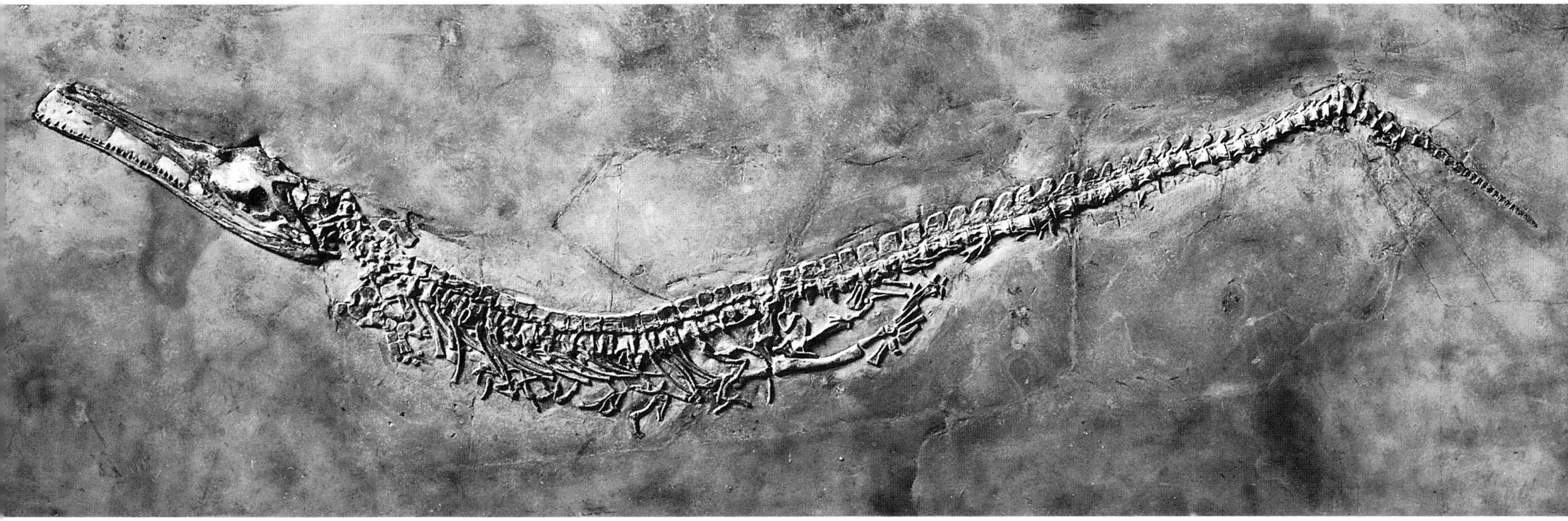

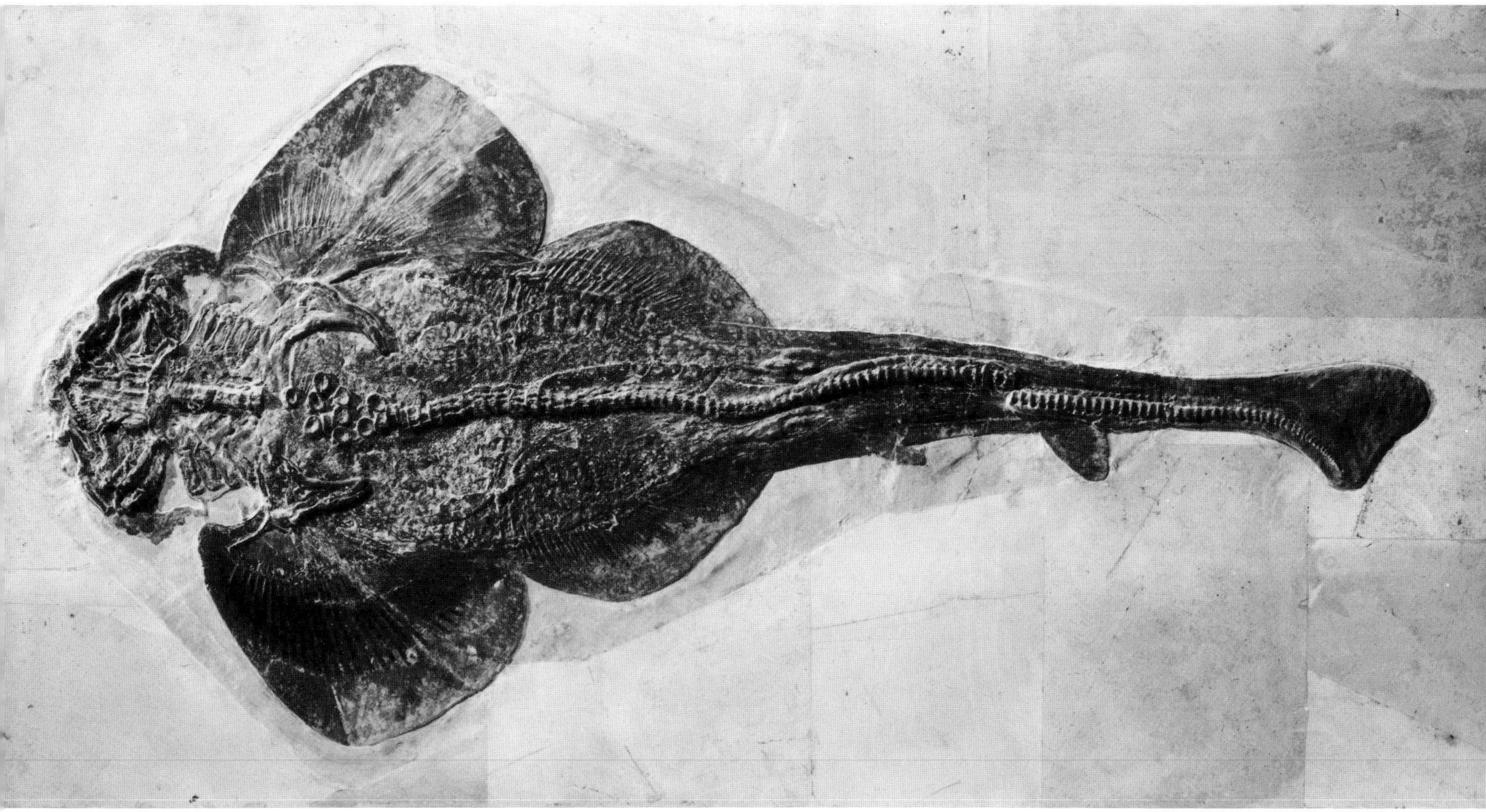

Unter solchen Voraussetzungen begann Friedrich August Quenstedt seine Arbeit im Jura Württembergs. Unermüdlich durchstreifte er das Land. Kein Weg war ihm zu weit. Bald flüsterten seine Studenten, ihr Professor habe als junger Mann mit Alexander von Humboldt den Chimborazo, den höchsten Vulkan der Anden, bestiegen[246], doch Humboldt war dort im Jahre 1802, also sieben Jahre vor Quenstedts Geburt! Nach kurzer Zeit gab es keinen Winkel mehr im Lande, den Quenstedt nicht kannte. Auch das schlechteste Wetter konnte ihn nicht abschrecken, wenn es galt, Schichten zu vergleichen und Fossilien zu sammeln. Auf sein Äußeres achtete er dabei wenig, und so wurde er mehr als einmal für einen Landstreicher gehalten. Überliefert ist[247], wie Quenstedt wegen seines Aussehens in Urach verhaftet und anschließend vom Verwaltungsbeamten des Amtes Urach, dem Freiherrn von Hügel, der ihn natürlich kannte, zum Essen eingeladen wurde.

Schon nach wenigen Jahren hatte Quenstedt die Schichtenfolge des schwäbischen Juras in ihren Grundzügen und in vielen Einzelheiten durchschaut. 1843 veröffentlichte er sein »Flözgebirge Würtembergs«[248]. In ihm findet sich erstmals das später berühmt gewordene »Quenstedtsche Alphabet«, nämlich die Abfolge der griechischen Buchstaben alpha bis zeta für jeweils sechs Schichten bzw. Schichtgruppen des unteren (Schwarzen), mittleren (Braunen) und oberen (Weißen) Juras. Allerdings handelt es sich im »Flözgebirge« noch nicht um Schichtnamen, sondern um Kapitelüberschriften. Im »Jura«[249] der Jahre 1856–1858 dagegen bezeichnete Quenstedt die Schichtgruppen selbst mit den griechischen Symbolen. Anscheinend folgte er dabei einer Übung, die auf Oskar Fraas' Doktorarbeit (vgl. S. 22) zurückgeht und die sich inzwischen auch bei den Sammlern eingebürgert hatte.

Quenstedt war ein Skeptiker. Er glaubte nur, was er sah und wovon er sich selbst überzeugt hatte. Deshalb war ihm auch der Gedanke fremd, seine Beobachtungen auf die schon klassisch gewordene Schichtenfolge Englands oder Frankreichs zu beziehen. Im »Flözgebirge« schrieb er[250]: »Die Engländer haben gerade diese Formation (d. h. den Jura) zuerst mit besonderem Fleiß studirt, allein schon in ihrem eigenen Lande ist es ihnen nicht gelungen, alle einzelnen Unterabtheilungen richtig zu bestimmen und wieder aufzufinden. Doppelt schwer musste es daher auf dem Kontinente werden, jene Parallelisirung weiter fortzuführen, die anfangs nicht einmal in den Hauptabschnitten gelingen wollte. Wir müssen uns demnach vor allen Dingen von diesen Fesseln befreien, und eine selbstständige Entwicklung versuchen. Dazu haben wir in Deutschland um so mehr das Recht, da im deutschen Jura die Unterabtheilungen mit ganz besonderer Klarheit abgegränzt sind.« Und 13 Jahre später, im »Jura«[251], äußerte er sich folgendermaßen: » Was hilft's, wenn man die weite Welt gesehen hat, und das nicht richtig erkennt, was vor unserer Thüre liegt. So sehr es auch in der Aufgabe der Geologie liegen mag, das Ferne mit dem Nahen zu vergleichen und den ganzen Erdkreis zu umspannen, so kann man doch auch wieder nicht genug vor jener Flüchtigkeit warnen, die Länder durcheilt, und dann meint, sie erfaßt zu haben. Wer sich mit gehöriger Umsicht in seine Umgebung vertieft, muß gar bald erkennen, daß für eine Menschenkraft schon wenige Quadratmeilen genügen. Wir werden mit diesem Wenigen nicht fertig. Ich bin nicht im Stande, das kleine Stück Erde in dem Lande der Hohenzollern mit dem der Hohenstaufen genau zu vergleichen!« Viel wichtiger erschien es Quenstedt, das, was er beobachtete, so genau wie möglich zu schildern, damit seine Erkenntnisse für die weitere Detailforschung ebenso wie für die vielen Sammler verwertbar wären.

Abb. 99 Unterkieferbruchstück mit Zähnen vom Meereskrokodil Dakosaurus aus dem Weißen Jura ζ von Schnaitheim. Länge des Bruchstückes 16 cm.

Bei dieser Einstellung ist es kein Wunder, daß das »Flözgebirge« und noch mehr der »Jura« Werke sind, die an Genauigkeit der Gliederung der Schichten und der Fundhorizonte der Fossilien damals ihresgleichen suchten und noch heute in vieler Hinsicht vorbildlich sind. Selbstverständlich konnte Quenstedt seine Synthese des Juras Schwabens nicht ausschließlich auf eigene Beobachtungen und Funde stützen. Er verstand es jedoch, viele Privatsammler zu seiner Unterstützung heranzuziehen und wichtige Stücke aus ihren Beständen der Tübinger Universitätssammlung zuzuführen. Nicht immer wurde ihm diese Hilfe gerne gewährt. So wird berichtet[252], er habe im Hause eines Privatsammlers einmal ein seltenes Stück entdeckt. Vergebens bat er den Besitzer, es ihm zu überlassen. Quenstedt konnte den Fund trotzdem nicht genug bewundern. Immer wieder ging er zurück, um ihn zu betrachten. Beim Abschied überwand sich schließlich der Besitzer und sagte zu Quenstedt, er möge sich einen Augenblick gedulden, er wolle ihm den Fund nun doch überlassen. Quenstedts Antwort war: »Nicht mehr nötig, mein Lieber, ich hab ihn schon.« In einem anderen Fall soll Quenstedt seinen Institutsdiener vor dem Hause eines Privatsammlers postiert haben. Als er den Sammlungsraum betrat, riß er zuerst das Fenster auf, weil die Luft so stickig sei. Dann begann er, die Schätze zu begutachten und zu sortieren. Was angeblich nichts taugte (und das waren gerade die seltenen und begehrten Stücke), warf er zum Fenster hinaus, und unten stand der Institutsdiener und sammelte ein!
Bei seinen Untersuchungen im Gelände war es Quenstedt nicht verborgen geblieben, daß viele Fossilien sich in ihrem Auftreten und Verschwinden nicht an die Stufengrenzen d'Orbignys hielten. Oft kamen sie schon früher vor und traten auch noch später auf, starben also nicht mit dem Ende einer Stufe aus. Nicht der Bruch, sondern die Kontinuität schien das Leben zu beherrschen. »Gerade dieses schrittweise sichere Eindringen, dieses Darlegen, wie eines aus dem anderen hervorgehe und alles sicher Bestimmbare ein bestimmtes Lager habe, bildet den Angelpunkt aller meiner Untersuchungen«, notierte Quenstedt 1856 im »Jura«[253]. Dieses Bekenntnis zur allmählichen Entwicklung zeigt nicht nur, mit welcher Sicherheit Quenstedt seine Schlüsse aus den Beobachtungen zog, sondern auch, wie weit er sich von den immer noch verbreiteten Anschauungen der Katastrophenlehre entfernt hatte. Er gehört damit zu jenen Forschern, die schon vor dem Erscheinen von Darwins »Entstehung der Arten« (vgl. S. 79) das Gedankengut der Evolutionslehre vertraten.
Für Quenstedt war es nur folgerichtig, die Unveränderlichkeit der Art (vgl. S. 29) zu bezweifeln. Seine Beobachtungen verlangten nach anderen Deutungen. »Leider kann ich . . . noch nicht im ganzen Umfang darthun, wie nach allen Seiten hin die Species unter einander zusammenhängen, und alle unsere Schnitte nur künstlich sind«, schrieb er 1856[254], und »was die eigentliche Species sei, wissen wir nicht, aber ein tieferes Studium der Formen bringt uns gar bald zu der Ueberzeugung, daß auch bei den Thieren im wilden Zustande, wenn sie nur in gehöriger Menge uns vorliegen, ähnliche Racen und Varietäten sich finden, als bei den zahmen«. Eigenartigerweise rückte Quenstedt von seinen früheren Ansichten wieder ab, nachdem sich Darwins Evolutionslehre fast überall durchgesetzt hatte: »Dieses plötzliche Erscheinen und Verschwinden mag theilweis in der veränderten Beschaffenheit des Meeresgrundes seine uns unbekannte Ursache gehabt haben, aber einer Entwicklung der Formen aus einander heraus spricht die merkwürdige Thatsache nicht das Wort«[255].
Viele seiner Zeitgenossen verstanden Quenstedt nicht. Für manche war er ein Son-

derling, der »nicht bei dem einfachen Speciesnamen stehen bleibe, sondern statt dessen« sich »mehrerer Adjektiva bediene[256], das sei ein Rückschritt um ein Jahrhundert und müsse den Fortschritt hemmen«[257]. Man warf ihm vor, daß er die Arten nicht sorgfältig und scharf genug unterscheide, allein »der Fortschritt der Wissenschaft besteht nicht blos im Trennen, sondern auch im richtigen Verbinden, und letzteres . . . ist entschieden das Schwierigere«[258]. Auch seine Art, Erkenntnisse und Beobachtungen seiner Schüler entweder für sich selbst in Anspruch zu nehmen oder nicht anzuerkennen, verschaffte ihm wenig Freunde.

»Die Eintheilung der Juraformation nach ihren kleinsten Gliedern«

Sein Schüler Albert Oppel[259] konnte ein Lied davon singen. Oppel wurde am 19. Dezember 1831 in Hohenheim geboren, wo sein Vater Beamter an der Landwirtschaftlichen Akademie – der heutigen Universität Hohenheim – war. Nach dem Schulbesuch begann er sein Studium an der Polytechnischen Schule – der heutigen Universität – in Stuttgart; dort wurde der Arzt, Naturforscher und Mineraloge Johann Gottlob Kurr[260] sein Lehrer. 1851 ging Oppel nach Tübingen, um bei Quenstedt Mineralogie, Geologie und Paläontologie zu hören. Im selben Jahr schrieb die Philosophische Fakultät der Universität Tübingen eine Preisaufgabe über »Eine genaue Aufzählung der Schichten des mittleren Lias mit besonderer Berücksichtigung der darin lagernden Versteinerungen« aus. Oppel nahm diese Arbeit, deren Thema ganz die Handschrift Quenstedts trägt, in Angriff und löste sie mit Bravour. Nicht nur der ausgesetzte Preis fiel ihm zu, sondern auch die Würde eines Doktors der Philosophie[261].

Abb. 100 Albert Oppel (1831–1865).

Auf diese Dissertation aufbauend, veröffentlichte Oppel in den Jahren 1856–1858 seine Arbeit »Die Juraformation Englands, Frankreichs und des südwestlichen Deutschlands«[262]. Er hatte hierzu den Jura Südwestdeutschlands eingehend untersucht und außerdem viele Monate in England und Frankreich im Gelände und in den Sammlungen zugebracht. Er kannte deshalb zum größten Teil aus eigener Erfahrung die Schichten und Fossilien, die er miteinander verglich. Seine Arbeitsmethode geht am besten aus seinen eigenen Worten[263] hervor: »Wir besitzen keine Eintheilung der Juraformation nach ihren kleinsten Gliedern, gestützt auf die Nachweise derselben in den verschiedenen Ländern. Es wurden immer bloss ganze Schichtengruppen mit einander parallelisirt, nicht aber gezeigt, dass ein jeglicher Horizont, der an dem einen Orte durch eine Anzahl für ihn constanter Species markirt wird, auch in der entferntesten Gegend mit derselben Sicherheit wieder zu finden sei. Diese Aufgabe ist zwar eine schwierige, aber nur durch ihre Erfüllung kann eine genaue Vergleichung ganzer Systeme gesichert werden. Es wird dabei nöthig gemacht, mit Hintansetzung der mineralogischen Beschaffenheit der Schichten, die verticale Verbreitung jeder einzelnen Species an den verschiedensten Orten zu erforschen, hernach diejenigen Zonen hervorzuheben, welche durch stätes und alleiniges Auftreten gewisser Arten sich von den angrenzenden als bestimmte Horizonte absondern. Man erhält dadurch ein ideales Profil, dessen Glieder gleichen Alters in den verschiedenen Gegenden immer wieder durch dieselben Arten charakterisirt werden.«

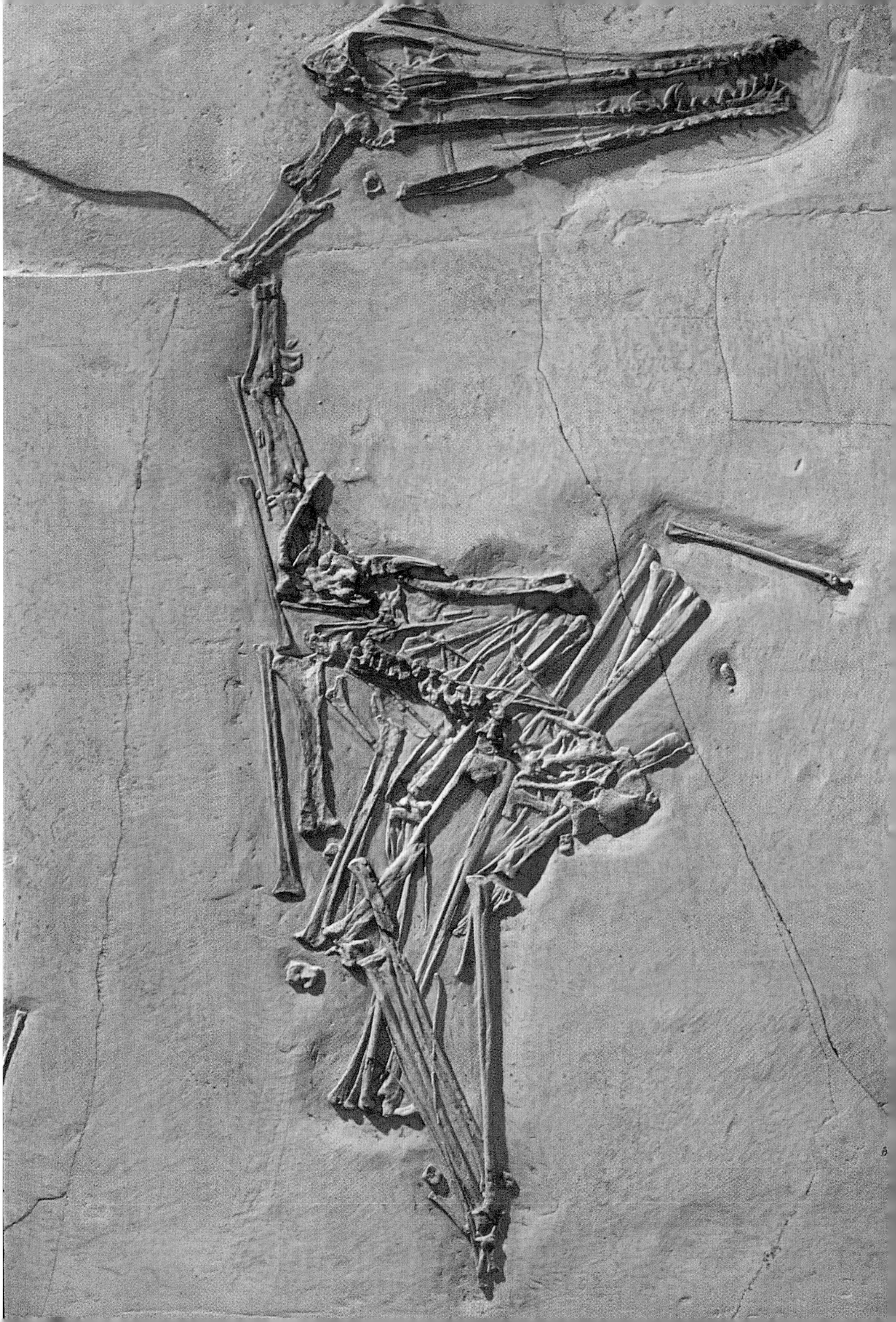

Abb. 101 Schwanzloser Flugsaurier der Gattung Pterodactylus aus dem Weißen Jura ζ von Nusplingen. Länge des Schädels 22 cm.

Hier taucht zum ersten Mal der Begriff »Zone«, den schon Alcide d'Orbigny gebraucht hatte, in einem neuen Sinne auf. Oppel verstand darunter den räumlichen Verbreitungsbereich und die zeitliche Erstreckung eines bestimmten Leitfossils. Die Zone ist durch Oppel zur Maßeinheit der Stratigraphie geworden. Die Unterteilung des Juras in Zonen, die er vor über 125 Jahren erarbeitete, gilt in ihren Grundzügen noch heute.

Was Albert Oppel damals leistete, kann man nicht hoch genug einschätzen. Zum ersten Mal war es gelungen, eine ganze Formation – oder, wie man heute sagt, ein ganzes erdgeschichtliches System – mit Hilfe von Fossilien so fein zu gliedern. Zum ersten Mal war es möglich, die Schichtfolgen auch weit voneinander entfernter Länder sehr genau und ohne allzugroße Willkür miteinander zu vergleichen. Das Jurasystem war derjenige Zeitabschnitt der Erdgeschichte geworden, der mit großem Abstand am gründlichsten bearbeitet war und der für die stratigraphische Methodik richtungsweisend wurde. Als Hilfsmittel benötigte Oppel jedoch zweierlei: Klar abgegrenzte und eindeutig benannte Arten sowie international verständliche stratigraphische Begriffe, die er den Arbeiten Alcide d'Orbignys entnehmen konnte.

Daß beides für ihn nur Mittel zum Zweck war, geht aus seinen Briefen an Friedrich Rolle[264] klar hervor. Am 1. August 1858 schrieb er: »Daß es keine scharf abtrennbaren Formationen gibt, ist eine alte Geschichte, . . . allein wozu bedient man sich z. B. in der Botanik des natürlichen Systems, das doch am Ende auch keine schärferen Grundlagen hat, als die Einteilungen unserer Formationen? Wir können nun einmal aber keinen anderen Weg einschlagen als zu sondern und einzuteilen, solange als es überhaupt möglich ist«[265]. Und am 29. September meinte er zum Artbegriff, er habe es in seiner Arbeit für richtig gehalten, »Trennungslinien so scharf hervorzuheben, als dies möglich war, denn tun wir dies nicht, so verfallen wir in dieselbe Richtung, welche Quenstedt bei manchen Spezies verfolgt hat, d. h. es werden uns anscheinende Übergänge wichtiger werden als die anschaulichsten Typen, wir werden am Ende gar keine Schicht, keinen Horizont, keine Stufe mehr erhalten, sondern es wird sich alles Bestimmbare in Übergangstheorien auflösen«[266].

Quenstedt gefiel die Arbeitsweise seines ehemaligen Schülers gar nicht. Ihn störte der Drang, über die Landesgrenzen hinauszugreifen. Mit den Stufennamen d'Orbignys hatte er sich nie anfreunden können, und er konnte es nicht verwinden, daß Oppel nicht seine Artnamen anwenden wollte. Während er noch 1856[267] über Oppels Dissertation schrieb »Sie ist ganz in meinem Sinne verfaßt und beruht auf vieler eigener Anschauung«, äußerte er sich ein Jahr später folgendermaßen[268]: »Ich bedauere diese Lust nach unnöthigen Neuerungen sehr, es kann nur verwirren, ja den Unkundigen verführen, Verbesserungen vergeblich zu suchen, wo lediglich allbekannte Thatsachen in ein unangemesseneres Gewand gekleidet werden.« Noch lange nach Oppels Tod im Jahre 1865 konnte es Quenstedt nicht lassen, diesen anzugreifen: »Oppel nahm davon keine Notiz«[269], »Oppel verwischte diese Abtheilungen«[270], »Oppel scheint das nicht bemerkt zu haben«[271], »Oppel hat das ignorirt, dagegen einige nebensächliche Bemerkungen gemacht, die des Hervorhebens gar nicht werth sind«[272], »Oppel hat das anfangs ganz verkannt. Erst später werden meine richtigen Ansichten und Zeichnungen citirt, aber gänzlich unrichtig kritisirt«[273]. Wie wenig Quenstedt Kritik ertrug und die Ansichten anderer gelten ließ, geht auch aus folgendem Zitat hervor[274]: »Wenn in dem Durchschnitt von Hr. Pfizenmayer einige kleine Ungenauigkeiten vorkommen, so rechne man mir diese nicht zur Schuld,

Abb. 102 Ammoniten der Gattung Leioceras aus dem Braunen Jura α von Heiningen. Durchmesser des Gehäuses rechts unten etwa 5 cm.

denn das Blatt wurde damals vor der Versammlung der deutschen Naturforscher allhier eiligst entworfen, so daß ich nicht einmal die Zeit zum sorgfältigen Durchlesen erübrigen mochte. Was jedoch Richtiges darin ist, darf ich jedenfalls ohne ruhmredig zu sein lediglich als das Resultat meiner Untersuchungen ansehen. Die Sache ist auch zu allgemein gehalten, als daß es der Arbeiten Anderer bedurft hätte. Die Bemerkung, als sei sie ein Resumé vereinigter Forschung[275], ist nicht richtig. Wenn Hr. Dr. Oppel im mittleren Lias genannt wird, so sollte damit der Leser auf eine weniger bekannte Erstlingsarbeit hingewiesen sein, wozu die Fundamente theils in meinen Vorlesungen, theils im Handbuche der Petrefaktenkunde[276] gegeben waren.«
Albert Oppel hat geahnt, wie sein einstiger Lehrer auf seine Arbeiten reagieren würde. Schon nach der Veröffentlichung seiner Dissertation schrieb er im Februar 1854 an seinen Studienfreund Friedrich Rolle, er habe »manches verbleiben lassen, was einmal Quenstedt einzuführen beliebt hat, doch geschah dies mehr um nicht einen neuen Wirrwarr herbeizuführen, als weil ich mich geniert hätte; ich wüßte ja zum voraus, daß, wie ich es auch machen möchte, die volle Zufriedenheit desselben nicht zu erlangen sein«[277].

Die ersten Fossilien aus dem Posidonienschiefer

Seit den Zeiten Albert Oppels und Friedrich August Quenstedts werden die Ammoniten als die besten Leitfossilien des Juras betrachtet: »Wir haben kein zweites Thiergeschlecht, mit welchem man die Schichtenfolge, zumal im Lias, schärfer feststellen könnte, als die Ammoniten. Ihre Kenntniss ist daher für einen Geognosten unerläßlich; aber auch der Petrefactologe nimmt nicht ohne Verwunderung wahr, wie gar viele ausgesprochene Species mit den schlagendsten Merkmalen nur an gewisse Schichten gebunden sind«[278].
Im Jahre 1598 wurden zum ersten Male Ammoniten aus Baden-Württemberg beschrieben, allerdings unter der Bezeichnung »Scherhörner«. Zwei Jahre zuvor hatte Herzog Friedrich I. von Württemberg[279] den aus Basel stammenden Arzt Johannes Bauhin[280] beauftragt, die schon lange bekannte Schwefelquelle von Boll bei Göppingen genauer zu untersuchen und zu beschreiben. Dabei waren Fossilien gefunden worden, die großes Aufsehen erregten und den Herzog veranlaßten, die Quelle »Wunderbrunnen« zu nennen. Bauhin veröffentlichte seine Entdeckungen in der »Historia novi et admirabilis fontis balneique Bollensis in ducatu Wirtembergico ad acidulas Göpingenses«, die schon 1602 ins Deutsche übersetzt wurde[281]. Allerdings hatte Bauhin noch keine rechte Vorstellung, was die Dinge eigentlich waren, die er bei Boll gefunden hatte. Für ihn waren sie »Steine und metallische Sachen, welche durch der Natur wunderbahres Kunststück in und unter der Erden geformiert worden«. Er hatte auch nicht die Absicht, »dieselben auffs genawest nach ihrem Thun und Wesen zu beschreiben, und nach ihnen zu forschen«. Ihm genügte die »ergetzligkeit eines ernsthafften Gemüts, so doch auch nicht allerdings dem studiren zu wider ist«.

Ammoniten sind weitläufige Verwandte der heute lebenden Tintenfische. Sie sind am Ende der Kreide-Zeit, also vor etwa 65 Millionen Jahren, ausgestorben, ohne Nachkommen zu hinterlassen. Mit den Schnecken sind die Ammoniten – trotz ihres spiralig aufgewundenen Gehäuses – nicht näher verwandt. Ähnlichkeiten und Verwandtschaftsbeziehungen bestehen dagegen mit dem Nautilus, dem letzten Nachfahren einer im Erdaltertum verbreiteten Tiergruppe, der im Meer des indonesischen Archipels lebt. Für Literatur über Ammoniten vgl. U. Lehmann 1976.

Abb. 103 Johannes Bauhin (1541–1613). Nach C. Regelmann 1902.

Abb. 104 Ammoniten (»Scherhörner«) und Muscheln der Gattung Bositra (früher Posidonia bronni genannt) aus dem Posidonienschiefer des Schwarzen Juras von Boll in der Darstellung durch Johannes Bauhin (1602).

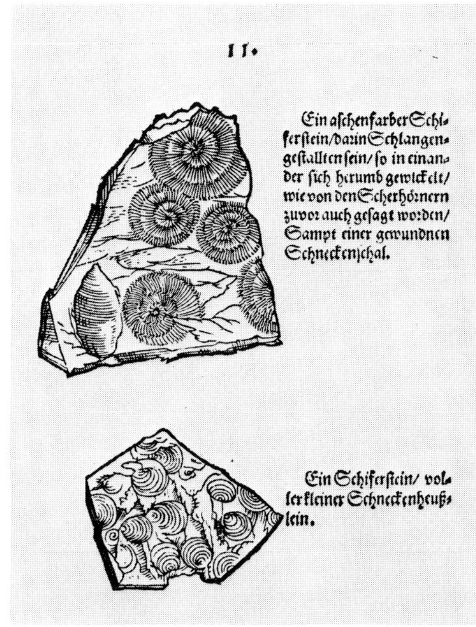

Abb. 105 Ammonit der Gattung Stephanoceras aus dem Braunen Jura δ vom Ipf bei Bopfingen. Durchmesser des Gehäuses etwa 13 cm.

Abb. 106 Eberhard Friedrich Hiemers »Medusenhaupt« aus dem Posidonienschiefer des Schwarzen Juras von Ohmden in der Darstellung des Jahres 1724.

Der Ruhm Bolls und seiner Umgebung als bedeutendes Fundgebiet wurde anfangs des 18. Jahrhunderts erneuert. Beim Abbau von Schiefer[282] waren nacheinander mehrere Seelilien gefunden, wenn auch falsch gedeutet worden. So ist von »zwei Flienz-Blatten[283] mit Blumen, Tulipanen, deren eine wegen ihrer Rarität auf Stuttgart, die andere auf Tübingen geführet worden«[284] die Rede. Als Sensation wirkte jedoch erst die 1724 erschienene Schrift des Stuttgarter Hofpredigers Eberhard Friedrich Hiemer[285] »Caput Medusae utpote novum diluvii universalis monumentum, in agro Würtembergico detectum et brevi dissertatiuncula epistolari expositum«[286]. Hiemer hatte aus dem Schiefer von Ohmden eine über einen Quadratmeter große Platte erhalten, die mit mehreren Kronen und Stielen bedeckt war. Er verglich sie mit dem damals schon bekannten »Medusenhaupt«, einem Schlangenstern[287] mit vielfach gegabelten Armen, der tatsächlich gewisse Ähnlichkeiten mit den Seelilien aus Ohmden hat. Für Hiemer war sein »Medusenhaupt« bei der Sintflut vom Kaspischen Meer[288] bis nach Ohmden gespült worden; er fand mit dieser Deutung die Anerkennung der führenden Naturforscher seiner Zeit. Sein Fund wurde nach seinem Tode verkauft. Er gelangte über mehrere Stationen in die Sammlung des Markgrafen von Bayreuth[289].

Zur Zeit Hiemers waren im Gebiet um Boll auch schon die ersten fossilen Wirbeltiere entdeckt worden. Der evangelische Pfarrer von Zell und Aichelberg, Johann Martin Rebstock[290], erwähnte in seiner Abhandlung »Göttlicher Erkanntnuß auß wunderbaren figurierten Steinen, so in der Gegend des Boller Bades, Zeller Bades und Zeller Stabes in der Erden, Wasser, auch in dem Schiefer und den Steinen ge-

Seelilien sind keine Pflanzen, sondern Tiere (Stachelhäuter) aus der weiteren Verwandtschaft der Seesterne und Seeigel. Ihr Rücken ist meist zu einem Stiel verlängert, mit dem die Tiere am Boden befestigt sind. Der eigentliche Körper heißt Krone; er ist in eine Kelchkapsel und in Arme gegliedert. Der Mund liegt inmitten der Arme auf der Oberseite der Kelchkapsel. Die Arme sind oft mehrfach gegabelt und stark verzweigt.

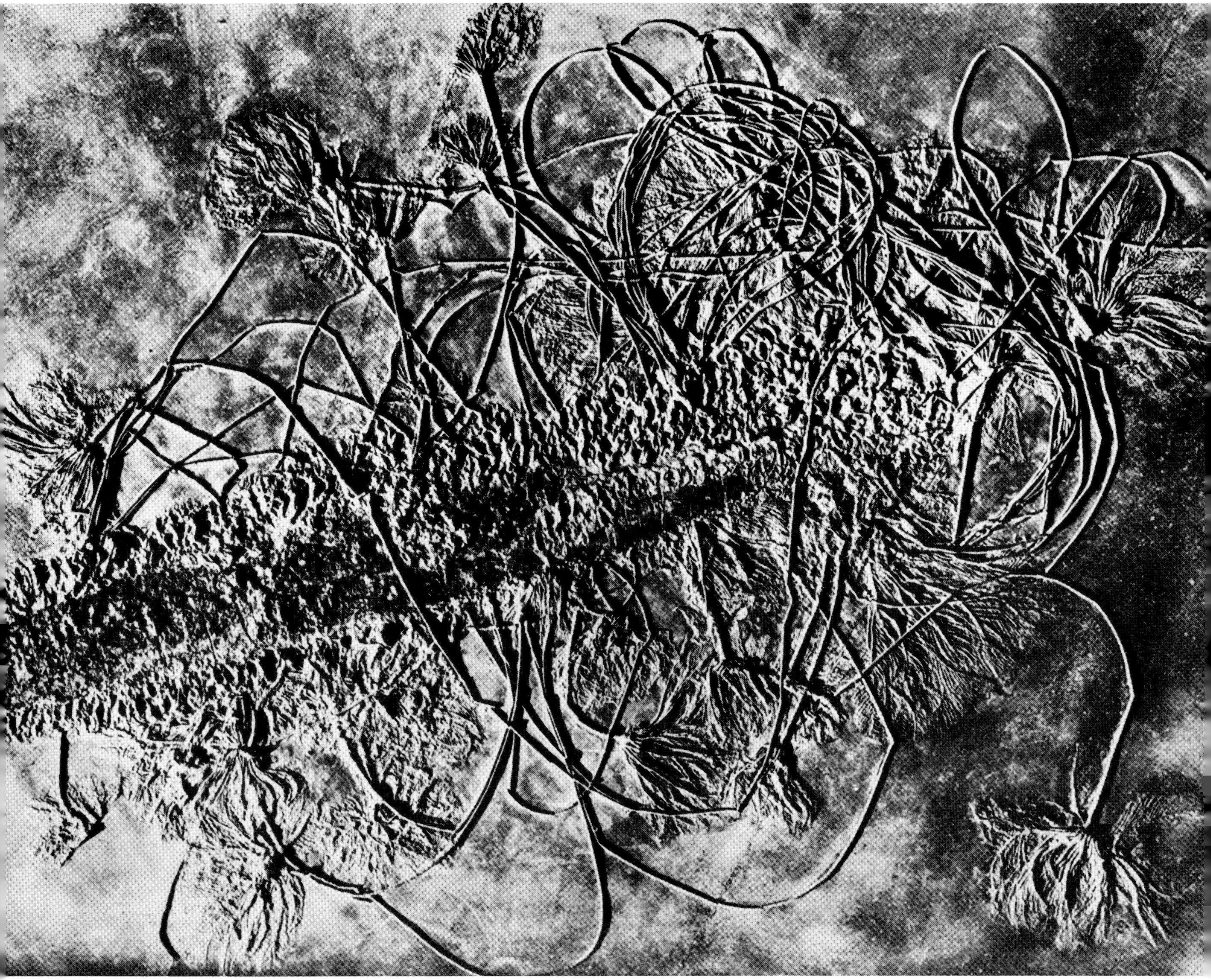

Abb. 107 Kolonie langstieliger Seelilien der Gattung Seirocrinus, festgeheftet an einem Treibholz, aus dem Posidonienschiefer des Schwarzen Juras von Holzmaden. Größe der Platte 2,5 x 3,5 m.

Abb. 108 »Schwimmender Teppich« mit 153 kurzstieligen Seelilien der Gattung Pentacrinites aus dem Posidonienschiefer des Schwarzen Juras von Holzmaden. Größter Durchmesser der Seeliliengruppe 1,15 m.

Abb. 109 Vergrößerter Ausschnitt aus der Abbildung 108.

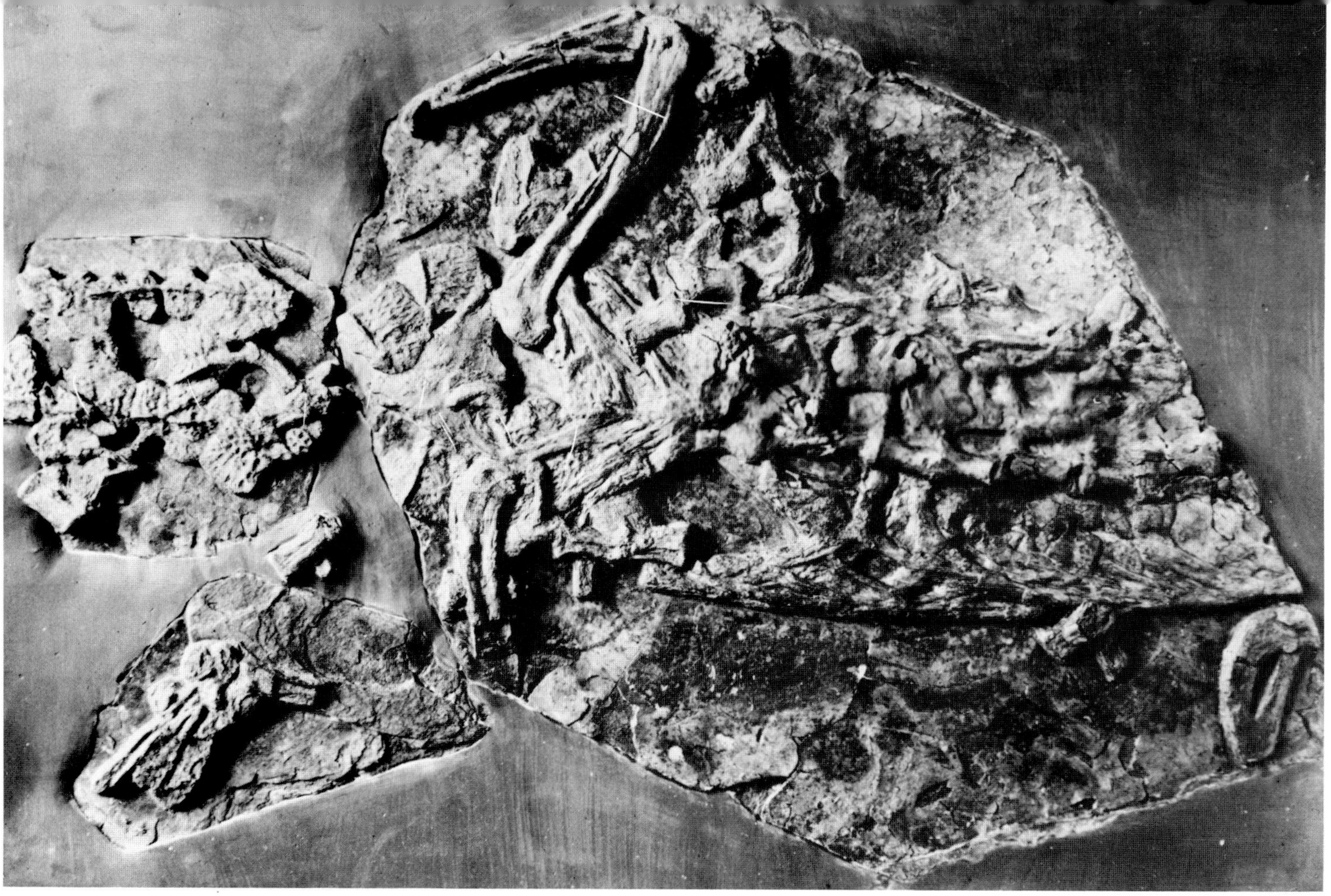

Abb. 110. Das Meereskrokodil von Boll aus dem Staatlichen Museum für Mineralogie und Geologie in Dresden.

funden wurden« ein »Todten-Gerüppe« mit »Rippen, Ruckenrath und Würbeln«[291], das fast einen Zentner gewogen habe und nach Tübingen gebracht worden sei – vielleicht in die Sammlung Johann Georg Gmelins (vgl. S. 22). Vermutlich handelte es sich um den Rest eines Sauriers. Der Reiseschriftsteller und Hofmeister Johann Georg Keyssler[292] kannte »petrificirte und in Stein verwachsene Sceleta«[293] von Boll. »Eine Probe davon besitzet der gelehrte Anatomicus und D. Med. Mauchart[294] in Tübingen, und ein noch grösseres Stück zeiget man in der Naturalien-Galerie zu Dresden, wohin es von dem berühmten Chymico und Tübingischen Apotheker Gmelin vor funfzig Reichsthaler verkaufet worden ist«[293]. Über das Dresdener, im Zwinger ausgestellte Stück schrieb Keyssler ferner: »Lincker Hand von Haupt-Eingange . . . fällt so gleich ein Sceleton in die Augen, so noch in Stein lieget und von einem Thiere, das die Grösse eines Kalbes gehabt, seyn muß. Man siehet daran die Füsse und Spinam dorsi sehr deutlich. Dieses Stück kommt aus dem Würzburgischen, und hat es der König mit 500. Thalern bezahlet«[295]. Die Herkunftsangabe wurde schon 1755 von Christian Heinrich Eilenburg[296] berichtigt: ». . . ein ganz versteinertes Gerippe von einem zween Fuß und zehn Zoll langen, vierfüßigen Thiere, welches, allem Ansehen nach, ein Krokodil gewesen, und bey Boll, im Herzogthum Würtemberg, und nicht im Würzburgischen, . . . gefunden worden«[297]. 1849 wurde der Fund beim Brand des Schlosses in Dresden stark beschädigt; seine Reste werden heute im Staatlichen Museum für Mineralogie und Geologie in Dresden aufbewahrt[298].

Fischsaurier (= Ichthyosaurier) sind Reptilien, die im Meer lebten und deren Körpergestalt weitgehend den Fischen glich. Statt Beinen besaßen sie Flossen. Die frühesten Fischsaurier sind aus der Trias bekannt. Gegen Ende der Kreide-Zeit starben sie aus.
Die Ichthyosaurierfunde des Jahres 1749 wurden zunächst falsch gedeutet. Man hielt sie für »Teile eines Fisches, wahrscheinlich aus der Classe der Rochen« (G. F. Jäger 1828, S. 7). Dies ist nicht verwunderlich, denn noch 1814 beschrieb Sir Everhard Home (geb. 6. 5. 1756 in Hull, gest. 31. 8. 1832 in London) die ersten englischen Funde von Ichthyosauriern als »fossile Reste eines Tieres, das näher mit den Fischen als mit irgendeiner anderen Tierklasse verwandt ist«. Weil er zugleich Ähnlichkeiten mit den Lurchtieren erkannte, benannte er die Funde als »Proteosaurier« (Proteus ist der wissenschaftliche Name eines Schwanzlurches). Der Name Ichthyosaurus stammt von Charles Koenig (geb. 1774 in Braunschweig, seit 1813 »Keeper« am British Museum of Natural History in London, gest. 6. 9. 1851 in London). – Der älteste noch erhaltene Fund eines Sauriers überhaupt scheint 1706 in Suhl bei Richelsdorf (Nordhessen) im Zechstein (Oberperm) entdeckt worden zu sein. Das Stück wird im British Museum of Natural History in London aufbewahrt. Vgl. H. von Meyer 1856, S. 4; sowie mündliche Mitteilung von Dr. R. Wild, Stuttgart.

Flossentiere und Pratzentiere

Das Vorkommen interessanter Fossilien in seinem Land blieb dem Herzog Carl Eugen von Württemberg (vgl. S. 28) nicht verborgen. Deshalb befahl er im Jahre 1749, die »historia naturalis patriae besser zu excolieren« und Funde ans Gymnasium nach Stuttgart zu senden, damit »auch auditorii in diesem parte historiae naturalis nicht nur bloß theoretice, sondern auch mittelst würklicher vor Augenlegung der in patria vorgefundenen Stücke Einen nicht unnützlichen praegustum beybringen . . . können«[299]. Der Aufruf ging an viele Ärzte, »Physicis und Practicis«, die sich jedoch nur wenig darum kümmerten. Der Göppinger Stadtarzt Christian Albert Mohr[300], der es übernommen hatte, gegen eine jährliche Aufwandsentschädigung von 50 Gulden[301] das Fundgebiet um Boll zu überwachen, wurde jedoch schon im ersten Jahr fündig. Er konnte zwei Reste von Fischsauriern nach Stuttgart senden, die heute noch im Staatlichen Museum für Naturkunde erhalten und mit die frühesten noch vorhandenen Funde von Sauriern überhaupt sind.
Der Schiefer, aus dem diese Funde geborgen wurden, ist dadurch bemerkenswert, daß er erhebliche Mengen organischer Substanzen enthält. Schon Johannes Bauhin berichtete, daß 1596 ein Mann namens Panthaleon Keller ein Steinöl aus dem Schiefer destilliert habe: »Das aber ist sonderlich zu mercken, das Panthaleon, als er den Schiferstein . . . Distilirt, ist in das undergestellte Wasser, als ein schwartzes Oel geflossen, dessen vil ob dem Wasser geschwummen, und hernach darvon gescheiden worden«[302]. Steinöl wurde auch später noch gewonnen. Um die Mitte des 19. Jahrhunderts betrieb Quenstedt mit Staatszuschüssen die planmäßige Ausbeutung der Ölvorkommen. Albert Oppel schrieb darüber im Februar 1854 seinem Freund Friedrich Rolle[303]: »Es ist dies unser Liasschiefer-Öl, welches unsern verehrten Herrn Professor Quenstedt sehr beschäftigt. 1 Zentner unserer Liasschiefer geben nähmlich 2 1/2 Pfund Steinöl durch Destillation, und gegenwärtig schwankt die Frage, ob bei Ausbeutung derselben ein Gewinn herauskommen könnte. Leider rußt das

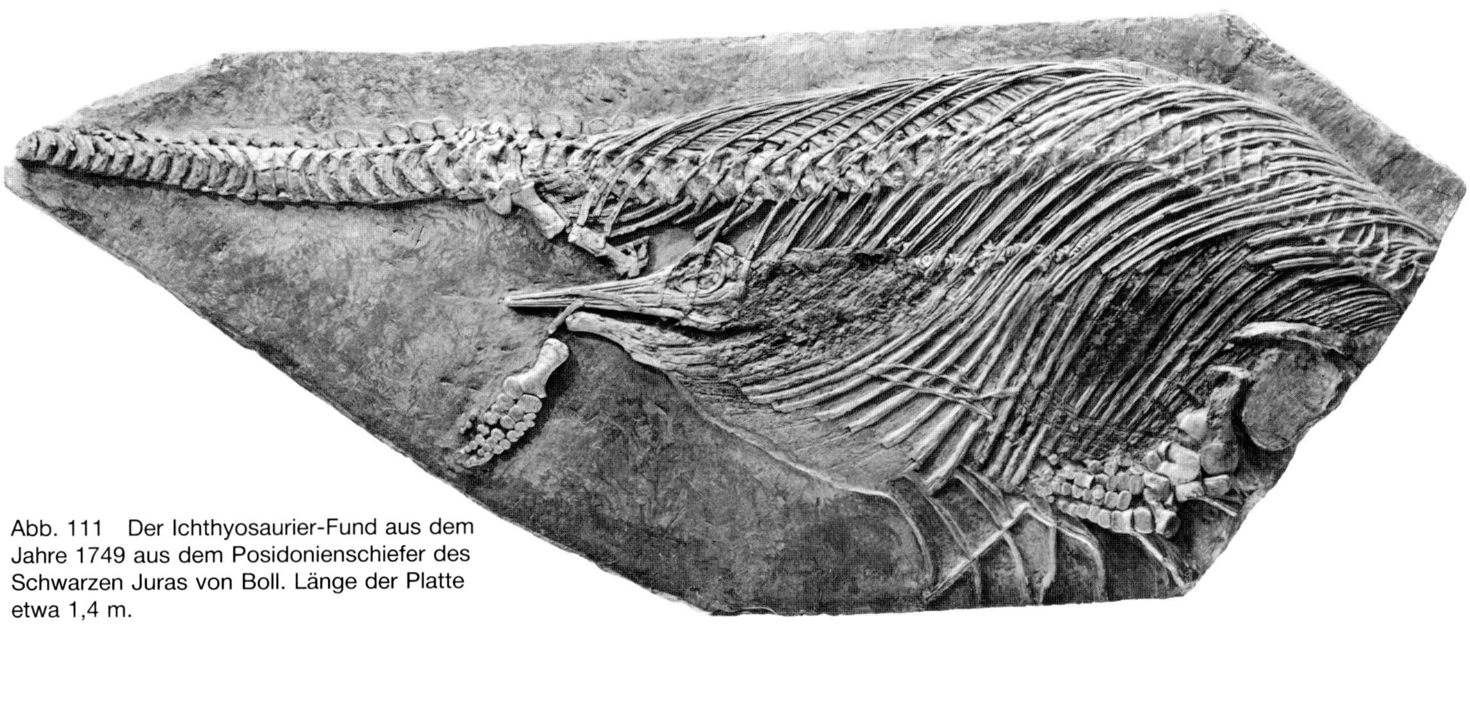

Abb. 111 Der Ichthyosaurier-Fund aus dem Jahre 1749 aus dem Posidonienschiefer des Schwarzen Juras von Boll. Länge der Platte etwa 1,4 m.

Öl abscheulich und kann fast garnicht gebrannt werden.« Noch kurz zuvor[304] hatte Oppel gemeint: »Die Sache kann, wenn sie glückt, für unser Land sehr ersprießlich werden.« Die Versuche wurden in einer von Quenstedt gegründeten Schieferölfabrik in Ohmenhausen bei Reutlingen durchgeführt. Ihr Betriebsleiter war Jakob Hildenbrand[305], der eine riesige Seelilienplatte mit 52 Kronen, die Quenstedt 1868 als Schwäbisches Medusenhaupt beschrieb[306], bergen konnte. Obwohl Quenstedt hoffnungsvoll meinte, »eine einzige Quadratmeile des bituminosen Schiefers . . . enthält mindestens 200 Millionen Zentner Schieferöl, also ansehnlich mehr als das ganze Nationalvermögen des Landes«[307], konnte sich sein Produkt nicht gegen die Konkurrenz des billigeren amerikanischen Erdöls behaupten.
Dauerhafter war der Abbau, um Schieferplatten für Dach-, Boden- und Tischplatten oder Wandverkleidungen zu gewinnen. Schon früh war auch die kommerzielle Verwertung der dabei zutage kommenden Fossilien von großer Bedeutung. Im Jahre 1838 erregte sich der Metzinger Arzt Friedrich Schmidt[308] darüber, daß »ganz excellente Frauen á tout prix aufkaufen lassen, um die Schätze des Vaterlandes außer Landes in Damensammlungen zu versenden«. »Dazu kommen Emissäre fremder Universitäten, denen man ihre Ampletten immer noch gern gönnt«[309]. »Johannes Kohberger[310] in Metzingen hat auf diese Weise mehr zur Verbreitung der Saurier und Fische beigetragen, als irgend einer in Württemberg. Viele Centner gehen davon alljährlich ins Ausland: die Museen von München, Frankfurt, Berlin, Halle, Bonn etc. sind . . . damit geschmückt«[311]. Aufs anschaulichste schilderte sodann Oskar Fraas, wie der Fossilienhandel vonstatten ging[312]: »Da liegen sie in ihren vieltausendjährigen Steinsärgen, vom Schiefer dicht umhüllt, nur die rohen Umrisse erkennt man gleich den in Leinwand gewickelten Mumien. Man sieht den Kopf durchblicken, die Wirbelsäule, die Lage der Extremitäten, die ganze Länge des Thiers und raschen Blicks erkennt an dieser Form schon der Arbeiter, ob's ein Thier ist mit Flossen oder mit ›Pratzen‹. Ist doch ein ›Pratzenthier‹ um's dreifache mehr werth,

Abb. 112 Ichthoyosaurier-Muttertier mit einem Embryo, der mit der Schnauzenspitze noch zwischen den Beckenknochen steckt, aus dem Posidonienschiefer des Schwarzen Juras von Zell. Länge des Muttertieres etwa 2,1 m.

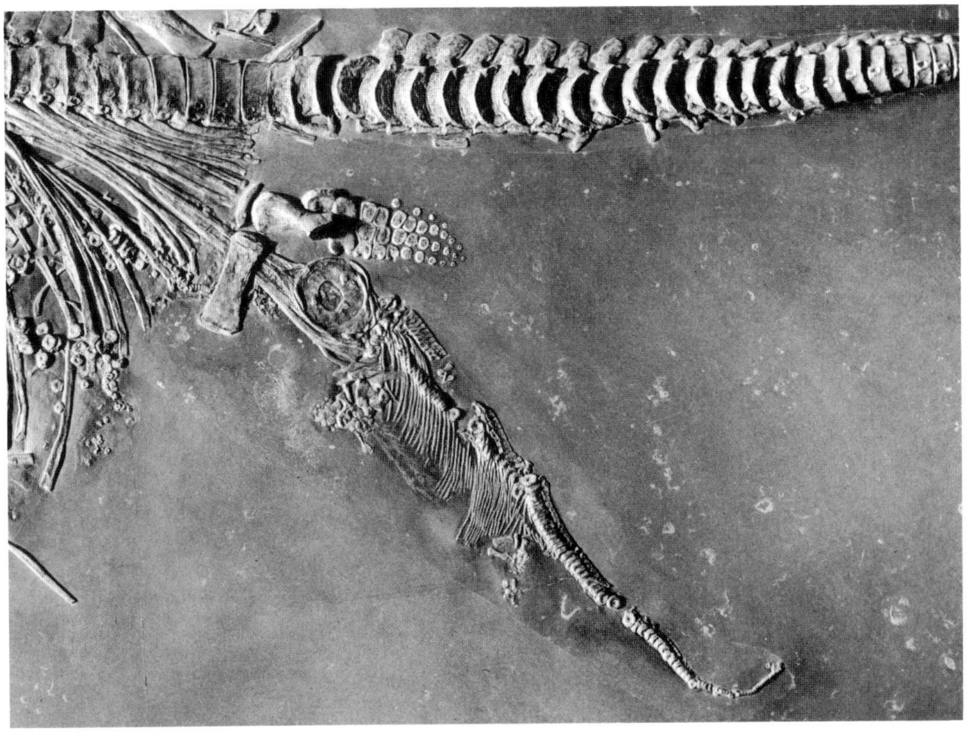

Abb. 113 Vergrößerter Ausschnitt aus der Abbildung 112. Länge des Embryos 57 cm.

Die »Flossentiere« sind die Fischsaurier oder Ichthyosaurier. Die »Pratzentiere« sind Meereskrokodile. »Lange Zeit hatte man nur das im Dresdener Museum aufbewahrte Fragment gekannt, das . . . Cuvier in seinen ›Ossements fossiles‹ als ›Gavial de Boll‹ beschrieb und abbildete« (F. Berckhemer 1930, S. 32). Gegen Ende der ersten Hälfte des 19. Jahrhunderts mehrten sich die Funde; sie gelangten allerdings überwiegend in auswärtige Sammlungen. Inzwischen sind zahlreiche guterhaltene Stücke bekannt, mehrere auch in den Museen in Holzmaden, Stuttgart und Tübingen ausgestellt.
Othenio Abel, Professor für Paläobiologie und Paläontologie in Wien und Göttingen (geb. 20. 6. 1875 in Wien, gest. 4. 7. 1946 am Mondsee; vgl. K. Ehrenberg 1949), meinte (1927, S. 592), bei den »Pratzentieren« handele es sich um Plesiosaurier. Diese Ansicht ist deshalb falsch, weil auch die Plesiosaurier Flossen und keine Pratzen besaßen und weil der erste Plesiosaurierfund aus dem Posidonienschiefer erst von 1893 stammt, aber »leider, da damals in Stuttgart die Mittel zum Erwerb fehlten, nach Berlin wanderte« (E. Fraas 1909, S. XLIV). Erst 1907 konnten die nächsten beiden Plesiosaurier von der Stuttgarter Naturaliensammlung erworben werden. Allerdings waren die Mittel des Museums wiederum unzureichend. Doch gelang es, zwei Mäzene zu gewinnen, die aus privaten Mitteln die beiden Stücke erwarben und dem Museum stifteten. Der eine Mäzen war Viktor Fraas (geb. 16. 2. 1864 in Stuttgart, Kaufmann in Plauen im Vogtland, gest. 11. 12. 1936 in Plauen), der jüngere Bruder von Eberhard Fraas (vgl. S. 114). 10000 Reichsmark, das entspricht nach heutigen Maßstäben etwa 100000 DM, mußte er für das Thaumatosaurus-Skelett aufwenden, das im Zweiten Weltkrieg stark beschädigt wurde, aber wieder restauriert werden konnte. Der zweite Mäzen war David Landauer (geb. 4. 8. 1853 in Calw, Kaufmann in London, Bruder eines Bankdirektors in Gerabronn). Das von ihm mit 8000 Reichsmark finanzierte Stück wurde, mit Ausnahme des Schädels, im Zweiten Weltkrieg zerstört. Bis heute sind im Posidonienschiefer insgesamt zwölf Plesiosaurier entdeckt worden.
Außer Ichthyosauriern, Plesiosauriern und Meereskrokodilen kommen im Posidonienschiefer auch Flugsaurier vor. Bisher kennt man etwa 30 Exemplare. Sie besaßen lange Schwänze. Die vorderen Gliedmaßen waren, ähnlich wie bei Fledermäusen, zu Ruderflügeln umgebildet. Sensationen waren 1976 und 1977 zwei Funde von Brückenechsen. Von dieser Reptiliengruppe kannte man bis dahin Reste aus der Trias und dann erst wieder aus dem oberen Jura. Die beiden Neufunde sind die einzigen Stücke dieser Tiergruppe, die man bisher weltweit aus dem älteren Jura, d. h. einer Zeitspanne von etwa 40–50 Millionen Jahren, kennt.
Fische sind im Posidonienschiefer häufig. Die meisten Funde sind Schmelzschuppenfische. Haie gehören zu den Seltenheiten. Eine besondere Kostbarkeit war 1925 der Fund eines weiblichen Tieres – das Geschlecht läßt sich am Fehlen der Klammerorgane bestimmen – mit erhaltenen Hautumrissen. Ein weiterer, 1899 entdeckter, etwas kleinerer Hai ist ein Männchen, wie man an den Begattungsorganen an den Bauchflossen erkennen kann. Dieses Tier zeigt als Mageninhalt die Hartteile von etwa 250 Belemniten. Man kann annehmen, daß es an ihnen zugrundegegangen ist.
Belemniten sind Tintenfische aus der Verwandtschaft der heutigen Kalmare (vgl. S. 22). Sie gehören zu den häufigsten Fossilien der Jura- und Kreide-Zeit. Am Ende der Kreide-Zeit sind sie ausgestorben. Schon lange kannte man ihre Hartteile, die man Rostren nennt, und die in bestimmten Schichten massenhaft vorkommen. Funde mit Weichteilen sind jedoch erst neuerdings aufgetaucht. Die ersten »Weichteilbelemniten« (E. Wiesenauer 1976) waren allerdings Fälschungen (W. Riegraf und J. Reitner 1979), bei denen ein Belemnitenrostrum an einen mit Weichteilen überlieferten Kalmar – solche waren ebenfalls längst bekannt – angefügt wurde. Nach der Entlarvung der Fälschungen führte jedoch die gezielte Suche rasch zur Auffindung unzweifelhaft echter Belemniten mit Weichteilresten.
Vgl. J. Reitner und M. Urlichs 1983; W. Riegraf und R. Hauff 1983.

Abb. 115 Paddelechse Thaumatosaurus victor, von der Bauchseite, aus dem Posidonienschiefer des Schwarzen Juras von Holzmaden. Länge 3,34 m.

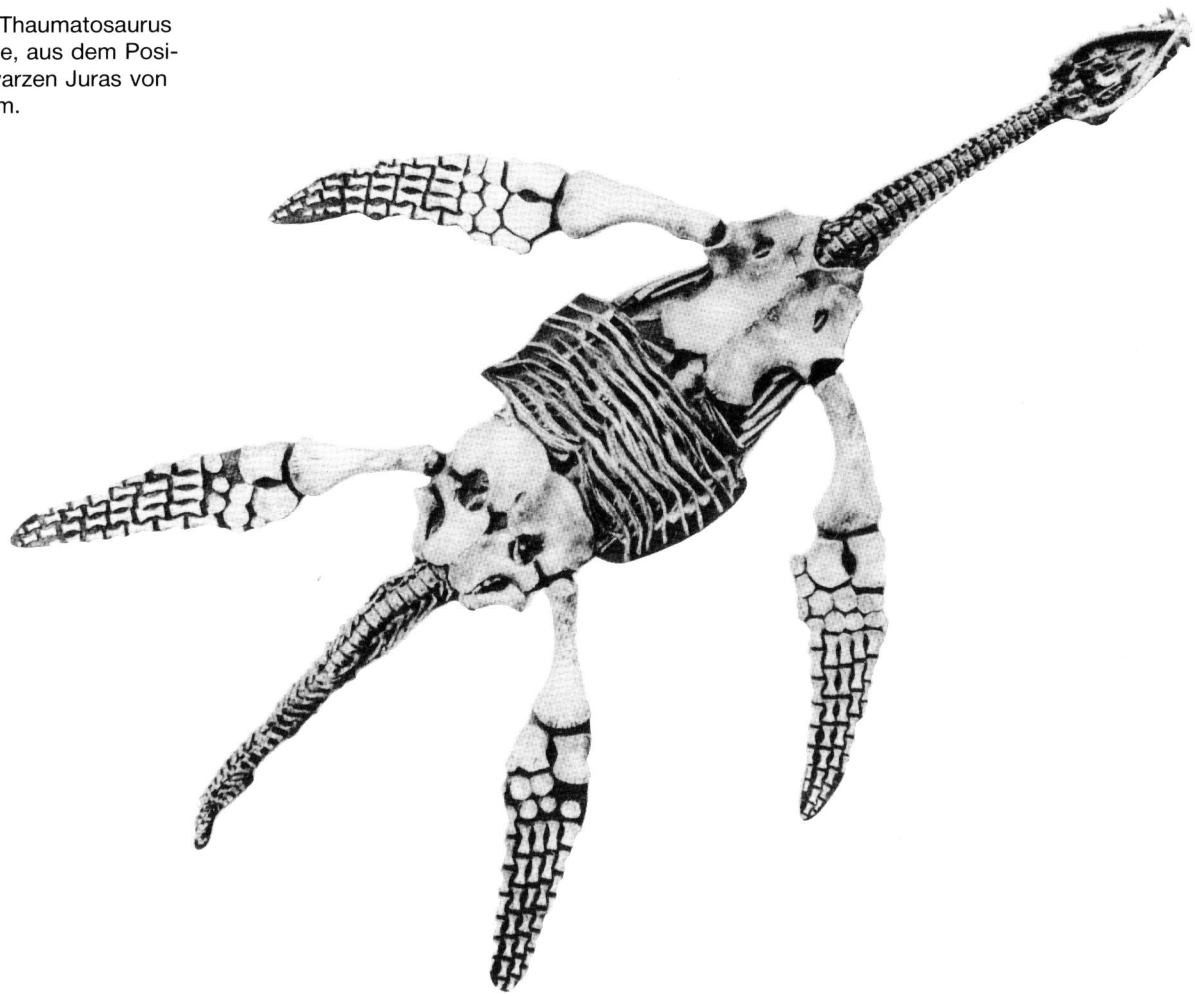

als eines mit Flossen. Aber nicht darnach blos richtet sich der Preis: das Wichtigste ist, wie und wo das Thier liegt, ob im festen, dauerhaften Fleins, was das Erwünschteste ist, ob es Schwefelkies führt, was leider die schönsten Stücke oft unbrauchbar macht, und namentlich ob am Stücke nichts fehlt, wenn die Platte durch das Schrämmen oder durch natürliche Abgänge entzweiging. Bis zu 100 Gulden[313] wird für ein vollständiges Thier bezahlt. Der Arbeiter thut keinen Schritt zum Verkauf des Fundes, er stellt ihn ruhig zur Seite, weiß er doch, daß fast von Woche zu Woche die Käufer kommen, die Unterhändler der Kabinette und wissenschaftlichen Sammlungen. Kein Pferdshandel wird je mit solchem Eifer abgeschlossen, mit solchem Aufgebot aller Beredtsamkeit und Entfaltung aller Künste und Kniffe, als der Saurierhandel, und keiner erfordert neben genauer Kenntniß der Stücke so viele Schlauheit, um nicht, da ohnehin die Katze im Sacke gekauft wird, zu Schaden zu kommen.«

Seit den Anfängen der Fundbergung im Posidonienschiefer sind viele Hunderte von Fischsauriern aufgedeckt worden. Als Seltenheiten waren darunter auch Exemplare, die Junge in der Leibeshöhle enthielten. Schon einer der Funde von 1749

Abb. 114 Ichthyosaurier-Embryo mit einer gestreckten Länge von 18 cm. Vergrößerter Ausschnitt aus der Abbildung 123.

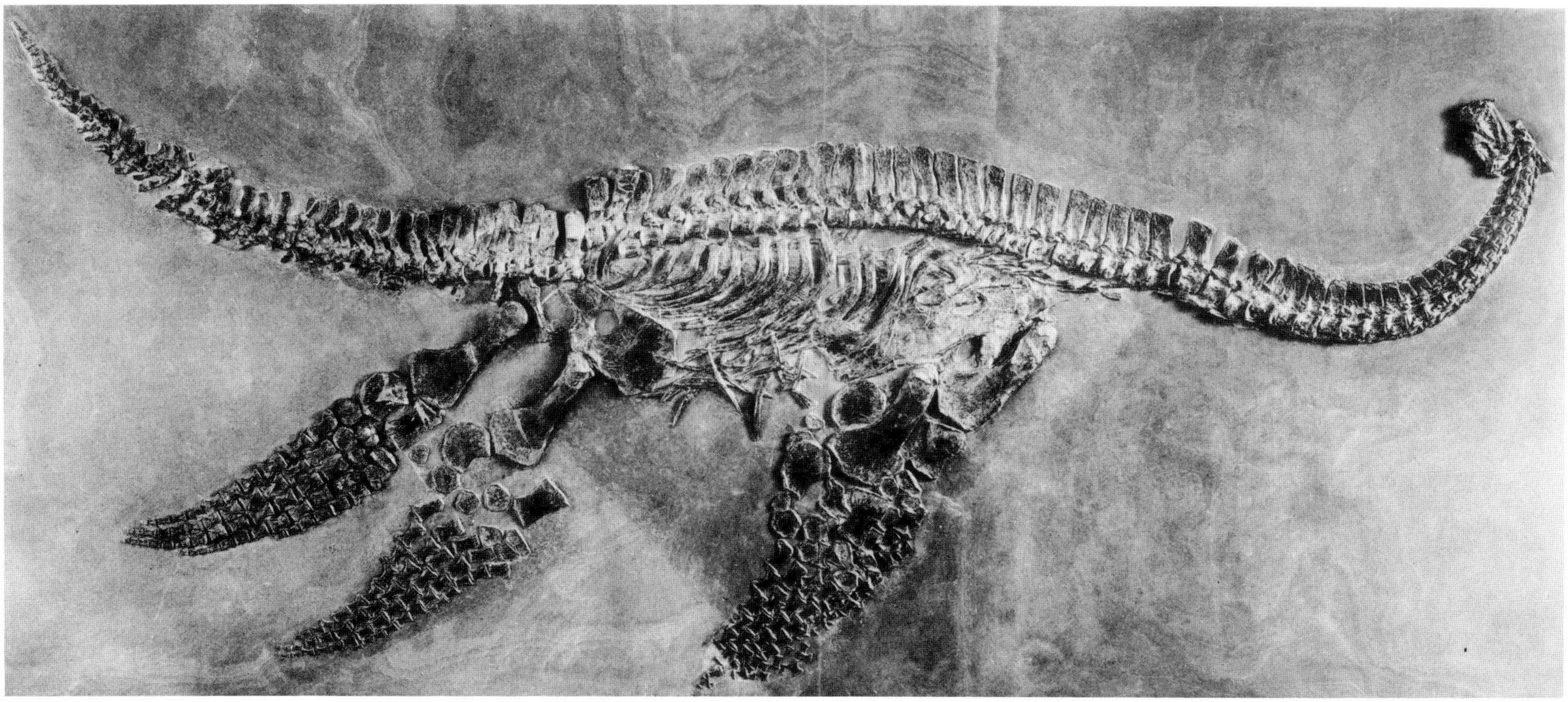

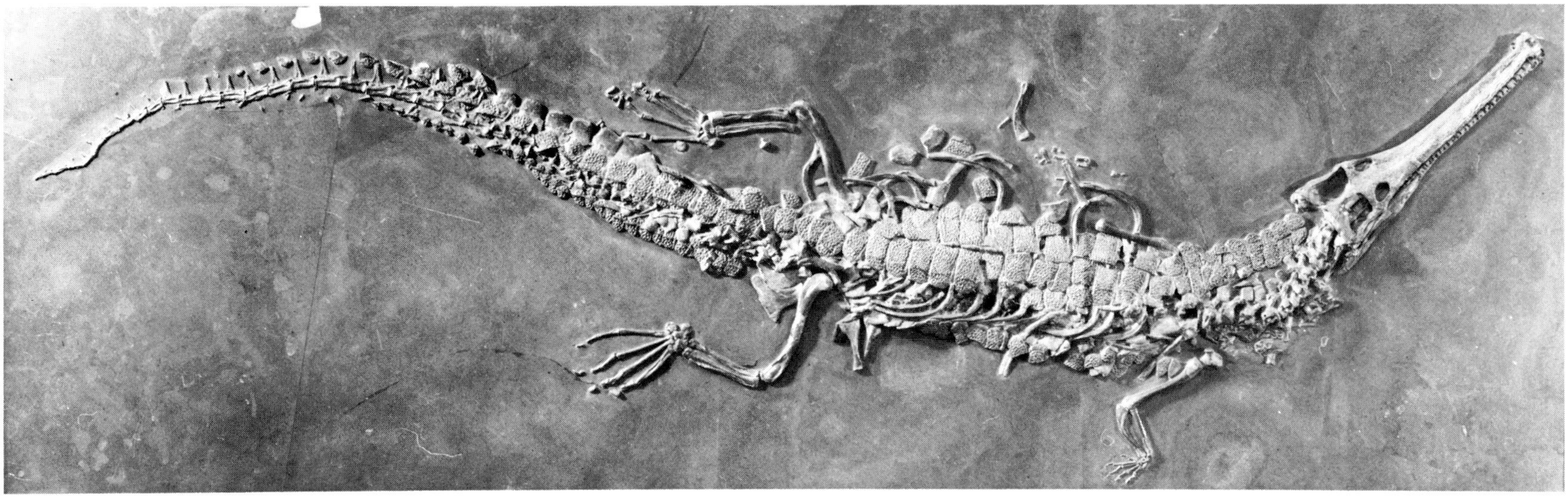

Abb. 118 Meereskrokodil der Gattung Platysuchus mit besonders kräftiger Panzerung, aus dem Posidonienschiefer des Schwarzen Juras von Holzmaden. Länge 2,8 m.

Abb. 119 Brückenechse der Gattung Palaeopleurosaurus aus dem Posidonienschiefer des Schwarzen Juras von Schlierbach. Länge 65 cm.

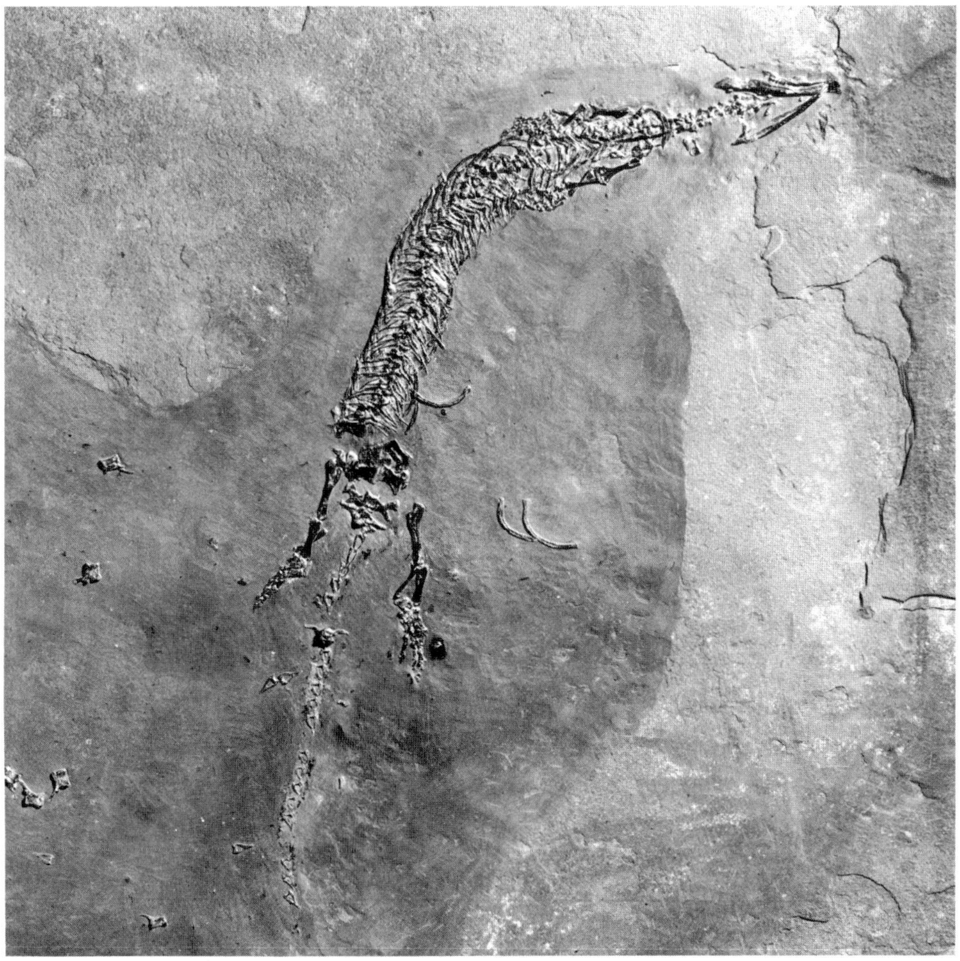

Abb. 116 Paddelechse Plesiosaurus guilelmi-imperatoris aus dem Posidonienschiefer des Schwarzen Juras von Holzmaden, im Zweiten Weltkrieg zerstört. Länge etwa 3 m.

Abb. 117 Paddelechse Plesiosaurus aus dem Posidonienschiefer des Schwarzen Juras von Holzmaden, Neufund aus dem Jahre 1978. Der Schädel (links) ist unvollständig erhalten. Länge 2,8 m.

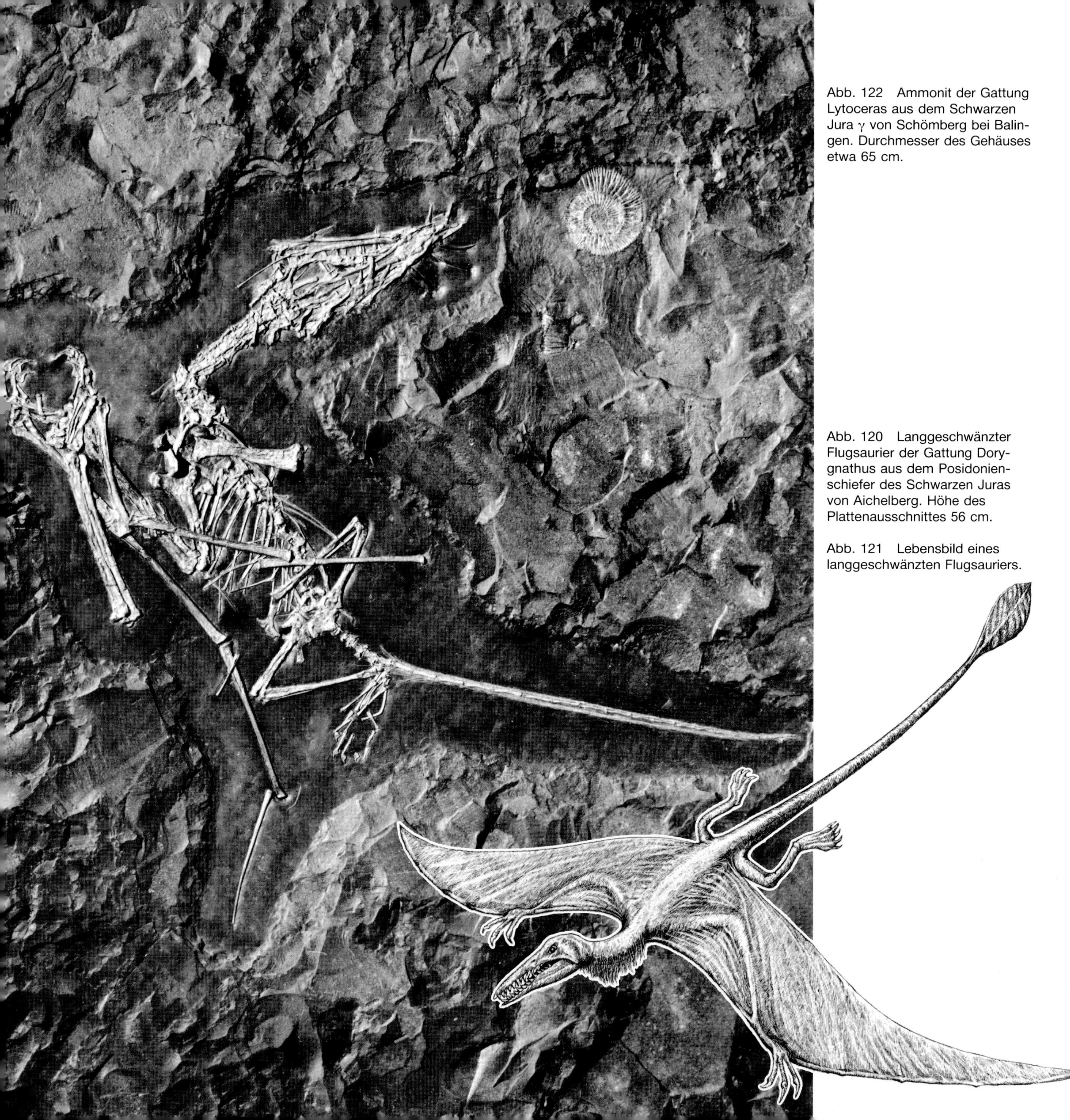

Abb. 122 Ammonit der Gattung Lytoceras aus dem Schwarzen Jura γ von Schömberg bei Balingen. Durchmesser des Gehäuses etwa 65 cm.

Abb. 120 Langgeschwänzter Flugsaurier der Gattung Dorygnathus aus dem Posidonienschiefer des Schwarzen Juras von Aichelberg. Höhe des Plattenausschnittes 56 cm.

Abb. 121 Lebensbild eines langgeschwänzten Flugsauriers.

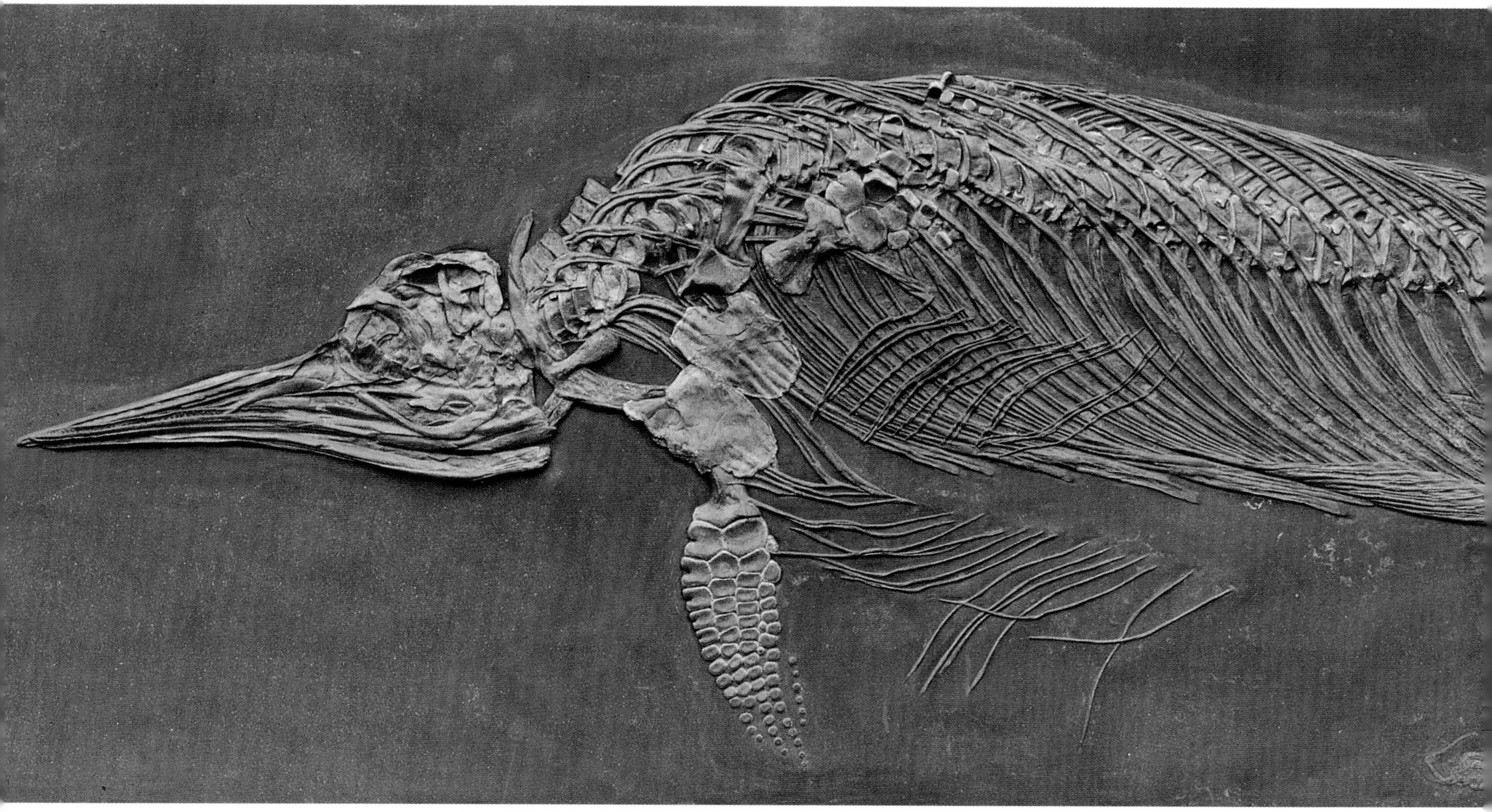

Abb. 123 Ichthyosaurier-Muttertier mit winzig kleinen Embryonen, aus dem Posidonienschiefer des Schwarzen Juras von Holzmaden. Länge des Muttertieres 2,8 m. Vgl. Ausschnittsvergrößerung eines Embryos auf Abb. 114.

Abb. 124 Meereskrokodil der Gattung Steneosaurus mit eingerolltem Skelett, aus dem Posidonienschiefer des Schwarzen Juras von Ohmden. Gestreckte Länge des Krokodils etwa 3,3 m.

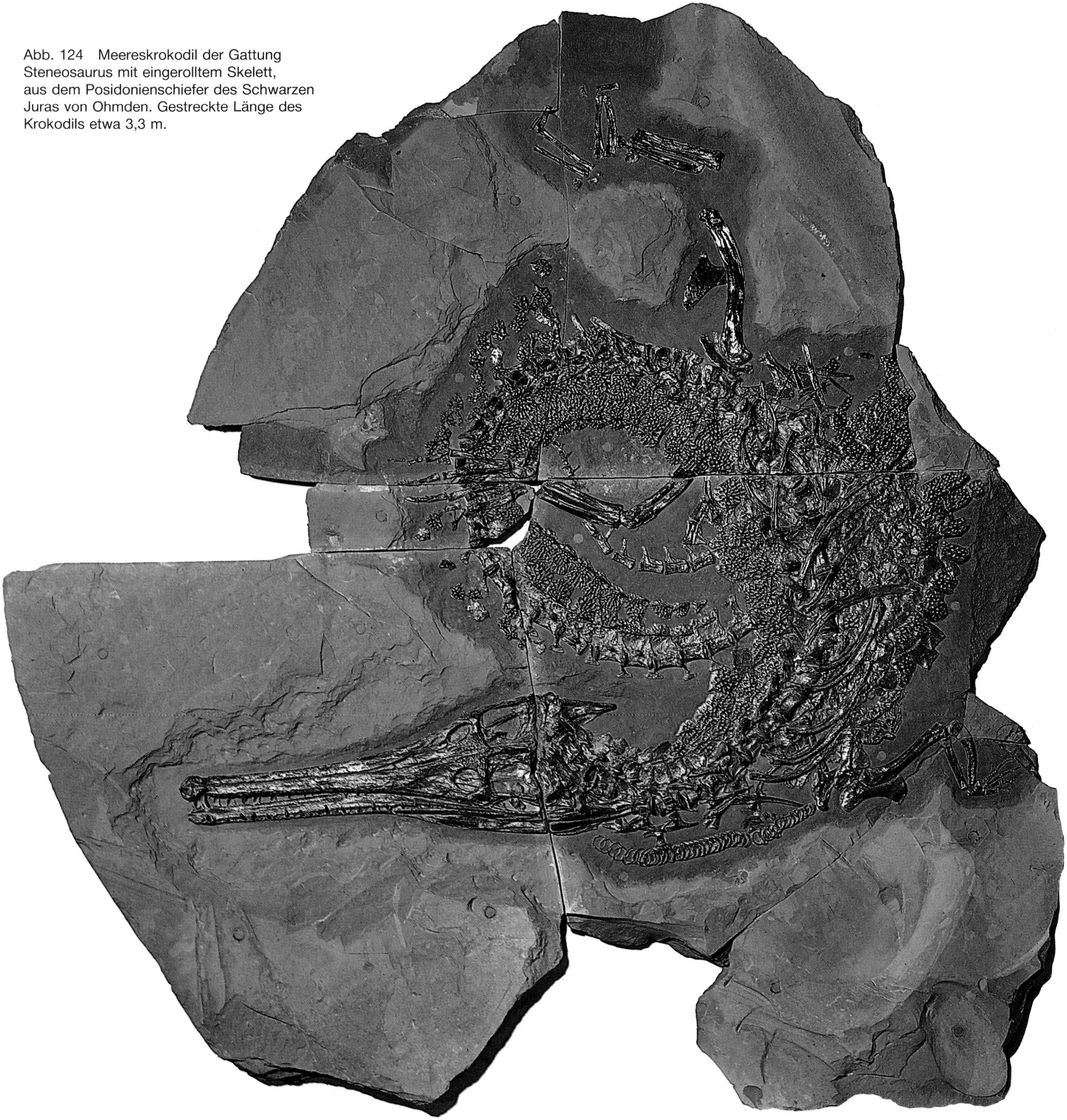

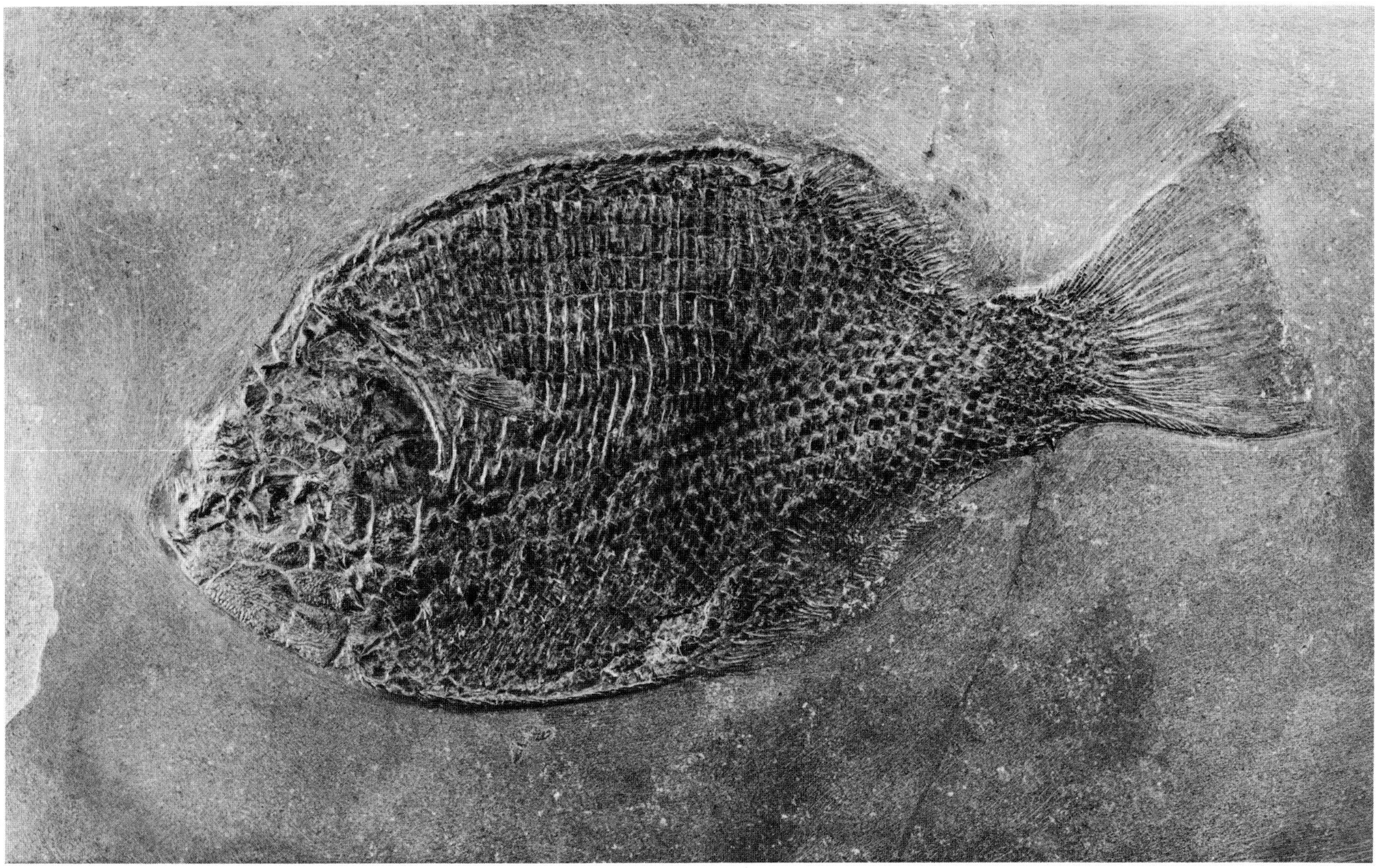

Abb. 125 Schmelzschuppenfisch Dapedium aus dem Posidonienschiefer des Schwarzen Juras von Holzmaden. Länge etwa 40 cm.

zeigte ein Jungtier, das mit der Schnauzenspitze aus dem Becken eines ausgewachsenen Individuums herausragte. Georg Friedrich Jäger hatte das Stück 1824 erstmals beschrieben und seine Zugehörigkeit zu den Fischsauriern erkannt[314]. Später beschäftigte er sich erneut mit ihm und wies dabei auf das eingeschlossene Jungtier hin, »dessen Lage es nicht unwahrscheinlich macht, daß der Ichtyosaurus zu den lebendig gebährenden Reptilien gehört haben möchte«[315].
Diese Deutung blieb freilich nicht unbestritten. Friedrich August Quenstedt bemerkte im Jahre 1852[316]: »Man behauptet sogar, daß sie auch ihre Jungen gefressen hatten« und schrieb 1858[317] über ein Stück aus der Tübinger Sammlung: »Eines dieser Exemplare hat ein Junges zwischen den Rippen in einer Lage die entschieden darauf deutet, daß es gefressen wurde. An einen Embryo im Mutterleibe darf man entfernt nicht denken, das Thier erstickte vielmehr an seiner Beute.« Wenig später allerdings meinte er über ein weiteres Stück[318]: »das andere dagegen liegt gekrümmt zwischen Magen- und Beckengegend, gleich dem Embryo im Uterus.« Und 1882[319] berichtete er über Exemplare, »welche wohl ein Halbdutzend aber sehr undeutlicher Brut zwischen den Rippen liegen haben, manche davon sind so klein als wenn sie noch im Ei steckten«.

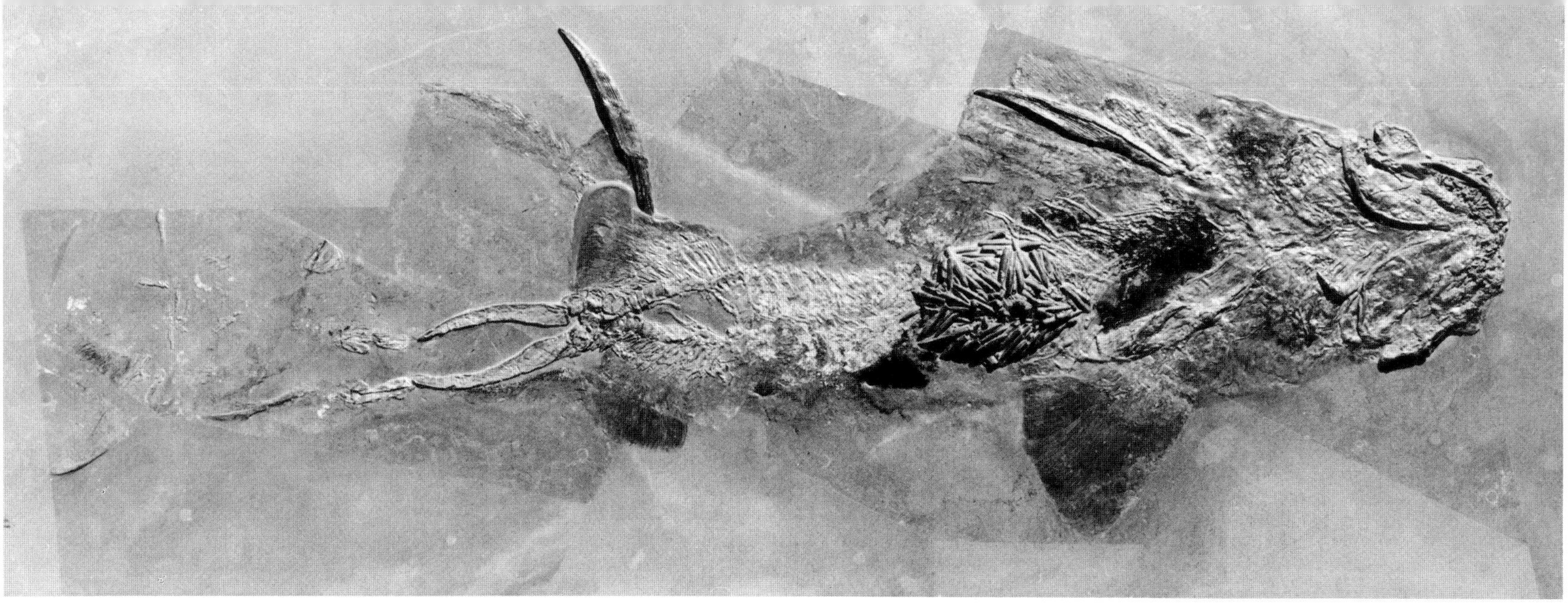

Abb. 126 Männlicher Hai der Gattung Hybodus mit den Hartteilen von etwa 250 Belemniten in der Magengegend, aus dem Posidonienschiefer des Schwarzen Juras von Holzmaden. Länge des Skeletts 1,55 m.

Abb. 127 Weiblicher Hai der Gattung Hybodus mit erhaltenen Körperumrissen, aus dem Posidonienschiefer des Schwarzen Juras von Holzmaden. Länge etwa 2,5 m.

Abb. 128 Stör-Verwandter der Gattung Chondrosteus aus dem Posidonienschiefer des Schwarzen Juras von Holzmaden, bei dem nur die verknöcherten Teile des Skeletts erhalten sind. Länge etwa 3,2 m.

Abb. 129 Belemnit (Passaloteuthis paxillosa) mit Armkrone und Fanghäkchen sowie paarigen großen Haken, die möglicherweise auf ein männliches Tier hinweisen. Posidonienschiefer des Schwarzen Juras von Schlierbach. Länge 26 cm.

Abb. 130 Belemnit (Passaloteuthis paxillosa) mit Armkrone und Fanghäkchen, aus dem Posidonienschiefer des Schwarzen Juras von Ohmden. Länge 30 cm.

Eberhard Fraas sprach somit die vorherrschende Meinung aus, die sicherlich auf die Mehrzahl der Jungtiere zutrifft[320], wenn er feststellte: »Diese kleinen Individuen sind . . . ganz entschieden als Embryonen resp. vollständig entwickelte aber noch nicht geborene oder während dem Geburtsakt abgestorbene Junge anzusehen«[321]. Die Gründe hierfür konnte er ebenfalls angeben: »Das Ei der Reptilien kann offenbar nicht im Meerwasser abgelegt werden . . . Jedes Reptil, welches das Wasser verlassen kann, . . . legt seine Eier am Strande ab, die Seeschlangen, die einzigen ausschließlichen Meeresbewohner unter den Reptilien, legen überhaupt keine Eier, sondern sind . . . vivipar[322]. Es kann uns daher keineswegs in Erstaunen setzen, ja es ist eigentlich in gewisser Hinsicht zu erwarten gewesen, daß auch der dem Wasser so vollständig angepasste Ichthyosaurus dasselbe Verhältnis zeigt«[323].

Daß die Ichthyosaurier in ganz extremer Weise an das Wasserleben angepaßt waren, geht vor allem aus ihren zu Paddeln umgebildeten Gliedmaßen hervor. Dies bestätigt auch die Form des Körpers, die weitgehend an die der Delphine erinnert. Obwohl sie in ihren Grundzügen schon lange bekannt war, bedurfte es erst besonderer Umstände, bis auch Einzelheiten, vor allem die Umrisse der Weichteile, bekannt wurden. Wie es dazu kam, berichtete Eberhard Fraas im Jahre 1888: »Herr Bernhard Hauff, dessen Vater Besitzer einer Schiefergrube in Holzmaden ist, und der dadurch immer an Ort und Stelle anwesend sein kann, hat in dankenswerter Weise den Handel und die sorgfältige Präparierung der Liassaurier in die Hand genommen und hatte besonders in diesem Winter das Glück, mehrere Saurier von selten schönem Erhaltungszustand zu bekommen und zu präparieren, von denen besonders ein Exemplar . . . von Interesse ist«[321]. »Was besonders dieses Stück auszeichnet, ist der Umstand, dass sowohl an der vorderen wie an der hinteren Finne[324] noch deutliche Spuren der Weichteile des Tieres erhalten sind«[325]. »Es ist zwar nur ein sehr dünner zarter Hauch, der sich auf der Platte bemerkbar macht, dieser ist aber so gut begrenzt und hebt sich außerdem durch Färbung von dem übrigen Gestein ab, dass es mir sofort klar war, dass wir hier die sehr seltene Erscheinung von Abdrücken der organischen Bestandteile vor uns haben«[326].

Der Zufall wollte es, daß kurz darauf noch ein weiteres Stück mit Hautumrissen geborgen wurde. »Das Stück stammt aus den sogenannten Stinksteinen, das heisst den obersten festen Bänken der Posidonomyen-Schiefer von Holzmaden bei Kirchheim u. T. und legte durch glückliche Spaltung in staunenswerther Klarheit eine rechte vordere Finne von Ichthyosaurus . . . blos. . . . Das Interessante . . . bilden die Abdrücke oder als kohlige Schichte erhaltenen Weichtheile, welche die Knochen umgaben«[327].

Erst mit der Entdeckung der Hautumrisse der Ichthyosaurier wurde bekannt, daß sie eine dreieckige Rückenflosse und eine senkrecht stehende, große zweilappige Schwanzflosse besaßen. Dadurch fand auch der häufig beobachtete, eigenartige Knick der Schwanzwirbelsäule seine Erklärung, denn das Schwanzskelett reichte in den unteren Lappen der Schwanzflosse hinein und verstärkte dort den Antrieb, was den – lungenatmenden – Tieren beim Schwimmen das Auftauchen erleichterte.

Nachdem der Blick für die Feinheiten einmal geschärft war, konnte Eberhard Fraas im Jahre 1891 feststellen[328]: »Es ging aber hier, wie so häufig, dass die zarten schwarzen Lagen früher regelmäßig übersehen und wegpräpariert wurden, bis Präparator Hauff in Holzmaden darauf aufmerksam gemacht wurde«. Bernhard Hauff war es nun, der sich mit größtem Geschick um die Präparation des Fundgutes bemühte.

Abb. 131 Eberhard Fraas (1862–1915).

Eberhard Fraas, Sohn von Oskar Fraas, wurde am 26. 6. 1862 in Stuttgart geboren. 1882–1884 studierte er an der Universität Leipzig, danach in München, wo er 1886 promovierte. 1888 habilitierte er sich in München, brach aber die Universitätslaufbahn ab und wurde 1891 Assistent und 1894 Konservator an der Geologisch-Paläontologischen Abteilung des Naturalienkabinetts in Stuttgart. Hier führte er die ihm anvertraute Sammlung zur höchsten Blüte und wirkte mit Vorträgen und Veröffentlichungen in die breiteste Öffentlichkeit. Das Rüstzeug hierzu waren die Vielseitigkeit seiner Interessen und seine hervorragende Kenntnis vieler Länder. Größere Expeditionen führten ihn nach Ägypten (1897, 1906, 1912), in die Vereinigten Staaten von Amerika (1901) und nach Ostafrika (1907). In Ostafrika erforschte er die Saurierfundstätte Tendaguru (die jedoch dann nicht vom Stuttgarter, sondern vom Berliner Naturkundemuseum ausgegraben wurde) und infizierte sich mit einer Tropenkrankheit, die seinen frühen Tod verursachte. Er starb am 6. 3. 1915 in Stuttgart. Über sein Leben und Wirken vgl. J. F. Pompeckj 1915; W. Salomon 1915.

Abb. 132 Ichthyosaurier mit erhaltenen Hautumrissen, aus dem Posidonienschiefer des Schwarzen Juras von Holzmaden. Länge 3,04 m.

Bald war es ihm gelungen, die meisten neuen Funde in seine Hand zu bringen. Dies erlaubte ihm nicht nur, das Vorkommen der Saurier in den einzelnen Schichten auf das genaueste festzustellen[329], was ihm die Würde eines Ehrendoktors der Universität Tübingen eintrug. Es gab ihm auch die Möglichkeit, bevorzugt die biologisch aussagekräftigsten Stücke zu präparieren und damit der wissenschaftlichen Auswertung zur Verfügung zu stellen. »Zu Hunderten hat Bernhard Hauff mit seinen Gehilfen den Ichthyosaurus wieder an das Licht des Tages geschafft. Zu viele sind es, um in unseren heimatlichen Sammlungen Platz zu finden . . . Wo immer wir draußen in ein größeres naturgeschichtliches Museum eintreten, schauen uns vertraut, wie ein Gruß aus der Heimat, die Fossilplatten von Holzmaden oder Boll entgegen«[330].

Abb. 133 Bernhard Hauff (1866–1950).

Bernhard Hauff, geb. 4. 7. 1866 in Holzmaden, Sohn des Theologen, Chemikers und Schieferbruch-Unternehmers Alwin Heinrich Hauff (1829–1894), begann im Alter von 17 Jahren, sich der Präparation Holzmadener Fossilien zu widmen. Sorgfalt und neuartige Präparationsmethoden machten seine Präparate weltberühmt. »Die außerordentlichen Verdienste von Bernhard Hauff um die Bergung und Präparation der Fossilien aus dem schwäbischen Juraschiefer sind vom württembergischen König im Jahre 1914 durch Verleihung der goldenen Medaille für Kunst und Wissenschaft anerkannt worden. Die Universität Tübingen hat ihn im Jahre 1921, nach Erscheinen seiner großen wissenschaftlichen Arbeit über die Fossilien der Holzmadener Gegend (B. Hauff 1921), zum Ehrendoktor ernannt« (F. Berckhemer 1936, S. XLIII). Bernhard Hauff begann im Jahre 1936 mit Unterstützung des württembergischen Staates, in Holzmaden ein kleines Museum mit Funden aus der dortigen Gegend aufzubauen. Wesentlich vergrößert durch seinen Sohn, Bernhard Hauff jr., ist es heute eine weithin bekannte und viel besuchte Einrichtung. Bernhard Hauff sen. starb am 10. 7. 1950 in Holzmaden. Über sein Leben und Wirken vgl. F. Berckhemer 1936, 1951; B. Hauff (jr.) 1953; B. Hauff (jr.) und R. Hauff 1981; E. Hennig 1945.

Trias

Friedrich von Albertis Dreiheit der Formationen

Salz war schon in frühgeschichtlicher Zeit eine Kostbarkeit. Von den Stätten seines Vorkommens und seiner Gewinnung wurde es weithin gehandelt. Mancher Ort verdankt seine Entstehung, sein Aufblühen und seine Bedeutung seinen Salzvorkommen. Dies gilt auch für Sulz am Neckar, doch hieß es[331] im Jahre 1752 über das dortige Salz: »Obwohl aber solches für einen besonderen Seegen Gottes zu halten, so ist doch solcher nicht genugsam, das ganze Herzogthum mit diesem so nöthigen Gewürz zu besorgen, indem nur die nächste Aemter damit versehen werden können.«

Auf der Sulzer Saline begann am 26. Juni 1815 ein Geologe und Bergmann seine Berufstätigkeit, der zu den bedeutendsten und erfolgreichsten Salinenfachleuten der ersten Hälfte des 19. Jahrhunderts gehört: Friedrich August von Alberti[332]. Er wurde am 4. September 1795 in Stuttgart geboren. Sein Vater[333] war Offizier. So war es verständlich, daß der Sohn nach seiner Schulzeit in Stuttgart, Rottweil und Öhringen im Alter von 14 Jahren auf die Militärschule in Stuttgart geschickt wurde. Dieser Anstalt war eine Abteilung für Bergbau und Hüttenwesen angegliedert, und dort erwarb Alberti das Rüstzeug für seinen späteren Beruf.

Ein erfolgreicher Bergbau in Württemberg setzte allerdings die Kenntnis des geologischen Aufbaus des Landes voraus und die war zur Studienzeit Albertis noch recht gering. 1761 hatte Christian Füchsel[334], Arzt und Bibliothekar in Rudolstadt in Thüringen, seine »Historia terrae et maris ex historia Thuringiae per montium descriptionem eruta« veröffentlicht. Er faßte Schichtgruppen von ähnlichem Gesteinstyp zu »Formationen« zusammen, erkannte, daß diese aus bestimmten Perioden der Erdgeschichte stammen, und gab eine erste Gliederung des Schichtenaufbaus in Mitteldeutschland. Mit seiner Formationslehre verhalf er in Deutschland der Erkenntnis zum Durchbruch, daß die Gesteinsschichten der Erdkruste nicht einer einzigen Überschwemmung, wie der biblischen Sintflut, sondern einer Aufeinanderfolge von Ereignissen ihre Entstehung verdanken. Füchsels Formationslehre stützt sich auf das Lagerungsgesetz, das in der zweiten Hälfte des 17. Jahrhunderts vom dänischen Arzt und Theologen Niels Stensen[335] entdeckt wurde. Danach wurden die äl-

Das Salz wurde im deutschen Südwesten ursprünglich in Salinen gewonnen. In diesen Anlagen wurde salzhaltiges Quellwasser, die sogenannte Sole, eingedampft oder durch Verdunstung so weit angereichert, bis Salz auskristallisierte. Alte Salinenbetriebe bestanden

- in Schwäbisch Hall (hier war schon eine keltische, latènezeitliche Saline von etwa 500 vor bis 100 nach Chr. in Betrieb; die mittelalterliche und neuzeitliche Saline ist ab 1217 bezeugt)
- im Kochertal bei Niedernhall (Salzgewinnung seit 1237 belegt, 1827 eingestellt)
- in Sulz am Neckar (seit 1252 nachgewiesen, 1924 eingestellt)
- in Bruchsal (erste Nachrichten ab 1530, Ausbeutung seit 1615, verstärkt ab 1721, 1824 Einstellung der Produktion).

Seit Ende des 18. Jahrhunderts versuchte man, die Ergiebigkeit der Solen durch Bohrungen zu steigern. Auch an anderen Orten, wo man hoffte, Salzwasser anzutreffen, wurde gebohrt. Dabei wurden die Salzlager bei Bad Wimpfen (1810), Jagstfeld (1816), Bad Dürrheim (1822), Schwenningen (1823), Rottweil (1824) und Schweizerhalle bei Rheinfelden (1839) entdeckt. Nach einem ersten, 1817 bei Jagstfeld fehlgeschlagenen Versuch wurde 1824 südlich von Schwäbisch Hall das Salzbergwerk Wilhelmsglück errichtet. Hier wurde erstmals im außeralpinen Mitteleuropa Salz bergmännisch abgebaut. Die Salzbergwerke in Heilbronn, Kochendorf und Stetten bei Haigerloch folgten später. Vgl. W. Carlé 1965.

Abb. 134 Friedrich August von Alberti (1795–1878). Nach F. Berckhemer 1941.

testen Gesteinsschichten zuunterst abgelagert. Jüngere Schichten folgen entsprechend ihrem Alter übereinander. Alle Schichten wurden ursprünglich waagrecht gebildet. Sind sie heute geneigt oder stehen sie senkrecht, so müssen sie durch später wirksame Kräfte aus ihrer Lage gebracht worden sein. Füchsels Werk bildete seinerseits eine wesentliche Grundlage für die Gliederung der Erdgeschichte in Formationssuiten und Formationen[336] durch den Freiberger Professor Abraham Gottlob Werner[337], die zu Anfang des 19. Jahrhunderts weithin angewandt wurde, im Grunde genommen jedoch auf die speziellen Verhältnisse in Sachsen und Thüringen zugeschnitten war.
Alberti erkannte bald, daß manche der bisherigen Vermutungen über die Beziehungen, das Alter und die Verbreitung verschiedener »Formationen« des »Flözgebirges«[338] nicht richtig sein konnten. 1826 beschrieb er in einer ersten Publikation[339] die Abfolge der Gesteine, wie er sie beobachtet hatte. Seine Tätigkeit in der Salzindustrie beeinflußte ihn dabei so sehr, daß er die Schichten in ein Gebirge unter dem Salz und ein solches über dem Salz einteilte. Die salzführenden Schichten stehen auch im Mittelpunkt seiner zweiten großen Veröffentlichung[340], in der Alberti schrieb: »Ich fing an, neu zu sammeln, den bunten Sandstein, Muschelkalk und Keuper, welchen ich mich vorzugsweise widmete, schichtenweise durchzugehen, und erhielt nach und nach eine kleine Sammlung[341], welche als Beleg für vorliegende Schrift dient«[342].
Mit Hilfe der Fossilien bestimmte Alberti das Alter und die Beziehungen der untersuchten Schichten, und er erkannte: »Die Thierwelt ist es, welche allein dem Begriffe Formation den Stempel aufdrücken kann; die Kalksteine, welche fast ausschließlich diese Thiere einschließen, sind daher die Repräsentanten der Formationen, und die sie umhüllenden und durchziehenden versteinerungsleeren oder versteinerungsarmen Bildungen, wenn sie auch mächtiger als diese sind, Accidenzien derselben; daraus folgt weiter, daß die Sandsteine, die Gyps-, Thon-, Dolomit-, Me-

Der Muschelkalk hat seinen Namen von den in manchen Bänken häufigen Muscheln. Weitere kennzeichnende Fossilien sind die Ceratiten, Verwandte der im Jura häufigen Ammoniten. Von manchen Orten kennt man Schichtflächen, auf denen Ceratitengehäuse massenhaft zusammengeschwemmt liegen. Besonders bekannt geworden sind die Ceratiten-Platten von Bruchsal, die zu Anfang der fünfziger Jahre dieses Jahrhunderts von den Landessammlungen für Naturkunde in Karlsruhe geborgen und im Tausch an verschiedene andere Museen weitergegeben wurden.
In bestimmten Schichten des Muschelkalks kommen die Stielglieder von Seelilien, die auch als Trochiten bezeichnet werden, gesteinsbildend vor. Von einigen Fundorten kennt man auch unzerfallene Exemplare. 1951 wurden auf einer Schichtfläche in dem auf Markung Nekkarwestheim liegenden Steinbruch des Zementwerkes Lauffen am Neckar zusammenhängende Kronen und Stiele beobachtet. Otto Linck (geb. 15. 5. 1892 in Ulm, Studium der Forstwirtschaft, Forstbeamter, der auch als Schriftsteller und vor allem als Geologe und Paläontologe bekannt wurde und sich vor allem der Trias und ihren Fossilien widmete, gest. 24. 8. 1985 in Güglingen) beutete die Fundstelle aus; seine Funde sind im Werksmuseum des Zementwerkes Lauffen am Neckar ausgestellt. Vgl. O. Linck 1954; H. Hölder 1985.
Die häufigsten Saurier des Muschelkalks sind die Nothosaurier. Der Name bedeutet »Bastardsaurier« und rührt daher, daß die Tiere Merkmale verschiedener Sauriergruppen in sich vereinen und man deshalb früher glaubte, sie hätten sich verbastardiert. Hauptfundgebiet der Muschelkalksaurier ist die Umgebung von Crailsheim. Dort war um die Mitte des 19. Jahrhunderts der Jurist Emanuel Weis(s)mann (geb. 5. 5. 1789 in Neunstetten bei Krautheim an der Jagst, gest. 11. 10. 1851 in Crailsheim) als aufmerksamer und aufgeschlossener Sammler tätig.
Gemeinsam mit ihm sammelte auch sein Bruder Gottlieb Weis(s)mann (geb. 13. 8. 1798 in Niederstetten, gest. 22. 12. 1859 in Stuttgart), der bis 1840 Apotheker in Metzingen war und dann in Stuttgart lebte. Als aktives Mitglied des Vereins für vaterländische Naturkunde in Württemberg war er allen Belangen der Wissenschaft gegenüber sehr aufgeschlossen. Seine Fossiliensammlung vermachte er dem Verein. Vgl. J. G. Kurr 1861.
Später sammelte in Crailsheim der Apotheker Richard Blezinger (geb. 6. 11. 1847 in Gaildorf, gest. 4. 6. 1928 in Crailsheim). Seit 1874 in Crailsheim ansässig, konnte er 1888 anläßlich der Jahresversammlung des Vereins für vaterländische Naturkunde eine Ausstellung mit Fossilien der Crailsheimer Gegend vorführen, die weithin Aufsehen erregte. Jahr für Jahr stiftete er dem Stuttgarter Naturalienkabinett kostbare Funde. In den Notjahren nach dem Ersten Weltkrieg war er genötigt, seine Sammlung zu verkaufen; das Geologisch-Paläontologische Institut der Universität Tübingen erwarb sie. Blezingers Verdienste um die Paläontologie fanden im November 1927 mit der Verleihung der Ehrendoktorwürde der Naturwissenschaftlichen Fakultät der Universität Tübingen ihre Anerkennung. Vgl. H. Hagdorn 1979.

Abb. 137 Schichtfläche mit Muscheln (überwiegend Plagiostoma costatum) aus dem Oberen Muschelkalk von Tullau bei Schwäbisch Hall. Breite des Bildausschnittes 9 cm.

Vorhergehende Seiten:

Abb. 135 Ausschnitt aus einer Ceratiten-Platte mit zusammengeschwemmten Gehäusen aus dem Oberen Muschelkalk von Heckfeld bei Tauberbischofsheim. Durchmesser der Gehäuse etwa 11 cm.

Abb. 136 Kelch und Stiel der Seelilie Encrinus liliiformis aus dem Oberen Muschelkalk von Neckarwestheim. Länge des Kelchs 13 cm.

tall- und Steinsalz-Massen nie als besondere Formationen angesehen werden können« . . . »Während all' die vorerwähnten Gesteine an die Gebilde der verschiedensten Perioden erinnern, . . . steht der Muschelkalk und der Kalkstein des Keupers einzig da, eine völlig abgeschlossene Thier- und Pflanzen-Welt einschließend«[343]. Daraus folgerte Alberti: »Wer die Petrefakten der 3 bis jezt getrennt gehaltenen Formationen zammenreiht, und hierzu die Uebergänge der verschiedenen Glieder in einander, wer überhaupt den ganzen Habitus[344] des Gebirges näher prüft und die wesentlich verschiedenen Versteinerungen des Zechsteins und des Lias in die Wagschale legt, dem kann es nicht entgehen, daß bunter Sandstein, Muschelkalk und Keuper das Resultat *einer* Periode . . . seyen, daß also die bis jezt beobachtete Trennung dieser Gebilde in 3 Formationen nicht angemessen, und es mehr dem Begriffe Formation entsprechend sey, sie zu *einer* Formation, welche ich vorläufig Trias nennen will, zu verbinden«[345]. Was Alberti als erster »vorläufig« so benannte, hat bis heute Gültigkeit behalten. Die Trias hat ihren festen Platz unter den Epochen der Erdgeschichte behauptet und Südwestdeutschland ist ein klassisches Gebiet für ihre Erforschung und Gliederung geblieben.

Abb. 138 Krebs der Gattung Pemphix aus dem Oberen Muschelkalk von Stuttgart-Münster. Länge etwa 9 cm.

Frühe Saurierfunde aus dem Keuper

Im gleichen Jahre 1834, in dem Friedrich von Alberti sein Werk über die Trias veröffentlichte, tagte die Versammlung Deutscher Naturforscher und Ärzte in Stuttgart. Carl Friedrich Kielmeyer (vgl. S. 29) war der erste, Georg Friedrich Jäger (vgl. S. 77) der zweite Geschäftsführer dieser Tagung. Beide wurden bei ihren Vorbereitungen von einem Komitee unterstützt, zu dem sich einige Stuttgarter Naturforscher zusammengefunden hatten. »Es ist bekannt, wie glücklich diese Versammlung[346] ausfiel und wie befriedigt sich alle dabei anwesenden Mitglieder darüber aussprachen. Abgesehen von dem freundlichen Zusammenwirken ausgezeichneter Persönlichkeiten aller Classen und der huldvollen Betheiligung Sr. Majestät des Königs Wilhelm[347] waren es hauptsächlich die zweckmäßigen Anordnungen und Vorbereitungen, welche unter Jäger's Vorsitz getroffen waren, denen man das Gelingen verdankte. In jenem Comité hatten sich aber die Naturforscher der Hauptstadt näher zusammengefunden und sie beschlossen auch nachher, ihre Zusammenkünfte in dem naturhistorischen Montagskranz[348] fortzusetzen, so dass aus ihrer Mitte später« der Verein für vaterländische Naturkunde in Württemberg[349] gegründet wurde[350].

Abb. 139 Theodor Plieninger (1795–1879).

In diesem Komitee zeigte sich der Gymnasialprofessor Theodor Plieninger[351] besonders rührig. Geboren am 17. November 1795 in Stuttgart, war er seit 1823 Professor am Katharinenstift[352] und unterrichtete dort Naturgeschichte. 1832 wurde er daneben wissenschaftlicher Sekretär der Centralstelle des Landwirtschaftlichen Vereins[353]; 1838 wechselte er ganz an die Centralstelle über und betreute dort bis 1849 auch die Sammlungen[354]. Als Festgabe der Stadtgemeinde Stuttgart zur Begrüßung der Deutschen Naturforscher und Ärzte bei ihrer zwölften Versammlung im September 1834 verfaßte er eine »Beschreibung von Stuttgart hauptsächlich nach seinen naturwissenschaftlichen und medicinischen Verhältnissen«[355]. In ihr führte er auch auf, was an Fossilien aus der jüngeren Trias, dem Keuper, aus dem Stuttgarter Stadtgebiet damals bekannt war: eine Schneckenart und sechs Pflanzenarten. Saurier fehlten. Ermuntert durch die Anregungen, die von dieser Tagung ausgingen, widmete sich Plieninger anschließend der Bearbeitung der von ihm betreuten Sammlungsbestände. Er »beabsichtigte dabei anfänglich«, sich »bloss auf einfache Beschreibung und Abbildung der fossilen Vertebraten des Cabinets selbst zu beschränken, wobei die Thierreste aus dem Gebiete der geologischen Trias vorzugsweise das Material darboten . . . Allein die rasche Zunahme von Entdeckungen in diesem Gebiete der vorweltlichen Fauna, zu welchen das seit der Naturforscher-Versammlung vom Jahre 1834 in Württemberg allgemeiner angeregte Interesse für die vaterländische Naturkunde geführt hatte, machten es nöthig, die Grenzen weiter zu stecken, als es im ursprünglichen Plane lag, wenn einige Vollständigkeit erreicht werden sollte«[356].

Als Saurier bezeichnet man in der Paläontologie die Lurche (Amphibien) und Kriechtiere (Reptilien) des späten Erdaltertums und des Erdmittelalters. Einzelne Reste von Sauriern des Keupers (Zähne und Knochen) waren zwar schon zu Anfang des 19. Jahrhunderts von mehreren Stellen bekannt geworden (u. a. von der Wanne bei Tübingen, vgl. Th. Plieninger 1852, S. 117; von Waldenbuch, vgl. G. F. Jäger 1828, S. 22; vom »Hügel, auf welchem einst die Burg Wildenau stand«, in der Nähe von Rübgarten bei Tübingen, vgl. G. F. Jäger 1828, S. 22; von Gaildorf, vgl. G. F. Jäger 1828, S. 35), doch befanden sich keine spektakulären Funde darunter.

Besonders beschäftigten ihn Saurierfunde von Gaildorf, aus einer Untertagegrube im unteren Keuper, der »Lettenkohlen-Formation«, in der unreine Kohle und Alaun[357] abgebaut wurden. »Durch die Güte des Herrn Kaufmann's Dietrich[358] zu Gaildorf, Besitzers der dortigen Grube, erhielt die Centralstelle des landwirthschaftlichen Vereins bis jezt drei grössere Sendungen von Knochenresten aus der Lettenkohle, welche je einen Schädel von Mastodonsaurus enthielten. Zwei der lezteren gelang es mir vollständig, den dritten theilweise zu restituiren. . . . Die erste Sendung geschah im Frühjahr 1832 und lieferte ausser dem Schädel . . . noch eine

Abb. 140 Schädel des Nothosauriers Simosaurus aus dem Oberen Muschelkalk von Neidenfels bei Crailsheim. Länge des Schädels 38 cm.

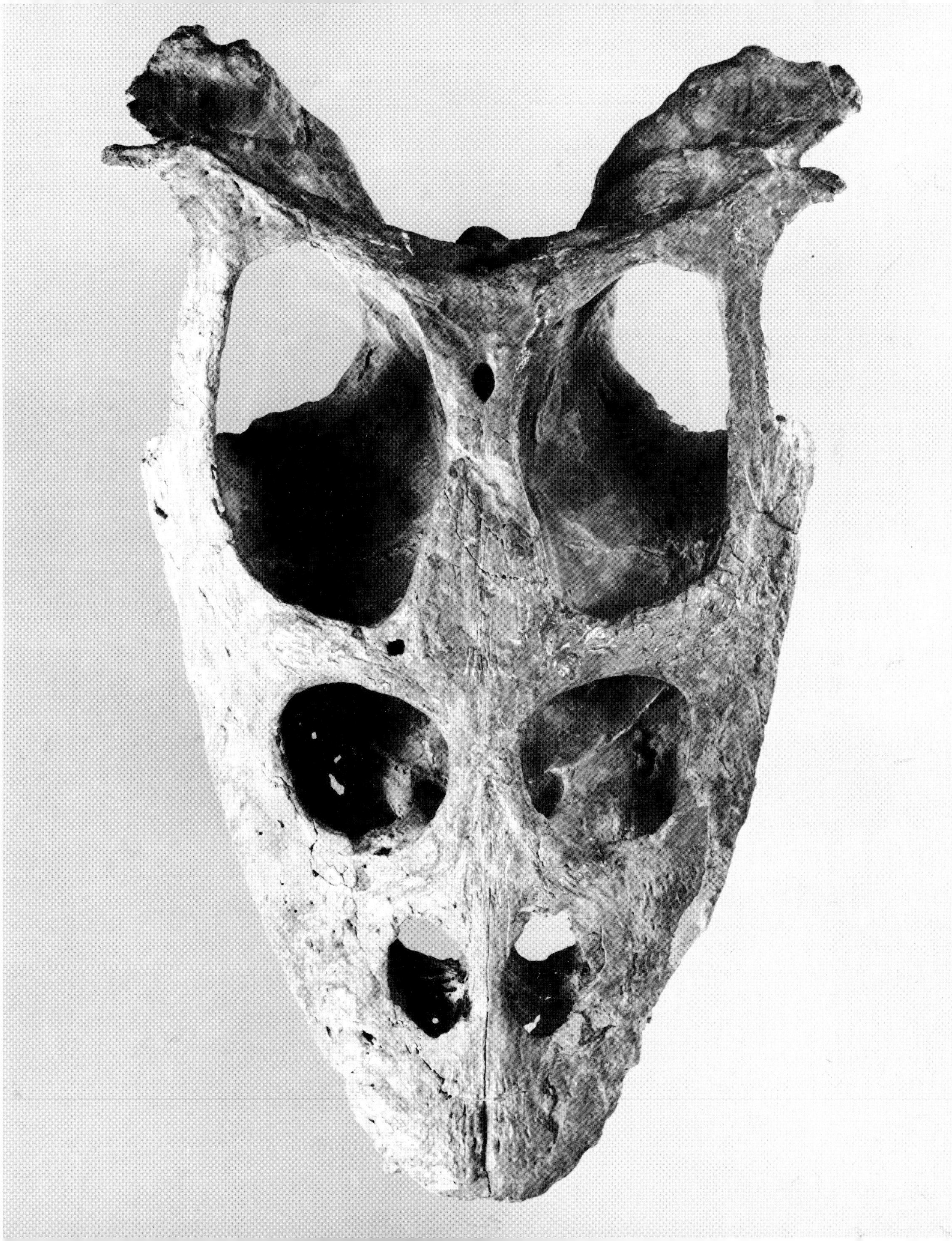

123

Mastodonsaurier sind die größten Lurchtiere (Amphibien) aller Zeiten. Sie konnten bis vier Meter Körperlänge erreichen. Die größten bekannten Schädel sind fast 1,5 Meter lang. Wegen ihres geschlossenen Schädeldaches stellt man die Mastodonsaurier zu den Dachschädlerlurchen oder Stegocephalen. Der württembergische Keuper hat von dieser Tiergruppe die meisten und besterhaltenen Funde überhaupt geliefert.

Schon bald nach der Entdeckung der Gaildorfer Mastodonsaurier wurden auch bei Stuttgart Dachschädlerlurche gefunden. »Etwa im Jahre 1838 kamen die Arbeiter in den Feuerbacher Steinbrüchen« (Schilfsandsteinbrüche im Gebiet des Killesbergs) »auf eine Bank, welche voll von Schildstücken und Knochenresten war«. Außerdem wurden zahlreiche Pflanzen und ganze Schädel geborgen (vgl. H. von Meyer und Th. Plieninger 1844, S. 73). Einige dieser Schädel sind mit der ursprünglichen Knochensubstanz, andere nur als Gesteinsabdruck erhalten.

Beim Bau des Stuttgarter Hauptpostamtes hinter dem Königsbau im Jahre 1870 wurde Baumaterial aus dem Schilfsandstein von Hanweiler bei Winnenden verwendet. »Ein großer Quader, der schon vollständig als Gesimsstein für ein Fenster behauen und polirt war, mußte ausgeschossen werden, da er auf der polirten Seite eine Reihe von Flecken zeigte, welche sich bei genauerer Untersuchung als die Querschnitte von Knochen herausstellten« (E. Fraas

Abb. 141 Schädel des Dachschädlerlurches Mastodonsaurus aus dem Unteren Keuper (Lettenkeuper) von Gaildorf. Länge 72 cm.

Abb. 142 Lebensbild des Dachschädlerlurches Metoposaurus.

1889, S. 139). Wilhelm Schmid (geb. 24. 4. 1827 in Tübingen, von 1865 bis 1875 Präparator am Stuttgarter Naturalienkabinett, 1879 nach USA ausgewandert) erkannte die Bedeutung des Fundes und ließ den ganzen Block ins Museum schaffen. Dort ergab die Präparation eines der wenigen nahezu vollständigen Skelette eines Dachschädlerlurches.

In den siebziger Jahren des 20. Jahrhunderts wurden in den Stubensandsteinbrüchen östlich von Magstadt bei Stuttgart Knochen, Schädel und Schädelreste von Dachschädlerlurchen entdeckt. Die Knochensubstanz selbst ist meist nicht mehr erhalten. Oft finden sich nur noch Abdrücke oder Hohlformen der Knochen im Gestein. Durch Ausgießen dieser Formen mit Kunstharz und anschließender Freipräparation kann ein naturgetreuer Abguß des Knochens gewonnen werden.

Die besterhaltenen Dachschädlerlurche wurden im Jahre 1977 beim Bau der Autobahn Heilbronn–Nürnberg in der Nähe von Kupferzell von dem Eisenbahnbeamten Johann Georg Wegele aus Waldenburg entdeckt. Die Fundstelle wurde dem Staatlichen Museum für Naturkunde in Stuttgart gemeldet und zwischen Ende März und Anfang Juni 1977 ausgegraben. Neben zahlreichen Schädeln und sonstigen Knochen von Mastodonsauriern wurden auch zwei Skelette von Plagiosuchus sowie Reste weiterer Saurier geborgen. Die Präparation und wissenschaftliche Auswertung der Funde ist noch nicht abgeschlossen. Vgl. R. Wild 1978a, 1978b.

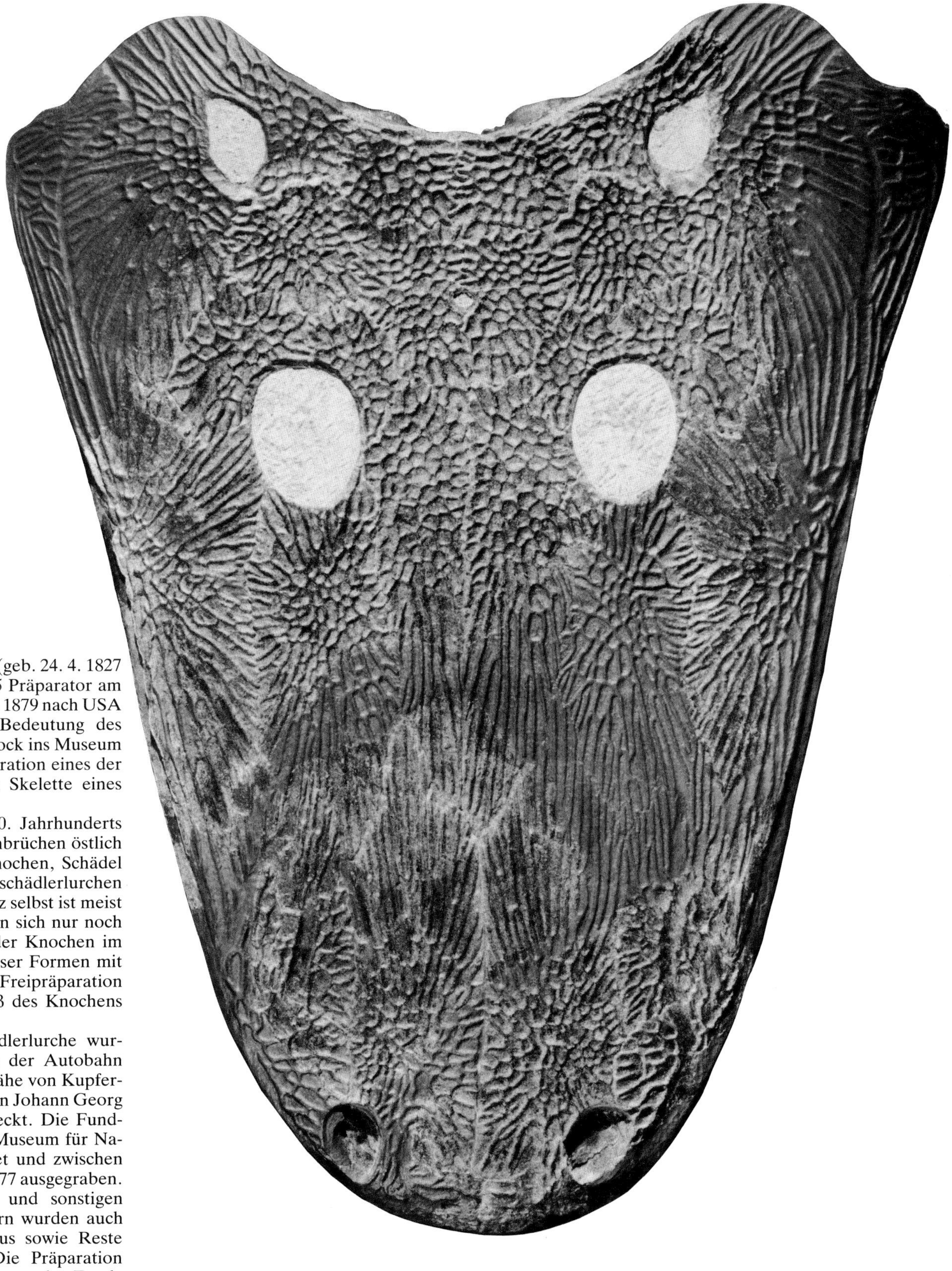

Abb. 143 Schädel des Dachschädlerlurches Cyclotosaurus aus dem Mittleren Keuper (Schilfsandstein) der Feuerbacher Heide bei Stuttgart. Länge 58 cm.

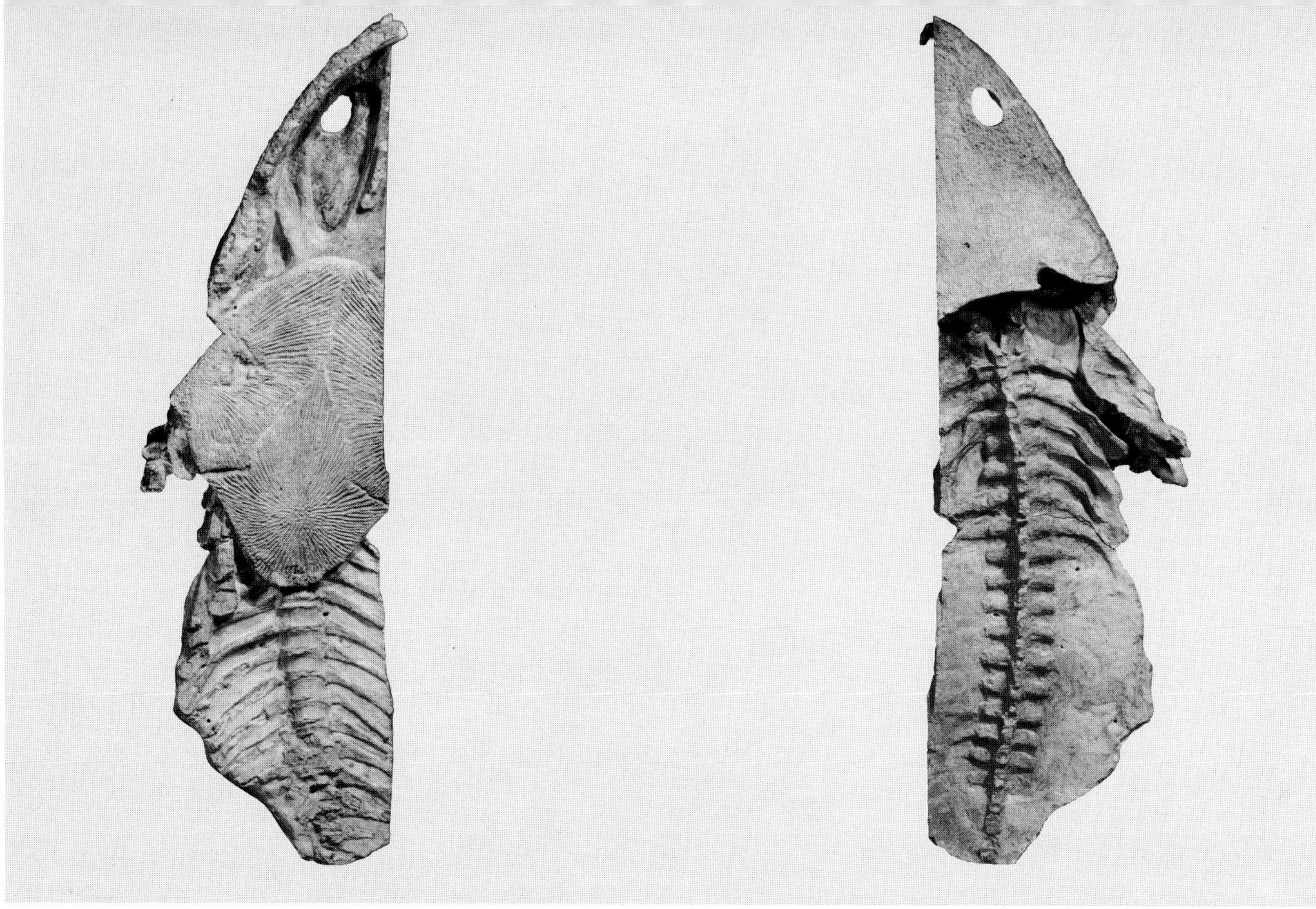

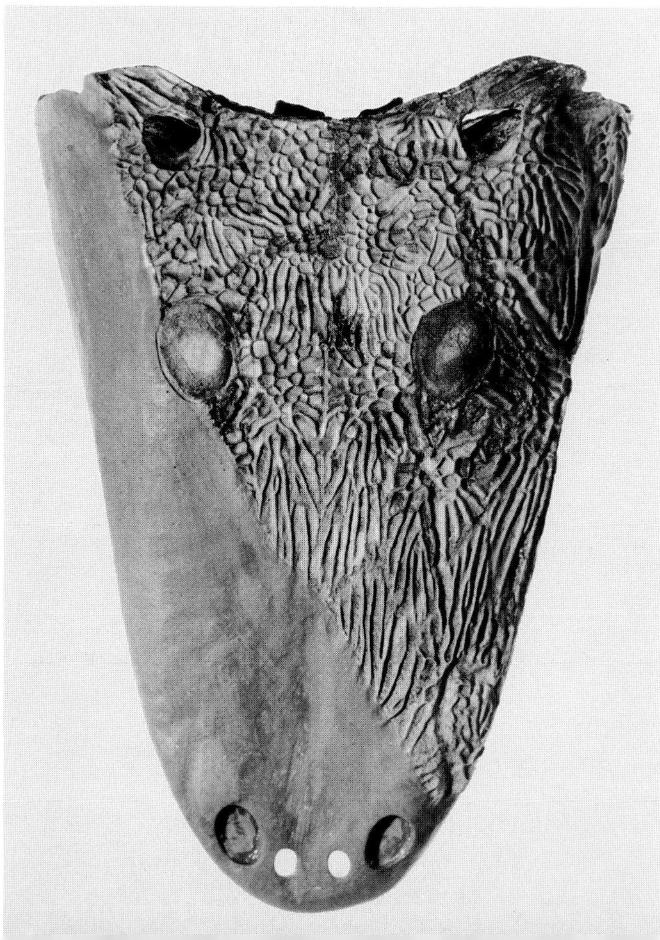

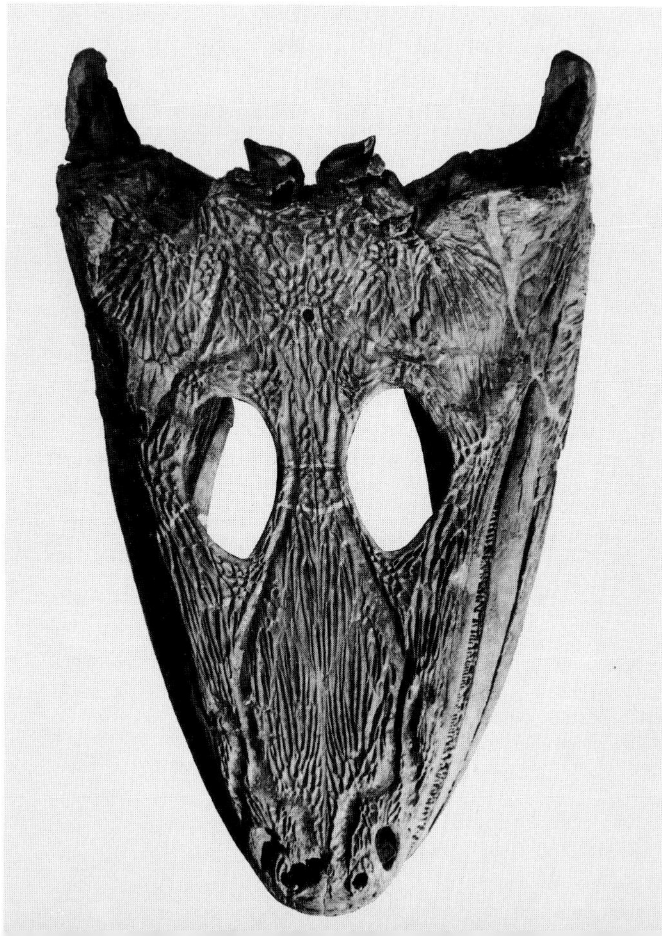

126

Abb. 144 Schädel und Skelett des Dachschädlerlurches Metoposaurus aus dem Mittleren Keuper (Schilfsandstein) von Hanweiler bei Winnenden. Links: Blick auf die Unterseite mit den Brustpanzerplatten. Rechts: Blick auf die Oberseite. Länge etwa 1 m.

Abb. 145 Ausguß eines Schädelabdrucks (teilweise ergänzt) des Dachschädlerlurches Cyclotosaurus aus dem Mittleren Keuper (Schilfsandstein) von Magstadt. Länge 46 cm.

Abb. 146 Schädel des Dachschädlerlurches Mastodonsaurus aus dem Unteren Keuper (Lettenkeuper) von Kupferzell von oben. Länge etwa 60 cm.

grosse Zahl von Theilen des übrigen Skelets. . . . Sie bestand aus einer Anzahl zum Theil centnerschwerer Blöcke. . . . . Die Blöcke rührten, nach der Versicherung des Herrn Einsenders, von ein und derselben Stelle des Flözes her, auch passten die seitlichen Bruchflächen derselben grösstentheils gut an einander, so dass zu hoffen war, vielleicht ein vollständiges Skelet des Thieres in seiner natürlichen Lage . . . zu erhalten. Bei der mühsamen Herausarbeitung, wobei die sehr mürben Knochen stets eher als die Gebirgsart brachen, konnte nur Schritt vor Schritt gearbeitet, die Knochenfragmente mussten sogleich nach ihrer Entblössung wieder zusammengeleimt werden, und in Ermanglung einer festen Unterlage . . . mußten die Knochenreste ganz ausgearbeitet und die Ermittlung ihrer gegenseitigen Lage grösseren Theils davon abhängig gemacht werden, ob die Knochen sich nach ihren neuen Bruchflächen zu einem Ganzen aneinanderreihen liessen. Lezteres ist wenigstens grösstentheils gelungen«[359]. »Die zweite Sendung des Hrn. Kaufmanns Dietrich, im J. 1833, lieferte . . . den in seltener Vollständigkeit erhaltenen Schädel«[360]. »Die dritte Sendung von Gaildorf erfolgte im J. 1840. Sämmtliche Knochen waren wieder in grosse Blöcke . . . eingeschlossen; allein sie waren weit weicher und bröcklicher, und daher auch viel mehr zersplittert, als die der ersten beiden Sendungen, daher die vollständige Restituirung eines grossen Theils dieser Knochen, namentlich des Schädels, dessen stark verkieste hintere Partie noch überdiess durch die Gebirgshaue gewaltig zerarbeitet worden war, nicht bewerkstelligt werden konnte«[361].

Für die wissenschaftliche Bearbeitung der Gaildorfer Mastodonsaurier – und anderer Saurier aus dem Keuper[362] – hatte Theodor Plieninger die Hilfe des Frankfurter Privatgelehrten Hermann von Meyer[363] erbeten und erhalten. »Mein sehr verehrter Freund Hermann von Meyer sollte mir über die Diagnose dieser wichtigen Thierreste nähere Aufschlüsse geben. Ein Besuch bei ihm im Herbste 1841[364] krönte meine Hoffnung mit erwünschtem Erfolge. Die Masse der gründlichsten Vorarbeiten, welche ich bei ihm antraf, überzeugte mich, dass nur er imstande sey, da, wo ich noch Manches zu lernen hätte, mit der Sicherheit des Meisters in der Diagnose zu Werke zu gehen«[365]. Zwei Jahre später hatten beide ihre Arbeit abgeschlossen; 1844 war sie im Buchhandel erhältlich[366].

Auf sich allein gestellt brauchte Theodor Plieninger mehr Zeit für die wissenschaftliche Bearbeitung neuer Funde. Im Mai 1847 hatte der Stuttgarter Zigarrenfabrikant Gottlieb Albert Reiniger[367] auf dem Grundstück seiner Schwiegereltern bei Degerloch, aber noch auf Stuttgarter Markung, »ein, bis auf den Schädel, welcher nicht aufgefunden wurde, vollständiges fossiles Skelett eines Sauriers . . . in der obersten, den grobkörnigen Keuper- oder Stuben-Sandstein überlagernden Schichte des Keupermergels«[368] entdeckt. »Entsprechend der Freundlichkeit des Besitzers, welcher« Plieninger »bald nach Entdeckung des Fossils von seinem Funde Nachricht gegeben und seine Mitwirkung erbeten hatte, sagte dieser demselben eine wissenschaftliche Bearbeitung des Fundes zu, sobald eine wissenschaftliche Diagnose durch weitere, zu einer Vergleichung mit Bekanntem hinreichende Thatsachen, ins Besondere durch Auffindung des Kopfes, möglich werden würde«[369].

Die Suche nach dem Schädel blieb allerdings erfolglos. »Denn nach mündlichen Angaben des Entdeckers über die Lage des Fossils ist es wahrscheinlich, dass dasselbe in schiefer Richtung gegen die Wandfläche bergeinwärts in der Art gelagert war, dass die hinteren Extremitäten, Füsse und Schwanz, am tiefsten im Gestein stacken, die vorderen Theile des Skeletts dagegen und namentlich also der Schädel ihre Lage vor der zur Zeit der Entdeckung des Skeletts vorhandenen Grubenwand gehabt haben mussten.«[370] Demnach war der Schädel »schon längst mit der Mergelmasse, in die er gebettet sein mochte, zur Bodenverbesserung in die angrenzenden Weinberge geschafft worden«[370].

Schon die Suche nach dem Schädel hatte die wissenschaftliche Bearbeitung verzögert. Zeitraubend war auch die Präparation des Fossils. Da Plieninger die Veröffentlichung über den Fund schon mehrfach angekündigt hatte[371], wurde er gedrängt, die Arbeit rasch abzuschließen. Beabsichtigt war, sie im letzten Heft des Jahrgangs 8 (1852) der »Jahreshefte des Vereins für vaterländische Naturkunde in Württemberg« abzudrucken. Widerwillig lieferte Plieninger im Herbst 1855 die Zeichnungen ab; den Text beendete er erst im Sommer 1857. Die »darauf zu gründende Uebereilung der wissenschaftlichen Bearbeitung« gab er als »Erklärung der Eilfertigkeit dieser Arbeit« aus[372]. Der Ausschuß[373] des Vereins entgegnete allerdings, »es kann also eine Uebereilung und eine Eilfertigkeit dieser Arbeit aus Mangel an Zeit nicht wohl begründet erscheinen, wenn man hiezu 8 Jahre Zeit hatte«. Außerdem sei es unerträglich, »wenn wegen ungeordneten Manuscripts, unerhörter Correctur und unmässigen Einschaltungen bei der Revision der Belodon-Beschreibung die Vereinskasse mit einer nicht unbeträchtlichen ausserordentlichen Ausgabe belastet wird«[374].

Wegen dieser Vorgänge hatte Plieninger schon 1856 im Groll dem Verein den Rükken gekehrt, den er 12 Jahre zuvor mitgegründet hatte. Damit endete auch seine vorher so fruchtbare Beschäftigung mit den Sauriern der Trias.

Die Ursache des Zerwürfnisses allerdings, den Saurier ohne Kopf, stiftete Gottlieb Albert Reiniger im Jahre 1857 der Sammlung des Vereins, aus dem Plieninger ausgetreten war. Mit dieser Sammlung gelangte der Fund 1864 in die Obhut des Naturalienkabinetts[375]. Auch Plieningers eigene Sammlung wurde nach seinem Tode von den Erben der Vereinssammlung übergeben[376].

Plieninger nannte den Fund Gottlieb Albert Reinigers fälschlicherweise »Belodon«. Diese Sauriergattung gehört zu den Phytosauriern; der Reinigersche Fund ist dagegen ein Dinosaurier. In dieselbe Gruppe gehört auch ein weiteres Skelettfragment, das Theodor Plieninger bei der Suche nach dem Schädel des Reinigerschen Fundes bei Degerloch entdeckt hatte. Dieses Tier muß zu Lebzeiten eine Körperlänge von gut acht Metern gehabt haben und erreichte, auf den Hinterbeinen aufgerichtet, eine Körperhöhe von über vier Metern. In einer Bearbeitung der Dinosaurier aus der Trias von Friedrich von Huene (vgl. Anm. 407) wird es als Gresslyosaurus Plieningeri bezeichnet (F. von Huene 1907/08, S. 117). Der Name Gresslyosaurus erinnert an den Schweizer Geologen Amanz Gressly (geb. 17. 7. 1814 in Bärschwil südlich Basel, Erforscher der Zusammenhänge zwischen Ablagerungsmilieu, Gesteinsausbildung und Fossilführung, Schöpfer des darauf beruhenden Faziesbegriffs, gest. 13. 6. 1865 in der Irrenanstalt Waldau bei Bern).

Abb. 147 Becken des Dinosauriers, den Gottlieb Albert Reiniger im Jahre 1847 unterhalb von Stuttgart-Degerloch im Mittleren Keuper (Knollenmergel) entdeckte, in der Darstellung von Theodor Plieninger (1857). Breite des Beckens etwa 40 cm.

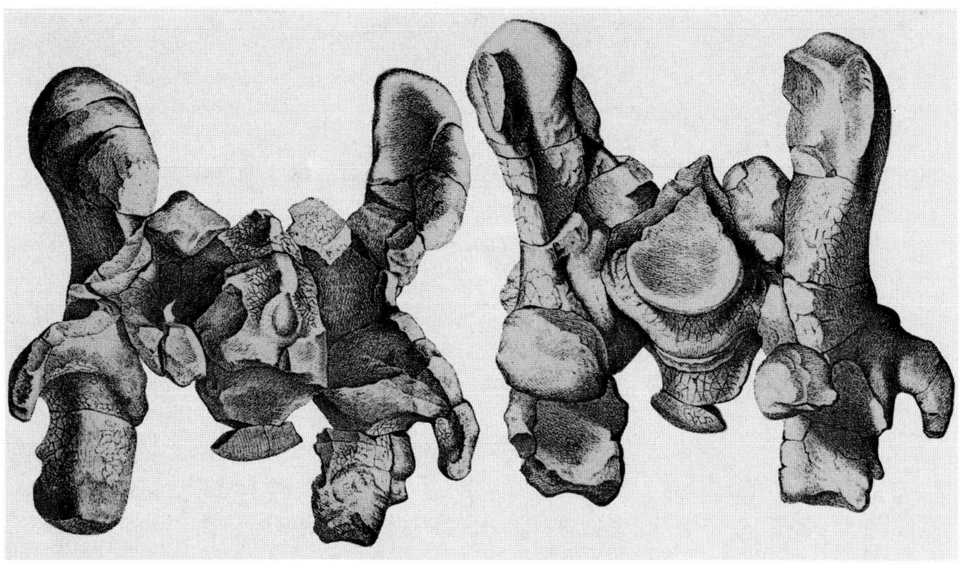

Abb. 149 Wedel des Farnes Lepidopteris stuttgardiensis aus dem Mittleren Keuper (Schilfsandstein) der Feuerbacher Heide bei Stuttgart. Länge des Wedels 25 cm.

Abb. 148 Zwei Wirbel des Dinosauriers Gresslyosaurus aus dem Mittleren Keuper (Knollenmergel) unterhalb von Stuttgart-Degerloch. Höhe der Wirbel 24 cm.

Abb. 150 Schädel des Dachschädlerlurches Mastodonsaurus von der Gaumenseite, aus dem Unteren Keuper (Lettenkeuper) von Kupferzell. Länge 67 cm.

Abb. 151 Skelett des Dachschädlerlurches Plagiosuchus aus dem Unteren Keuper (Lettenkeuper) von Kupferzell. Länge etwa 50 cm.

Abb. 152 Ausschnitt aus der Gruppe von Adlerkopfechsen (Gattung Aëtosaurus) aus dem Mittleren Keuper (Stubensandstein) von Stuttgart-Kaltental. Länge einer Echse etwa 80 cm.

Die Aëtosaurus-Gruppe

Ein anderer Fossiliensammler, der Bedeutendes zu der Kenntnis der Saurier des württembergischen Keupers beigetragen hat, war der Oberkriegsrat Sixt Friedrich Jakob von Kapff[377]. Da ihn seine Tätigkeit am Oberkriegsgericht weder zeitlich allzusehr in Anspruch nahm noch ihm die rechte geistige Befriedigung bot, betätigte er sich ab den fünfziger Jahren des letzten Jahrhunderts als Sammler und Präparator von Wirbeltieren des Keupers aus der Stuttgarter Umgebung.

Im Jahre 1857 hatte Kapff im Stubensandstein[378] oberhalb von Stuttgart einen verkieselten Baumstamm entdeckt, und dies war ihm Anlaß genug, den Stubensandstein im Stuttgarter Tal gründlicher zu untersuchen. Erste Funde von »Knochenresten eines oder mehrerer gavialartiger Reptilien«[379] stammten aus einer Grube in der Nähe von Heslach. Sechs Monate lang sammelte Kapff unentwegt; dann hatte er so viel und teilweise auch so gut erhaltenes Material zusammengebracht, daß die Auswertung beginnen konnte.

Hermann von Meyer, der die wissenschaftliche Bearbeitung übernommen hatte, schilderte auch die Schwierigkeiten der Präparation, einer Arbeit, »zu deren Ausführung bei der Härte des Gesteins und der Weichheit der meist an der Luft zerfallenden Knochen, eben so viel Geschick als Kenntnisse erforderlich sind. Mit welcher Mühe diese Vorarbeit verknüpft war, wird erkannt werden, wenn ich anführe, dass um den Knochen zu schonen die Körner des Sandsteins einzeln mit Englischen Nadeln entfernt werden mussten«[380]. »Jeder blossgelegte Theil des Knochens und Zahnes wurde sogleich mit dünnem Gummiwasser getränkt und sorgfältig getrocknet, ehe die Arbeit fortgesetzt werden konnte«[381].

Zunächst schien es, als ob an die Bergung vollständiger Schädel wegen der Größe und Zerbrechlichkeit der Knochen nicht zu denken sei. »Den unausgesetzten Bemühungen des Herrn Kriegsraths Dr. Kapff ist es gleichwohl gelungen, bald darauf einen vollständigen Schädel . . . aufzufinden« und dazu hin »sogar noch einen zweiten vollständigen Schädel derselben Species, in dessen Nähe . . . der dazugehörige vollständige Unterkiefer lag. Diese Prachtstücke, welche alles übertreffen, was der Stubensandstein je geliefert hat, bilden jetzt eine Zierde des Königlichen Naturalien-Kabinets zu Stuttgart«[382]. Was am Schädel besonders beeindruckte, war »die Stellung der Nasenlöcher, welche nicht wie bei den gegenwärtigen und fossilen Krokodilinen am vorderen Ende der Schnautze, sondern unmittelbar vor den Augenhöhlen« lagen[383].

Fortan waren die Heslacher Steinbrüche das hauptsächliche Tätigkeitsfeld Kapffs. »Ein ebenso eifriger und kundiger Sammler als sorgsamer und gewissenhafter Präparator der Reste machte er es sich die ganze Zeit über zur Aufgabe, die Arbeiter für jedes noch so unbedeutende Bruchstück, das sie ihm brachten, zu belohnen, ihren Eifer und ihre Aufmerksamkeit durch Geschenke anzuspornen und schliesslich mit unendlicher Geduld die Reste aus der Sandmasse herauszufördern«[384].

Der Lohn für diese Mühe war der Fund der Aëtosaurus-Gruppe bei Kaltental oberhalb von Heslach. Im dortigen Steinbruch stießen die Arbeiter »auf eine Anzahl lichtblauer[385] Knochen und Schuppen, deren Farbe sich gegen das übrige Gestein scharf abhob. Als gut gezogene Arbeiter sammelten sie (Frühjahr 1875) auf das sorgfältigste alle Bruchstücke, die beim Ausbrechen der Bank entstunden und brachten sie dem langjährigen Abnehmer aller ihrer Funde. Mit grösster Umsicht

Phytosaurier oder Krokodilsaurier sind aus dem württembergischen Keuper mit zwei unterschiedlichen Gattungen bekannt. Die Heslacher Funde gehören zu Nicrosaurus (übersetzt: Neckarsaurier), der mit seiner breiten Schnauze an den heutigen Alligator erinnert. Auf dem Nasenbein erhebt sich eine charakteristische Knochenwucherung. Sie deutet auf ein hornähnliches Gebilde hin, das jedoch fossil nicht erhalten ist. Die zweite Gattung, Mystriosuchus, besitzt eine lange und schmale Schnauze und erinnert dadurch an den heutigen indischen Gavial. Die besten Funde von Mystriosuchus stammen aus dem Stubensandstein von Aixheim bei Spaichingen. 1896 wurde dort ein Schädel mit großen Teilen des Rumpfskeletts entdeckt und vom Reallehrer Lorenz Haug (vgl. Anm. 399) der Stuttgarter Naturaliensammlung überlassen.
Ein noch nicht präpariertes Skelett eines Phytosauriers wurde 1945 bei Murrhardt geborgen.

Abb. 153 Schädel und Unterkiefer des Krokodilsauriers (Phytosauriers) Nicrosaurus aus dem Mittleren Keuper (Stubensandstein) von Stuttgart-Heslach. Länge etwa 80 cm.

Abb. 154 Lebensbild des Krokodilsauriers Nicrosaurus.

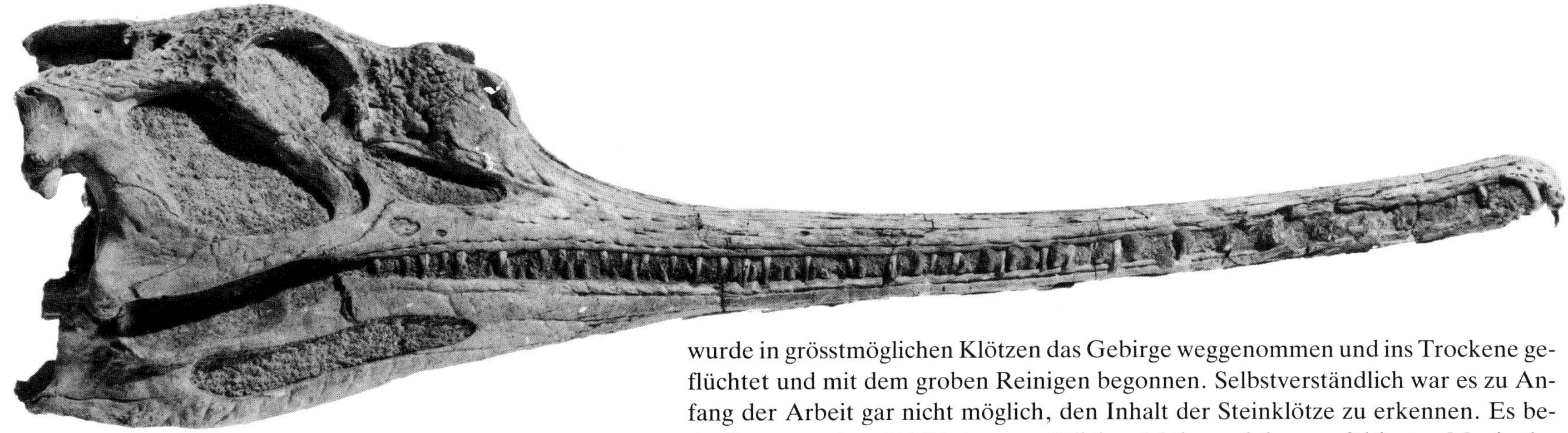

Abb. 155 Schädel des Krokodilsauriers (Phytosauriers) Mystriosuchus aus dem Mittleren Keuper (Stubensandstein) von Aixheim bei Spaichingen. Länge etwa 70 cm.

30 Jahre dauerte es, bis nach dem Heslacher Fund erneut Aëtosaurier entdeckt wurden. Im Sommer 1907 übergab Albert Burrer (geb. 27. 9. 1866 in Gündelbach, gest. 1. 1. 1939 in Berlin), Steinbruchbesitzer in Maulbronn, der den sogenannten Weißen Steinbruch im Gemeindewald von Pfaffenhofen auf der Höhe des Strombergs betrieb, der Stuttgarter Naturaliensammlung Knochenreste, die zu Aëtosaurus gehörten (vgl. E. Fraas 1907). Der Weiße Steinbruch war von 1902 bis 1914 in Betrieb. Er diente dem Abbau von Stubensandstein als Baumaterial. Während der Arbeiten wurde, auch im überlagernden Knollenmergel, sorgfältig auf Funde geachtet. Im Laufe der Jahre wurde eine große Zahl bedeutsamer Fossilien geborgen. Außer dem Aëtosaurus-Rest kamen Knochen, Schädel und Skelett-Teile von Dachschädlerlurchen, Krokodilsauriern, frühen Krokodilen und Dinosauriern zutage. Vor allem unter den Dinosauriern sind einzigartige Formen besonders erwähnenswert; einige zeichnen sich durch zweibeinige, teils sogar hüpfende Fortbewegung aus. Der Weiße Steinbruch im Stromberg zeigt somit wie kaum eine andere Lokalität die ganze Vielfalt der Saurier aus dem Keuper. Er ist heute als Naturdenkmal geschützt.
Weitläufig mit den Aëtosauriern verwandt scheint Dyoplax zu sein. Der einzige Fund dieser Gattung kam im Sommer 1867 in einem Steinbruch »hart vor den Thoren Stuttgarts am Fuß des Sonnenbergs« beim Zurichten von Mauersteinen zum Vorschein. Er war ganz ungewöhnlich erhalten. »Das Ganze, was so schön in die Augen fällt, ist leider nur ein ganz feiner, grüner Thonschlick, der das Bild des Thieres wiedergibt. Wir haben somit lediglich nur einen Abklatsch . . . in feinem Thon, während der Körper längst spurlos verschwunden ist.« Vgl. O. Fraas 1867b.

wurde in grösstmöglichen Klötzen das Gebirge weggenommen und ins Trockene geflüchtet und mit dem groben Reinigen begonnen. Selbstverständlich war es zu Anfang der Arbeit gar nicht möglich, den Inhalt der Steinklötze zu erkennen. Es bedurfte zuvor einer $1^1/_2$jährigen unsäglichen Mühe und der sorgfältigsten Manipulation, um mit der Nadel Sandkorn um Sandkorn von der umhüllenden Decke wegzunehmen und im Laufe dieser Zeit ein Individuum um das andere blosszulegen. So entstund die vorliegende Gruppe von Eidechsen«[386]. . . »Auf dem engen Raum von nicht ganz 2 Quadratmeter Grundfläche liegen 24 Individuen derselben Art. An ihrer natürlichen Lage im Gebirge ist nichts geändert: wir haben sie vollkommen in dem Zustande vor uns, wie sie aus dem Gebirge ausgearbeitet wurden« . . . »Bei einzelnen Stücken fühlt man sich versucht, zur Erklärung ihrer Lage wirklich an letzte Lebensaugenblicke zu denken« . . . »Doch wird bei dem fortgeschrittenen Zustand der Maceration[387] der Cadaver in Wirklichkeit nicht daran festzuhalten sein, dass wir in den vorliegenden Resten die letzten Lebensäusserungen vor dem Augenblick des Todes wiedergegeben finden. Die natürliche Gruppirung der Reste spricht vielmehr nur dafür, dass diese alle in den Tümpel hineingetrieben wurden«[388].
Die Aëtosaurus-Gruppe aus der Hand Kapffs war für seine Zeitgenossen »ebenso ein Denkmal der wunderbar schaffenden und nicht minder wunderbar erhaltenden Natur, als auch ein Denkmal menschlicher Kunstfertigkeit im anatomischen Präpariren urältester Fossile«[388]. »Kapffs Arbeiten können nur mit den Arbeiten eines Bildhauers verglichen werden, der Leben und Gefühl seinem Marmor einhaucht«[389].

Abb. 156 Rekonstruktion des Skeletts der Dinosaurier Saltoposuchus und Procompsognathus aus dem Mittleren Keuper (Stubensandstein) von Pfaffenhofen. Nach E. Kuhn-Schnyder 1974.

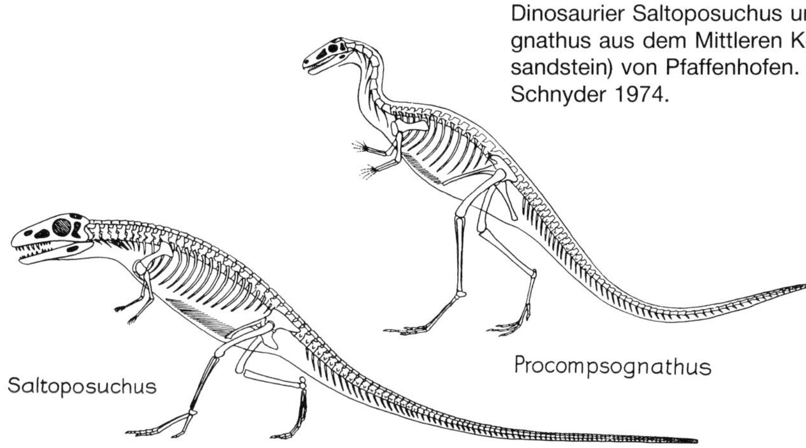

Schon zu Anfang der sechziger Jahre des 19. Jahrhunderts hatte Kapff im Stubensandstein »Spuren von Schildkröten« entdeckt, »deren Existenz zwar gesichert ist, aber zur näheren Diagnose noch weiterer Erfunde bedarf«[390]. Es dauerte allerdings noch über 20 Jahre, bis der erste der erhofften Funde geborgen wurde. Steinbrucharbeiter hatten bei Neuenhaus[391] im östlichen Schönbuch einen Sandsteinblock gefunden und beiseite gelegt, der lange später, am 13. Mai 1885[392], dem Forstrat Friedrich August Tscherning[393] auffiel. Dieser glaubte, »Anzeichen von irgend einem Wirbeltier«[394] zu sehen und schaffte den Block, der 82 Kilogramm wog, nach Tübingen. Dort übergab er ihn seinem ehemaligen Lehrer Friedrich August Quenstedt, der das Stück säubern ließ und zu seinem Erstaunen einen etwas unvollständigen Steinkern[395] einer großen Schildkröte erblickte.

Quenstedt zeigte den Fund manchem Fachkollegen, war aber doch recht bestürzt, als einer unter ihnen, der deutsch-amerikanische Wirbeltierpaläontologe Georg Baur[396], ihn ohne sein Einverständnis anläßlich der Jahrestagung des Oberrheinischen Geologischen Vereins in Metzingen 1887 als Proganochelys Quenstedtii publizierte. Trotzdem bleibt es Baurs Verdienst, erstmals zweifelsfrei das Vorkommen und Aussehen von Schildkröten aus der Trias-Zeit beschrieben zu haben[397]. Bis dahin waren nämlich Schildkröten erst aus dem oberen Jura und jüngeren Schichten eindeutig in ihrer Gestalt bekannt gewesen.

Da an der Schildkröte von Neuenhaus keine Knochensubstanz mehr erhalten war, blieben viele Fragen ungeklärt. Deshalb wurde ein erneuter Fund mit Spannung er-

Abb. 157 Panzer der Schildkröte Proterochersis aus dem Mittleren Keuper (Stubensandstein) von Murrhardt. Länge etwa 35 cm.

Abb. 158 Steinkern der Schildkröte Proganochelys aus dem Mittleren Keuper (Stubensandstein) von Neuenhaus in der Darstellung durch Friedrich August Quenstedt (1889). Länge etwa 55 cm.

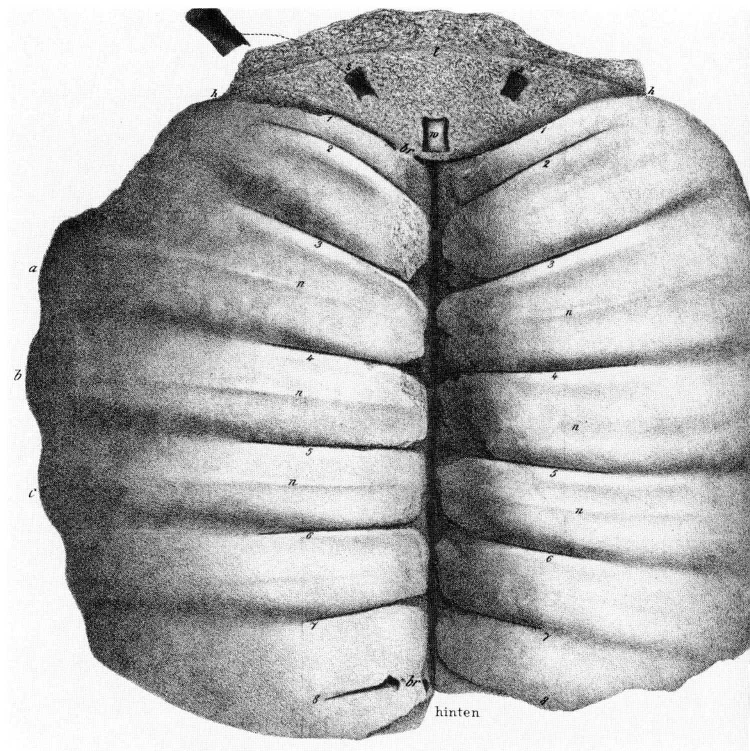

wartet. Im Dezember 1897 kam ein solcher bei Aixheim zwischen Rottweil und Spaichingen nach einem Sprengschuß in einem Steinbruch im Stubensandstein ans Tageslicht[398].

Der Spaichinger Lehrer Lorenz Haug[399], der schon andere Funde aus Aixheim dem Stuttgarter Naturalienkabinett überlassen hatte, übergab auch dieses Stück dem Stuttgarter Museum. »Der Erhaltungszustand . . . war ein sehr ungünstiger«, erinnerte sich Eberhard Fraas[400]. »Der Schuss hatte die Blöcke gerade auf der Bruchfläche des Panzers zerrissen, so dass Knochenfetzen bald auf der konkaven, bald auf der konvexen Spaltungsfläche lagen. Dicke Schichten von Eis hatten sich bei der kalten Witterung darüber gelegt und drohten die an sich weiche und mürbe Knochensubstanz in einen Brei aufzulösen. Zudem waren die Knochenfetzen auf ein Trümmerwerk von Blöcken verteilt, die ein Gewicht von ca. 20 Centner hatten und deren Zusammenfügen und Orientierung zunächst ein Ding der Unmöglichkeit schien. Es gehörte wirklich der Blick eines Kenners und mit diesem Erhaltungszustand vertrauten Mannes, wie es Herr Haug ist, dazu, um trotzdem mit unendlicher Sorgfalt trotz Eis und Schnee zu retten, was noch zu retten war.«

Nach der Überführung nach Stuttgart ließ Eberhard Fraas die Sandsteinblöcke sofort in ein Gipsbett eingießen und dann bis auf die Knochenreste abpräparieren. »Was dies aber bei der Festigkeit des Materials, das oft den scharfen Stahlmeisseln Hohn sprach, und bei der Grösse der abzuarbeitenden Masse, die manchmal gegen 30 cm Dicke betrug, heissen will, lässt sich kaum beurteilen. Fünf volle Monate hat mein Präparator Oberdörfer[401], dem ich auch hier den gebührenden Dank und die Anerkennung aussprechen will, ohne Unterbrechung das Stück in Arbeit gehabt, und schließlich ein Meisterwerk der Präparierkunst geliefert, das ihm wie unserer Sammlung zur Ehre gereicht«[400].

Auch der Fund einer dritten Schildkröte aus dem Keuper verlief nicht ohne Komplikationen. Im Sommer 1904 übergab ein Weingärtner aus Rohracker auf den Fildern Eberhard Fraas »ein kleines, aber doch als Keuperschildkröte unverkennbares Bruchstück« . . . »Der Finder hatte beim Rigolen[402] seines Weinbergs in 1 m Tiefe die unteren Lagen des Stubensandsteins ausgebrochen und war dabei auf die offenbar vollständig erhaltene Schale einer Schildkröte gestoßen. Wie es aber so häufig geht, hatte er der Sache keinen Wert beigelegt, das Stück zerschlagen und die Trümmer bis auf das eine mir übergebene Stück wieder eingebettet. Da aber der Platz genau bekannt war, glaubte« Fraas »bei der Wichtigkeit des Fundes keine Mühe und Kosten scheuen zu dürfen und ließ nochmals den betreffenden Teil des Weinbergs bis auf den gewachsenen Grund umarbeiten und nach Bruchstücken der Schildkröte absuchen. Dabei gelang es auch noch einzelne Trümmer zusammenzufinden, aber die Ausbeute entsprach keineswegs den Erwartungen«[403].

Um so besser erhalten waren dann die Funde, die in den nächsten Jahrzehnten in Württemberg zutage kamen[404]. Heute kennt man über ein Dutzend Schildkröten aus der europäischen Trias. Mit einer einzigen Ausnahme, einem im August 1912 geborgenen Skelett aus dem Knollenmergel von Halberstadt[405], stammen sie alle aus Württemberg. Außerhalb Europas sind Schildkröten, die älter sind als der obere Jura, nur ganz vereinzelt gefunden worden. Es ist eigenartig, daß schon die Schildkröten der Trias, welche eindeutig Landbewohner waren, alle kennzeichnenden Merkmale dieser Tiergruppe aufweisen. Demnach müssen die Stammformen der Schildkröten wesentlich früher gelebt haben; bekannt sind sie jedoch nicht.

Zuerst dachte Walter Reiff (geb. 14. 4. 1905 in Grabenstetten, Studium und Habilitation für Geologie in Tübingen, später in anderen Berufen tätig, gest. 30. 4. 1984 in Bisingen), damals Student am Geologisch-Paläontologischen Institut der Universität Tübingen, er habe eine fossile Schildkröte gefunden, als er am 27. Januar 1934 auf der linken Talseite des Goldersbaches zwischen Bebenhausen und dem Tübinger Vorort Lustnau in einer Steinmergelknolle des oberen Gipskeupers auf Knochen stieß. Die sofortige Präparation zeigte jedoch, daß es sich um Reste einer Pflasterzahnechse (eines Placodontiers) handelte. Eine Nachsuche noch im selben Monat ergab ein zweites Exemplar (vgl. F. von Huene 1934). Grabungen in den Jahren 1935–1937 (vgl. W. Reiff 1937) blieben ergebnislos; 1955–1957 (vgl. W. Fischer 1959) lieferten sie fünf weitere Skelette. Die Lustnauer Pflasterzahnechsen sind die einzigen ihrer Art. Im Unter- und Oberkiefer tragen sie je ein Paar der charakteristischen schwarzen, bohnenförmigen Zähne.

Bei Verwandten aus dem Muschelkalk waren diese Zähne noch wesentlich zahlreicher. Guterhaltene Schädel wurden 1928 und 1933 bei Crailsheim entdeckt. Der vollständigste Fund einer Pflasterzahnechse aus dem Muschelkalk stammt allerdings von Steinsfurt bei Sinsheim. Dort fand der Sammler Reinhold Hermann Michael König (geb. 6. 11. 1862 in Steinmauern, Redakteur in Heidelberg, gest. 26. 11. 1921 in Speyer) im Jahre 1915 in Gesteinstrümmern, die zu Straßenschotter zerschlagen worden waren, erste Reste. »Nach stundenlangem Sammeln, wobei alle Schotterhaufen Stück für Stück durch seine Hand gingen, brachte der verdiente Mann alle noch vorhandenen Bruchstücke des kostbaren Fundes zusammen« (vgl. F. Drevermann 1931). Das Senckenberg-Museum in Frankfurt am Main erhielt die Trümmer zunächst als Leihgabe; erst nach dem Tode des Finders gingen sie dank der Unterstützung von Bankdirektor Arthur von Gwinner ins Eigentum des Museums über. Der Präparator Christian Strunz (geb. 26. 1. 1878 in Bayreuth, seit 1909 als Präparator am Senckenberg-Museum, gest. 30. 1. 1940; vgl. R. Richter 1940) legte die Reste in jahrelanger Arbeit frei und konnte schließlich aus 334 einzelnen Knochen ein vollständiges Skelett montieren. Vgl. F. Drevermann 1933.

Abb. 159 Pflasterzahnechse Henodus aus dem Mittleren Keuper (Gipskeuper) von Tübingen-Lustnau. Länge des Skeletts etwa 1,2 m.

Die vollständigsten Reste württembergischer Schildkröten aus dem Keuper stammen aus dem Knollenmergel (vgl. S. 12) von Trossingen, doch ist die dortige Fundstelle vor allem wegen ihrer Dinosaurier berühmt geworden. Am Nordhang des Trosselbachtals bei der Oberen Mühle östlich von Trossingen hatten Verwitterung und Hanggleitungen den Untergrund bloßgelegt, der bei Nässe der Trossinger Schuljugend als »Rutschete« diente. Beim vergnügten Rutschen fanden Kinder schließlich Knochenbruchstücke, die sie ihrem Lehrer Gottlob Friedrich Munz[406] zeigten. Dieser benachrichtigte im Jahre 1904 den Tübinger Paläontologen Friedrich von Huene[407].

Abb. 160 Friedrich von Huene (1875–1969).

Friedrich von Huene wurde am 22. März 1875 in Tübingen geboren. Sein Vater, Baron Hoyningen genannt Huene, war dort Theologe, stammte jedoch aus dem Baltikum. Schon 1876 zog die Familie nach Basel, wo Friedrich von Huene den Chemiker und Amateur-Paläontologen Eduard Greppin[408] kennenlernte, der in ihm das Interesse für Fossilien weckte. 1895 begann er mit dem Studium, das er nach einigen Semestern in Lausanne und Basel in Tübingen fortsetzte. Zunächst beschäftigte er sich mit wirbellosen Fossilien, denen auch seine Dissertation[409] galt. Schon bald wandte er sich jedoch den fossilen Wirbeltieren, darunter speziell den Sauriern, zu. Seine Habilitationsarbeit aus dem Jahre 1902 war »Übersicht über die Reptilien der Trias« genannt, und die Saurier, vor allem aus der Trias-Zeit, ließen ihn sein ganzes Leben lang nicht mehr los.

Nachdem Friedrich von Huene 1904 von den Trossinger Funden erfahren hatte, konnten aus Geldmangel zunächst keine weiteren Nachforschungen angestellt werden. Erst 1911 gelang es Eberhard Fraas, eine Grabung durchzuführen, welche zunächst die vordere Hälfte eines Dinosaurierskeletts »mit Schädel, Hals und Vorderpfoten in prachtvoller Erhaltung«[410] lieferte und schließlich das vollständigste bis dahin bekannte Exemplar eines großen Dinosauriers aus dem Keuper erbrachte. Anfänglich hielt Eberhard Fraas die Trossinger Funde für artgleich mit dem Dinosaurier, den Gottlieb Albert Reiniger bei Degerloch geborgen hatte, später[411] betrachtete er den »schwäbischen Lindwurm« von Trossingen, der 1913 in der Stuttgarter Naturaliensammlung aufgestellt wurde, als eine besondere Art.

Schon bei der Ausgrabung im Jahre 1911 wurde deutlich, daß im Knollenmergel von Trossingen nicht etwa ein einzelner Saurier eingebettet lag, sondern daß die »Massenanhäufung von Saurierknochen« dadurch zustande kam, »daß diese gewaltigen Tiere der Urzeit herdenweise in Morästen und Sümpfen versunken und uns auf diese Weise erhalten sind«[412]. Eine weitere Grabung versprach deshalb, zusätzliche Funde zu liefern. Als im Jahre 1920 der amerikanische Paläontologe William Diller Matthew[413] anläßlich eines Aufenthaltes in Tübingen davon erfuhr, schlug er Friedrich von Huene vor, eine gemeinsame Grabung zu veranstalten. Finanziert werden sollte sie mit Mitteln des American Museum of Natural History in New York; die eine Hälfte der Ausbeute sollte in Tübingen verbleiben, die andere Hälfte nach New York gegeben werden[414].

Im Sommer 1921 begann die Grabung, die bis 1923 dauerte. Zusätzlich zur amerikanischen Finanzierung wurde sie von den Fabrikanten Karl Koch[415] und Matthias und Andreas Hohner[416] aus Trossingen großzügig unterstützt. Mehr noch als die Geldmittel, die in der damaligen Inflation schnell aufgezehrt waren, halfen die bereitge-

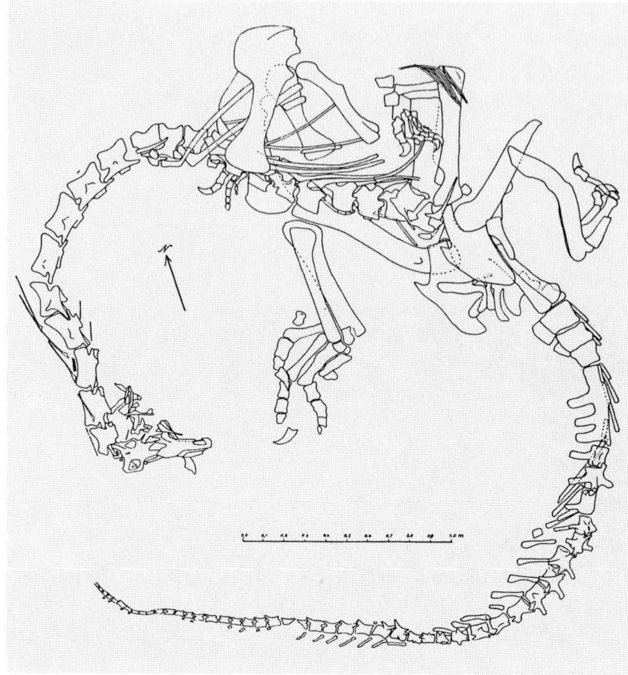

Abb. 161 Die Trossinger Sauriergrabung des Jahres 1932.

Abb. 162 Dinosaurierskelett in Fundlage aus der Trossinger Sauriergrabung des Jahres 1932, im Zweiten Weltkrieg zerstört. Nach R. Seemann 1933.

stellten Arbeitskräfte, Fuhrwerke und Lastautos[417]. Die Grabung wurde von Tübinger Studenten unter der Anleitung Friedrich von Huenes und seines Präparators Georg Wetzel[418] durchgeführt. »An der Fundstelle« war »ein feldmäßiges Lager aufgeschlagen«[419]; man lebte in Zelten, und es ging spartanisch zu. Schon die Inflationszeit verhinderte ein üppiges Leben, aber auch Friedrich von Huene war jeglichem Luxus abhold. Er selbst war außerordentlich anspruchs- und bedürfnislos und erwartete dies auch von seinen Mitarbeitern. Zu essen gab es Haferflocken, die von Huene im Großen günstig eingekauft hatte. Studenten und Präparator waren dieser Kost bald überdrüssig, und das umso mehr, als Mäuse das Vorratszelt ausgemacht hatten und ihre Hinterlassenschaften den Haferflocken beigemengt waren. Präparator Wetzel schlug daraufhin vor, die verunreinigten Lebensmittel wegzuwerfen, doch von Huene ließ die Studenten den Mäusekot von Hand aussortieren und die so »gereinigten« Haferflocken erneut auftischen. Schließlich setzte ein Unwetter die Vorräte unter Wasser. Die Freude der Studenten, daß die Haferflocken nunmehr endgültig unbrauchbar geworden und andere Nahrungsmittel zu beschaffen waren, war verfrüht: Von Huene fuhr nach Rottweil und kaufte erneut Haferflocken im Großen günstig ein.

Am Ende der Trossinger Grabung während der Inflation hatte das Ergebnis die Mühe gelohnt: Skelette und Skelett-Teile von 14 Individuen waren geborgen worden. Die Hoffnung der Trossinger, »daß von der reichen Ausbeute auch einige interessante Stücke in unserem künftigen Heimatmuseum gezeigt werden können«[420], ging allerdings nicht in Erfüllung. Erst Ende der siebziger Jahre wurden vom Staatlichen Museum für Naturkunde in Stuttgart unter tatkräftiger Hilfestellung von seiten der Stadt Trossingen Skelettabgüsse des Erstfundes von 1911 hergestellt und aufgebaut[421].

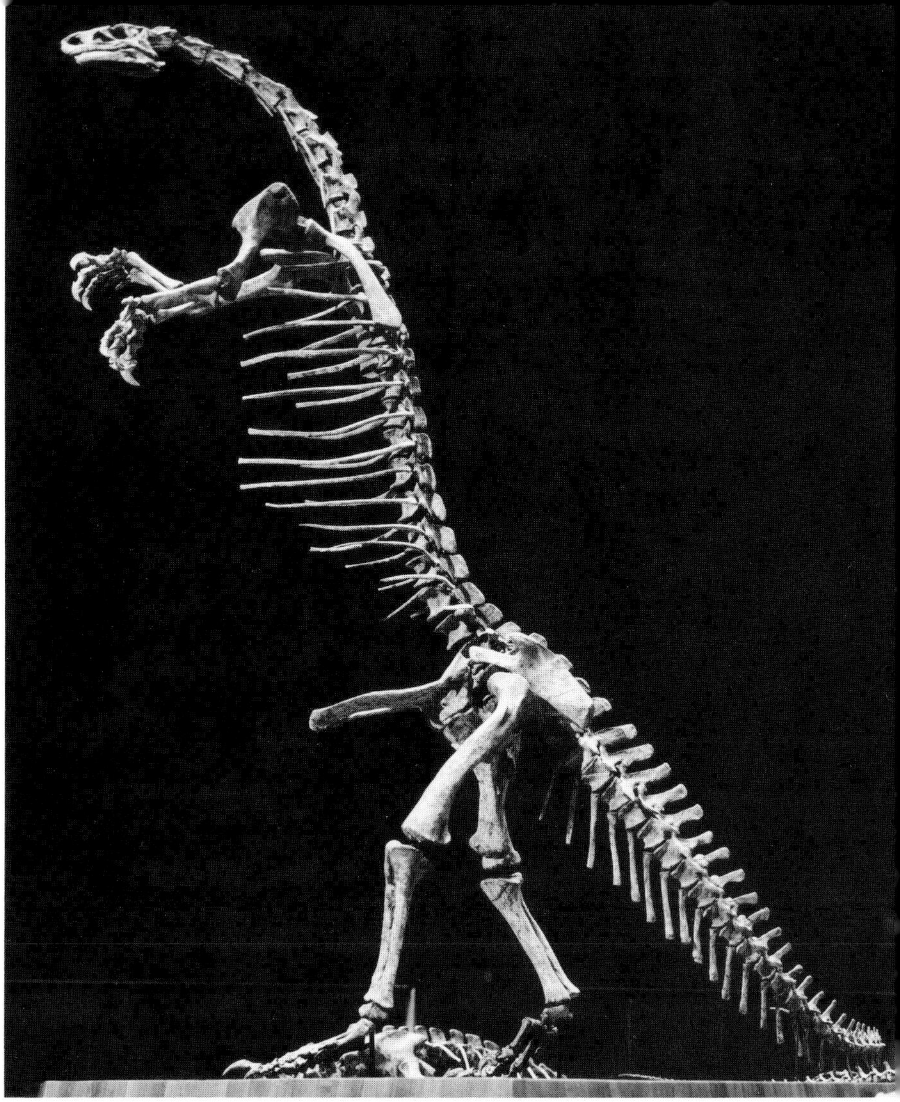

Abb. 163 Skelettmontage des Dinosauriers Plateosaurus aus dem Mittleren Keuper (Knollenmergel) von Trossingen. Länge des Skeletts etwa 6 m.

Abb. 164 Skelettmontage des Dinosauriers Plateosaurus aus dem Mittleren Keuper (Knollenmergel) von Trossingen.

Abb. 165 Schädel mit Unterkiefer und Hals des Dinosauriers Plateosaurus aus dem Mittleren Keuper (Knollenmergel) von Trossingen. Länge des Schädels 35 cm.

Während Eberhard Fraas geglaubt hatte, die Trossinger Saurier seien in Morästen und Sümpfen zugrunde gegangen, stellte Friedrich von Huene eine andere Hypothese auf. Er hielt den Knollenmergel für die Staubablagerungen einer Steppe und vermutete, die Saurier seien bei Wanderungen durch die unwirtliche Ebene erschöpft verendet. Als am 12. August 1922 die Teilnehmer einer Exkursion im Anschluß an die Jahrestagung der Paläontologischen Gesellschaft in Tübingen die Fundstätte besichtigten, kam es zu einer regen Diskussion über die von Hueneschen Thesen, die abends im Gasthof »Adler« in Schwenningen fortgesetzt wurde[422]. Obwohl kaum grundsätzlich andere Vorstellungen geäußert wurden, blieben doch in Einzelheiten Zweifel offen.
Auch die dritte Trossinger Sauriergrabung fiel in eine schwierige Zeit. Die Arbeitslosigkeit während der Weltwirtschaftskrise um 1930 war der Anlaß zur Einrichtung eines freiwilligen Arbeitsdienstes. Mit seiner Hilfe und mit der Unterstützung von Behörden, Firmen und sonstigen Förderern[423] konnte die Württembergische Naturaliensammlung im Sommer 1932 wiederum ans Werk gehen. Fritz Berckhemer (vgl. S. 45) hatte schon lange die Absicht gehabt, durch eine erneute Grabung nicht nur mehr Fossilmaterial zu bergen, sondern vor allem auch die Lagerstätte besser zu erklären.
Am 9. Mai 1932 begann die Arbeit. Reinhold Seemann[424] hatte die wissenschaftliche, Max Böck (vgl. S. 45) die technische Leitung übernommen. »Etwa 25 Mann mit wöchentlich 36 Arbeitsstunden leisteten fast ein halbes Jahr lang die Grabarbeit in dem schon ziemlich tief in den Berg schneidenden Aufschluß«[425]. Die Grabung dauerte bis zum 31. Oktober 1932. Dann waren die Reste zweier ausgewachsener und einer wohl jungen Schildkröte sowie von vier ziemlich vollständigen und 14 unvollständigen Dinosaurierskeletten geborgen. Bei der Grabung wurde, wie schon 1921–1923, die Lage der Funde genau festgehalten. Reinhold Seemann vermutete danach, daß die Ablagerung unter Wasserbedeckung, wohl in einem größeren Tüm-

So wirds noch kommen . . .

Abb. 166 Karikatur aus der »Württemberger Zeitung« vom 7. April 1934, in der die Raumprobleme der Württembergischen Naturaliensammlung glossiert werden.

pel, stattgefunden hatte und »daß die nicht schwimmfähigen Tiere aus Unvorsicht oder gezwungen in tieferes Wasser gerieten, sich so lange wie möglich aufrecht hielten und zuletzt umsanken«[426].

In Stuttgart wurde die Ausbeute unverzüglich präparatorisch in Angriff genommen. Schon Ende November 1932 war der Panzer einer besonders vollständigen Schildkröte präpariert[427]. Ende 1934 lagen »3 fertig präparierte Skelette notgedrungen im Keller, woselbst auch noch 150 Kisten mit unpräparierten Trossinger Funden stehen«[428]. Die Stuttgarter Presse nahm sich der Dinosaurier, für die es keinen Ausstellungsraum gab, an[429]. Pläne für einen neuen, größeren Bau der Naturaliensammlung nahmen greifbare Gestalt an. Da unterbrach der Zweite Weltkrieg alle Vorhaben und legte das Museumsgebäude in Schutt und Asche.

Die Mehrzahl der Saurier war allerdings rechtzeitig ausgelagert worden[430]. So blieben sie als Zeugnisse für die Richtigkeit des Ausspruchs Friedrich von Huenes[431], das Schwabenland sei »das Saurierland im besonderen Sinn wie kaum ein anderes Land der Erde«, erhalten. Und als es nach langen Jahren des Zögerns daran ging, ihnen wieder geeignete Ausstellungsräume zu errichten, war es erneut der »Schwäbische Lindwurm«, mit dem die Stuttgarter Presse für den Neubau warb[432].

Anmerkungen

1 Zur Geschichte der geologisch-paläontologischen Erforschung Württembergs vgl. auch K. Staesche 1958.
2 Kristalline Gesteine können sich bei der Abkühlung von Gesteinsschmelzen oder bei der Umwandlung älterer Gesteine unter dem Einfluß von Druck und Temperatur bilden. Beispiele für Erstarrungsgesteine sind Granit (langsame Kristallisation bei langsamer Abkühlung) oder Basalt (schnelle Erstarrung bei rascher Abkühlung). Beispiele für Umwandlungsgesteine (metamorphe Gesteine) sind Glimmerschiefer oder Gneis.
3 z. B. bei Lenzkirch im Südschwarzwald.
4 z. B. bei Baden-Baden und Schramberg.
5 Klassische Fundgebiete für Fossilien des Erdaltertums sind: Für das Kambrium England und Wales, Nordamerika, Sibirien, China und Australien. Für das Ordovizium England und Wales, Norwegen, Schweden und Estland, sowie Nordamerika. Für das Silur Skandinavien (vor allem Gotland), Böhmen und Nordamerika. Für das Devon das Rheinische Schiefergebirge, Böhmen und Nordamerika. Für das Karbon das Ruhrgebiet, Belgien, Irland und Nordamerika. Für das Perm Thüringen, Pakistan, Indonesien und Texas.
6 Das Erdmittelalter oder Mesozoikum begann vor etwa 245 Millionen Jahren und endete vor etwa 65 Millionen Jahren. Es umfaßt die erdgeschichtlichen Epochen der Trias (vgl. S. 11), des Juras (vgl. S. 12–14) und der Kreide (vgl. S. 14).
7 Ein Sediment ist eine Ablagerung, die entweder allmählich zum Gestein verfestigt wird oder ein unverfestigtes »Lockergestein« darstellt.
8 Die Bezeichnung »Tethys« stammt aus der griechischen Mythologie. Tethys war die Gemahlin des Meergottes Okeanos.
9 Salinen sind Anlagen zur Gewinnung von Salz aus Salzlösungen (Solen). Sie wurden früher u. a. in Bad Wimpfen, Bad Dürrheim, Rottweil und Schwäbisch Hall betrieben. Bergmännischer Abbau der Muschelkalk-Salze findet noch heute in Bad Friedrichshall-Kochendorf, Heilbronn und Stetten bei Haigerloch statt. Vgl. S. 116.
10 Ein Mergel ist ein kalkhaltiger Ton. Statt des Kalks (Kalziumkarbonat) kann auch Dolomit (Magnesiumkarbonat) vorhanden sein.
11 Das Vindelizische Land hat seinen Namen nach dem keltischen Stamm der Vindeliker, die zur Römerzeit im Voralpenland siedelten. Es wird als südwestliche Fortsetzung der Böhmischen Masse im Gebiet des heutigen Oberbayerns und des südlichen Oberschwabens sowie teilweise unter den nördlichen Kalkalpen vermutet.
12 Bitumen ist ein Gemisch von Kohlenwasserstoffen, die durch unvollständigen Abbau organischer Substanzen entstanden.
13 Unter einem Schiefer versteht man ein Gestein, das durch Druck nachträglich so überprägt wird, daß es in dünne Platten aufspaltet. Die Spaltflächen (Schieferungsflächen) laufen meist zu den ursprünglichen Schichtflächen nicht parallel. Die Schiefertone des Schwarzen Juras sind dagegen feingeschichtete Gesteine, deren Schichtung bei der Entwässerung und Sackung besonders deutlich sichtbar wird und die sich wie Schiefer spalten lassen.
14 Bekannte Fundstätten sind das Gebiet um Holzmaden, Boll und Ohmden, ferner Reutlingen und das Gebiet um Dotternhausen und Schömberg.
15 Oolithe (auch Rogensteine genannt) sind Gesteine, die aus kleinen, kugeligen Gebilden, den sogenannten Ooiden, aufgebaut sind. Die Ooide entstehen im flachen Wasser durch schalenförmige Umkrustung eines Kerns, teils auf rein chemische Weise, teils mit Hilfe von Algen und Bakterien. Im Braunen Jura Württembergs handelt es sich hauptsächlich um Eisenoolithe.
16 Orte des Eisenerzabbaus waren Aalen, Wasseralfingen, Altenstadt bei Geislingen an der Steige, Gutmadingen, Blumberg und Ringsheim.
17 Die bekannteste Fundstelle ist Nusplingen im Zollernalbkreis.
18 Die Lithographie (d. h. der Steindruck) ist ein Druckverfahren, bei dem Steinplatten geätzt oder graviert werden, so daß nach dem Einfärben der Platte ein Abdruck der Zeichnung hergestellt werden kann. Ihr Erfinder ist Aloys Senefelder (geb. 6. 11. 1771 in Prag, Theaterschriftsteller und Drucker von Musiknoten, später auch von Landkarten, in München, gest. 26. 2. 1834 in München), der als Rohmaterial die »lithographischen Schiefer« von Solnhofen und Eichstätt benutzte. Es handelt sich bei diesem Gestein nicht um einen echten Schiefer, sondern um feingeschichtete Plattenkalke, die wie Schiefer aufspalten.
19 Die Neigung der Schichten wird in der geologischen Fachsprache als Schichtfallen bezeichnet.
20 Die Erosion ist die Abtragung von Gesteinen und Lockermaterial, vor allem durch die ausfurchende Tätigkeit des fließenden Wassers.
21 danubisch = zur Donau gehörig (Danuvius ist die lateinische Bezeichnung für die Donau).
22 Molasse war ursprünglich eine in der Schweiz gebräuchliche Bezeichnung für Sandsteine und verkittete Geröllschichten (Konglo-

merate) im Alpenvorland. Nachdem man erkannt hatte, daß die entsprechenden Schichten tertiären Alters sind, wurde der Begriff Molasse zur Bezeichnung für das Tertiär am Alpenrand. Heute ist Molasse außerdem eine Bezeichnung für Ablagerungen in einer absinkenden Zone vor einem aufsteigenden Gebirge.

23 Am Grund der Krater bzw. Maare der Albvulkane lagerten sich vulkanische Aschen und Auswürflinge ab, die der Verwitterung zwar weniger Widerstand leisten als die Kalke des Weißen Juras, jedoch härter sind als die Tone und Mergel des Braunen Juras. Deshalb sind die Albvulkane auf der Albhochfläche als Senken erhalten (z. B. Randecker Maar). Bei der Abtragung am Albrand werden sie als Kegel herausmodelliert (z. B. Limburg bei Weilheim, Georgenberg bei Pfullingen).

24 Moränen sind die Ablagerungen von Gletscherschutt. Als Grundmoränen bezeichnet man Ablagerungen an der Sohle der Gletscher. Endmoränen sind Wälle, die der Gletscher an seiner Stirn aufhäuft. Seitenmoränen sind Schuttwälle entlang dem Seitenrand des Gletschers.

25 Löß ist ein feinkörniger, kalkhaltiger und wasserdurchlässiger Gesteinsstaub, der im feuchten Klima tiefgründig zu Lehm verwittert.

26 Kalktuff entsteht bei Ausscheidung von Kalk aus übersättigtem Quellwasser, aus Bächen und aus Flüssen. Wasserpflanzen und Blätter können dabei von Kalk überkrustet werden. Kalktuff nennt man dann Sauerwasserkalk oder Travertin, wenn er aus kohlensäurehaltigem Quellwasser abgeschieden wurde.

27 E. Müller 1949, S. 271.

28 Wilhelm Wernher von Zimmern, geb. 6. 1. 1485 in Meßkich, Hofrichter in Rottweil, gest. 7. 1. 1575 in Zimmern.

29 Conrad Geßner (Gesner), geb. 26. 3. 1516 in Zürich, gest. 13. 12. 1565 in Zürich an der Pest; Naturforscher, Arzt und Universalhistoriker in Zürich. Vgl. H. Fischer 1966.

30 Vgl. O. Abel 1939; R. R. Beer 1972.

31 Es handelt sich hierbei um ein Gebäude, das 1728 einem Brand zum Opfer fiel. An seiner Stelle wurde danach das Postamt (Am Hafenmarkt 2) errichtet.

32 Schwäbisch Hall war bis 1545 Münzstätte; die in Hall geschlagene Münze war der »Heller«.

33 Drei Hallische Gulden entsprechen etwa 500 DM.

34 F. A. Quenstedt 1855, S. 5; K. D. Adam 1984, S. 58–59.

35 Johannes Schuckard, geb. 24. 8. 1640, gest. 23. 9. 1725, Mathematikprofessor am Gymnasium und Antiquarius, war von 1690 bis 1723 Betreuer der Herzoglichen Sammlungen in Stuttgart.

36 Gemeint ist ein Ammonit, vgl. S. 92.

37 Archiv des Staatlichen Museums für Naturkunde in Stuttgart. Der Absender des Briefes hieß Gottfried Wagner.

38 Gemeint ist Beuren.

39 Gemeint ist Unterlenningen.

40 Johann Jakob Straskirchner (Th. Plieninger 1845, S. 37, schreibt »Steinkirchner«), geb. 20. 2. 1689 in Regensburg, Studium in Tübingen, Arzt in Regensburg, gest. 27. 12. 1772 in Regensburg.

41 F. A. Quenstedt 1855, S. 12–13.

42 Johann Heinrich Freiherr von Sprekelsen, geb. 9. oder 10. 9. 1691 in Hamburg, Studium in Tübingen, Jurist in Hamburg, gest. um den 31. 5. 1764 in Hamburg.

43 F. A. Quenstedt 1856–1858, S. 4.

44 Johann Georg Gmelin, geb. 17. 8. 1674 in Münchingen, gest. 22. 8. 1728 in Tübingen.

45 O. Wittmann 1979a, S. 27.

46 O. Wittmann 1979a, S. 25.

47 Philipp Heinrich Weissensee, geb. 6. 2. 1673 in Fichtenberg bei Gaildorf, protestantischer Theologe, 1697–1704 Pagenlehrer in Stuttgart, von Herzog Eberhard Ludwig mit der Überwachung der Cannstatter Mammutgrabung (vgl. S. 26) beauftragt, 1708 Präzeptor und 1722–1727 Prälat am ehemaligen Kloster in Blaubeuren. Hierbei sammelte er vor allem Korallen im oberen Weißen Jura aus der Umgebung von Blaubeuren und regte eine größere Zahl junger Theologen zur Beschäftigung mit Fossilien an. 1727 wurde er Abt von Hirsau mit Sitz in Stuttgart, 1740 Propst in Denkendorf. Gest. 6. 1. 1767 in Denkendorf.

48 Über das Leben und Wirken von Oskar Fraas (1894 in den persönlichen Adelsstand erhoben) vgl. F. Berckhemer 1940b; K. Lampert 1898.

49 Christoph Friedrich Fraas, geb. 12. 3. 1791 in Neipperg, gest. 5. 5. 1861 in Stuttgart, war Pfarrer in Lorch und Balingen.

50 Geognosie ist eine alte, von G. A. Werner (vgl. Anm. 337) stammende Bezeichnung für Geologie, in Württemberg oft vor allem für denjenigen Zweig der geologischen Wissenschaft angewandt, der sich mit der Altersbeziehung und dem Gehalt an Fossilien in den Gesteinsschichten befaßt.

51 O. Fraas 1850.

52 K. Lampert 1898, S. XXX.

53 Heute: Staatliches Museum für Naturkunde in Stuttgart.

54 Archiv des Staatlichen Museums für Naturkunde in Stuttgart.

55 Über das Leben und Wirken von Joseph Probst vgl. Th. Engel 1905; F. Wenk 1959.

56 Über das Leben und Wirken von Theodor Engel vgl. F. Berckhemer 1933a; R. Schlauch 1960.

57 Th. Engel 1908.

58 Eduard Mörike, geb. 8. 9. 1804 in Ludwigsburg, Gymnasialausbildung im Seminar Urach, Studium der Theologie im Stift in Tübingen, Pfarrer (1834–1843 in Cleversulzbach), Dichter und Lehrer (1851–1866 am Katharinenstift in Stuttgart), gest. 4. 6. 1875 in Stuttgart.

59 Joseph Victor Scheffel, geb. 16. 2. 1826 in Karlsruhe, Studium der Rechtswissenschaft in München, Heidelberg und Berlin, Promotion zum Doctor juris. 1852 Reise nach Rom mit dem Ziel, Maler zu werden; auf Capri 1853 Entstehung seines Erstlingswerkes »Der Trompeter von Säckingen«, danach freier Schriftsteller; 1876 in den persönlichen Adelsstand erhoben, gest. 9. 4. 1886 in Karlsruhe.

60 1791 ging das »Herzogliche Naturalien-Cabinet« als eigenständige Institution aus der Herzoglichen Kunst- und Naturalienkammer hervor. Nach 1806 Königliches Naturalienkabinett genannt, um 1900 in Württembergische Naturaliensammlung umbenannt, heißt die Institution seit 1950 Staatliches Museum für Naturkunde in Stuttgart. Zu ihrer Geschichte vgl. K. Lampert 1896; M. Rauther 1941; E. Schüz 1967a; B. Ziegler 1977.

61 Institut und Museum für Geologie und Paläontologie der Universität Tübingen. Zur Geschichte vgl. W. von Engelhardt und H. Hölder 1977; E. Hennig 1923.

62 Näheres ist zu finden in: »Museen in Baden-Württemberg« und B. Ziegler 1978.

63 M. B. Valentin 1714–1719, Bd. I, S. 483.
Michael Bernhard Valentin, geb. 26. 11. 1657 und gest. 18. 3. 1729, stammte aus Gießen.

64 Eberhard Ludwig, Herzog von Württemberg, geb. 18. 9. 1676 in Stuttgart, 1677 Tod seines Vaters, des Herzogs Wilhelm Ludwig, nach langer Vormundschaft des Onkels Friedrich Karl von Württemberg-Winnental Regierungszeit von 1693 bis 1733, 1704 Gründung von Ludwigsburg, Sammler von Kunstwerken und »Kuriositäten«, gest. 31. 10. 1733 in Ludwigsburg an einem Schlaganfall.

65 Abgedruckt bei O. Fraas 1861. Zitat S. 112–113.

66 E. F. D. bedeutet Eurer Fürstlichen Durchlaucht.

67 O. Fraas 1861, S. 123.

68 O. Fraas 1861, S. 120.

69 O. Fraas 1861, S. 117.

70 In solchen Auffassungen kommen Einflüsse einer mystischen Denk-

weise zur Geltung. Der persisch-arabische Naturforscher und Philosoph Abu Ali al Hosain ibn Abdallah ibn Sina (980–1037), der in Europa unter seinem lateinischen Namen Avicenna bekannt ist und große Verdienste um die Bewahrung der Lehren des Aristoteles (384–322 v. Chr.) hat, vertrat zwar durchaus moderne Vorstellungen über die Natur der Fossilien, wurde jedoch in Europa nur durch eine verstümmelte Übersetzung ins Lateinische bekannt. Auf diese gehen die Ansichten von Albert von Bollstaedt (Albertus Magnus, geb. 1193 in Lauingen, gest. 1280 in Köln), Georg Bauer (Georg Agricola, geb. 24. 3. 1494 in Glauchau, Sachsen, gest. 21. 11. 1555 in Chemnitz), Conrad Geßner (geb. 26. 3. 1516 in Zürich, gest. 13. 12. 1565 in Zürich) und anderen Gelehrten des späten Mittelalters und der frühen Neuzeit zurück, die an eine virtus lapidificativa (steinbildende Kraft) oder vis plastica (gestaltbildende Kraft) glaubten. Vgl. U. Kindermann 1981; W. Langer 1981.

71 Salomon Reisel, geb. 24. 10. 1625 in Hirschberg, Hof- und Leibarzt in Stuttgart, gest. 20. 6. 1702 in Stuttgart.

72 C. F. Sattler 1752, Bd. I, S. 75.

73 David Spleiß, geb. 27. 1. 1659 in Schaffhausen, Stadtarzt und Mathematikprofessor in Schaffhausen, gest. 11. 12. 1716 in Schaffhausen.

74 C. F. Sattler 1752, Bd. I, S. 75; vgl. auch D. Spleiß 1701.

75 Georg Bernhard Bilfinger, geb. 23. 1. 1693 in Cannstatt, Theologe und Philosoph, wurde von Zar Peter dem Großen 1725 an die Akademie in Petersburg (heute Leningrad) berufen, kehrte 1731 zurück, wurde Professor der Theologie in Tübingen, später sogar württembergischer Minister. Gest. 18. 2. 1750 in Stuttgart.

76 E. Müller 1949, S. 275.

77 Carl Eugen, Herzog von Württemberg, geb. 11. 2. 1728 in Brüssel, seit 1737 Herzog, allerdings bis 1744 unter Vormundschaft, Erbauer des Neuen Schlosses in Stuttgart (ab 1746) und der Schlösser Solitude (ab 1764) und Hohenheim (ab 1785), Gründer der Porzellanmanufaktur Ludwigsburg (1758) und der Hohen Karlsschule (1770), gest. 24. 10. 1793 in Hohenheim.

78 Gegründet von Herzog Carl Eugen 1770 auf der Solitude, 1773 Militärakademie, 1775 nach Stuttgart verlegt, 1781 zur Universität erhoben, 1794 von Herzog Ludwig Eugen geschlossen. Vgl. R. Uhland 1953.

79 U. a. ein Schädel mit Geweihteilen eines Riesenhirsches, vermutlich aus der Gegend von Stuttgart, gefunden 1600; ferner ein Schädel mit Gehörn eines Auerochsen, von Oberriexingen, gefunden 1738. Vgl. K. D. Adam 1969.

80 Georges Cuvier, geb. 23. 8. 1769 in Mömpelgard (Montbéliard), 1779 Besuch der Französischen Schule in Montbéliard, 1784–1788 Studium an der Hohen Karlsschule in Stuttgart, danach Aufenthalt in Fécamp (Normandie), 1795 Berufung nach Paris, wo er in die höchsten Ämter der Wissenschafts- und Staatsverwaltung aufstieg. Gest. 13. 5. 1832 in Paris (an Cholera). Vgl. K. D. Adam und R. Uhland 1969; E. Kuhn-Schnyder 1969.

81 Es handelte sich u. a. um Johann Heinrich Ferdinand Autenrieth (1772–1835), Mediziner, später Kanzler der Universität Tübingen; Carl Christoph Friedrich Jaeger (1773–1828), Arzt, 1797–1817 »Aufseher« am Naturalien-Cabinet in Stuttgart; Johann Georg Kerner (1769–1812), Arzt und Politiker, Bruder des Dichters Justinus Kerner; Ernst Franz Ludwig Marschall von Biberstein (1770–1834), Jurist, ab 1811 Staatsminister des Herzogtums Nassau; sowie Christoph Heinrich Pfaff (1773–1852), seit 1798 Professor für Medizin, Physik und Chemie in Kiel.

82 Carl Friedrich Kielmeyer, geb. 22. 10. 1765 in Bebenhausen, ab 1773 Besuch der Hohen Karlsschule, hielt seit 1785 Vorlesungen. 1786–1790 an der Universität Göttingen, 1790 Professor für Zoologie an der Hohen Karlsschule, 1791 auch »Aufseher« am Naturalien-Cabinet, 1796 Professur an der Universität Tübingen, 1817–1839 Staatsrat und Direktor der Sammlungen des Württembergischen Staates für Wissenschaft und Kunst in Stuttgart, in den persönlichen Adelsstand erhoben, gest. 24. 9. 1844 in Stuttgart. Kielmeyers Hauptwerk ist die am 11. 2. 1793 in Stuttgart gehaltene Rede »Über die Verhältniße der organischen Kräfte unter einander in der Reihe der verschiedenen Organisationen, die Gesetze und Folgen dieser Verhältniße« – eine frühe Vorwegnahme der Abstammungslehre. Vgl. F. H. Holler 1940.

83 Cuvier bezeichnete das Mammut als »Elephas Mammoth« bzw. »Elephas mammonteus«. Der gültige und auch heute gebräuchliche Artname »primigenius« stammt vom Göttinger Anatomen und Anthropologen Johann Friedrich Blumenbach (1752–1840), der ihn 1799 erstmals anwandte. Cuvier selbst schloß sich dieser Benennung später an. Bei Blumenbach hatte auch Kielmeyer in seiner Göttinger Zeit studiert.

84 G. Cuvier 1830, Bd. I, S. 115.

85 Johann Daniel Georg Memminger, geb. 16. 4. 1773 in Tübingen, Präceptor an der Lateinschule in Cannstatt, später Professor, Mitbegründer und Leiter des württembergischen Statistisch-Topographischen Bureaus, gest. 21. 2. 1840 in Stuttgart.

86 J. D. G. Memminger 1818; vgl. ferner: K. D. Adam 1966, 1982; K. D. Adam und R. Uhland 1969; O. Fraas 1887b; W. Kranz, F. Berckhemer und H. Wägele 1931.

87 Friedrich Wilhelm Karl von Württemberg, geb. 6. 11. 1754 in Treptow (Hinterpommern), trat 1777 in den preußischen Militärdienst, war 1783–1787 in russischem Dienst Generalgouverneur in dem seit 1721 russischen Karelien (mit Sitz in Wiborg), wurde am 23. 12. 1797 als Friedrich II. Herzog von Württemberg, erhielt 1803 die Kurfürstenwürde und wurde am 1. 1. 1806 als Friedrich I. König von Württemberg. Gest. am 30. 10. 1816 in Stuttgart.

88 Ursprünglich glaubte man 13 Stoßzähne vor sich zu haben. Nach der Präparation stellte es sich heraus, daß es nur 12 waren. Vgl. W. Kranz, F. Berckhemer und H. Wägele 1931, S. 106.

89 J. D. G. Memminger 1818, S. 92.

90 G. Cuvier 1830, Bd. I, S. 125.

91 J. D. G. Memminger 1818, S. 68 (Fußnote).

92 E. Fraas 1895, S. 105 (Fußnote).

93 Karl Julius Weber, geb. 16. 4. 1767 in Langenburg/Jagst, juristisches Studium in Erlangen und Göttingen, zeitweise im hohenlohischen Staatsdienst, Privatgelehrter, gest. 20. 7. 1832 in Kupferzell.

94 K. J. Weber 1826–1828, Bd. I, S. 198.

95 W. Kranz, F. Berckhemer und H. Wägele 1931, S. 112.

96 C. C. F. Jaeger 1818 (vgl. Anm. 81); G. F. Jäger 1839 (vgl. S. 77).

97 O. Fraas 1866, S. 475.

98 Jean Louis Armand de Quatrefages de Bréau, geb. 10. 2. 1810 in Berthezème (Dept. Gard), Studium der Medizin und Naturwissenschaften in Straßburg, 1838 Professor der Zoologie in Toulouse, ab 1842 in Paris, zuletzt als Professor der Anatomie, gest. 12. 1. 1892 in Paris.

99 im Deutsch-Französischen Krieg 1870/71.

100 O. Fraas 1887c, S. 125.

101 Ernest-Théodore Jules Hamy, geb. 22. 6. 1842 in Boulogne-sur-mer, Professor der Anthropologie in Paris, gest. 18. 9. 1908 in Paris.

102 A. de Quatrefages 1873; A. de Quatrefages und E.-T. Hamy 1873–1882, S. 5.

103 A. de Quatrefages 1873, S. 1315.

104 Hermann Hölder, geb. 17. 10. 1819 in Stuttgart, Obermedizinalrat in Stuttgart, in den persönlichen Adelsstand erhoben, gest. 11. 3. 1906 in Stuttgart.

105 In Cannstatt waren immer wieder Gräber aus geschichtlicher Zeit aufgedeckt worden, in denen menschliche Gebeine lagen. So lag der Verdacht nahe, es handele sich auch beim fraglichen Schädeldach um einen Fund aus der Kelten-, der Römer- oder gar der Alaman-

nenzeit. Ferner hatte C. C. F. Jaeger 1818 (also über ein Jahrhundert nach der Ausgrabung) beiläufig erwähnt, damals seien auch Tongefäße geborgen worden. Für die Wertung dieser Berichte vgl. G. Schwalbe 1906, S. 186–194.

106 H. Hölder 1873, S. 90–91.

107 H. Hölder 1873, S. 89–90; Hölder meint die Angaben bei G. F. Jäger 1839, S. 126, Taf. 14, Fig. 1.

108 Rudolf Ludwig Karl Virchow, geb. 13. 10. 1821 in Schivelbein (Pommern), Studium der Medizin in Berlin, Professor in Würzburg und (ab 1856) Berlin, bedeutender Anatom und Pathologe, Begründer der Zellularpathologie, ab 1858 verstärkte Zuwendung zur Anthropologie, gest. 5. 9. 1902 in Berlin.

109 Über den Skelettrest vom Neandertal äußerte sich Virchow wie folgt: »Das fragliche Individuum hat in seiner Kindheit an einem geringen Grad von Rachitis gelitten, hat dann eine längere Periode kräftiger Tätigkeit und wahrscheinlicher Gesundheit durchlebt, welche nur durch mehrere Schädelverletzungen, die aber glücklich abliefen, unterbrochen wurde, bis sich später Arthritis deformans mit anderen, dem hohen Alter angehörenden Veränderungen einstellte, insbesondere der linke Arm ganz steif wurde; trotzdem aber hat der Mann ein hohes Greisenalter erlebt« (Zitat nach E. Kuhn-Schnyder 1951, S. 155). »Es handelt sich demnach um einen eminent pathologischen Fund, dessen Benutzung zur Racenbestimmung höchst bedenklich ist« (R. Virchow 1872, S. 42).

110 O. Fraas 1887c, S. 126.

111 H. Hölder 1892, mit Diskussionsbemerkungen von R. Virchow und J. Kollmann.

112 Zitat nach K. D. Adam 1972/73, S. 22.

113 Gustav Schwalbe, geb. 1. 8. 1844 in Quedlinburg, Studium der Medizin, 1870 Habilitation an der Universität Halle an der Saale, 1883 Professor für Anatomie in Straßburg, gest. 23. 4. 1916 in Straßburg.

114 G. Schwalbe 1906, S. 193.

115 Theodor Mollison, geb. 31. 1. 1874 in Stuttgart, Anthropologe, 1910 Privatdozent in Zürich, 1916–1918 Professor in Heidelberg, danach in Breslau, ab 1926 Professor für Anthropologie an der Universität München, gest. 1. 3. 1952 in München.

116 August Friedrich Valet, geb. 23. 10. 1811 in Ulm, gest. 26. 9. 1889 in Ravensburg. Vgl. O. Fraas 1890a.

117 Konrad Dietrich Haßler, geb. 12. 5. 1803 in Altheim (Ulmer Alb), Studium der Theologie und Orientalistik in Tübingen, Leipzig und Paris, seit 1826 in Ulm als Gymnasialprofessor tätig, politisch stark engagiert (Abgeordneter im Stuttgarter Landtag und in der Nationalversammlung in der Frankfurter Paulskirche), 1858 Konservator der Sammlung »vaterländischer Altertümer« in Stuttgart, gest. 15. 4. 1873 in Ulm. Vgl. G. Schenk 1966.

118 In Frankreich wurde die Koexistenz von Mensch und eiszeitlicher Tierwelt schon früher nachgewiesen. Der Zollbeamte Jaques Boucher de Crèvecoeur de Perthes (1788–1868) hatte schon seit langem eiszeitalterliche Tierknochen sowie Werkzeuge aus Feuerstein aus den Schottern der Somme (Nordwestfrankreich) geborgen und ihre Gleichzeitigkeit vermutet. Weder sein Auftreten vor der Société d'émulation d'Abbeville im Jahre 1838, noch eine Publikation seiner Ergebnisse im Jahre 1846, sondern erst ein Besuch des berühmten englischen Geologen Charles Lyell (1797–1875) im Jahre 1859 führte zur Anerkennung seiner Befunde in der Fachwelt. 1863 entdeckte ferner der Jurist und Urgeschichtsforscher Edouard Amand Isidore Hippolyte Lartet (1801–1871) in der Höhle von Laugerie Basse (Dordogne, Südwestfrankreich) das erste allgemein anerkannte Kunstwerk aus dem Eiszeitalter, eine Skulptur eines Rentieres. Vgl. auch K. D. Adam und R. Kurz 1980.

119 O. Fraas 1867a.

120 O. Fraas 1867a, S. 49–50.

121 R. Virchow 1871, S. 44.

122 Josef Rösch, geb. 14. 11. 1838 in Ottenhöfen, gest. 22. 5. 1925 in Sinsheim.

123 Otto Schoetensack, geb. 12. 7. 1850 in Stendal, Abitur in Bensheim an der Bergstraße, danach Studium der Chemie und, ab 1880, in Straßburg und Freiburg der Zoologie, Paläontologie, Anatomie und Philosophie. 1885 Promotion in Freiburg, 1887 Übersiedelung nach Heidelberg, wo er als Privatgelehrter lebte. 1904 Habilitation für das Fach Anthropologie in Heidelberg; 1909 Ernennung zum Professor; gest. 23. 12. 1912 in Ospedaletti bei San Remo. Vgl. R. Kraatz und H. Querner 1967.

124 Gemeint ist der Waldelefant, Palaeoloxodon antiquus.

125 O. Schoetensack 1908, S. 22–23.

126 Daniel Hartmann, geb. 5. 11. 1854 in Mauer, gest. 21. 1. 1952 in Mauer.

127 Großherzoglich.

128 O. Schoetensack 1908, S. 23–24.

129 Die ersten Reste dieses Urmenschen (ein Schädeldach und ein Oberschenkelknochen) wurden vom holländischen Arzt und Paläontologen Marie Eugène François Thomas Dubois (1858–1940) im Jahre 1891 beim Dorf Trinil auf Java (Indonesien) entdeckt. Es gelang erst später, die Fundschicht genauer zu datieren. Der Fund selbst wurde von Rudolf Virchow nicht als Rest eines Urmenschen anerkannt. Erst nachdem Ende der zwanziger Jahre menschliche Zähne und Schädelreste bei Peking geborgen worden waren, beseitigten Funde, die dem Geologen und Paläontologen Gustav Heinrich Ralph von Koenigswald (geb. 13. 11. 1902 in Berlin, gest. 10. 7. 1982 in Bad Homburg, vgl. P. V. Tobias 1984) im Jahre 1937 und später gelangen, vollends die bis dahin immer wieder geäußerten Zweifel.

130 Morphogenese ist die individuelle und stammesgeschichtliche Entwicklung der Gestalt.

131 O. Schoetensack 1908, S. 44.

132 Alfred Rust, geb. 4. 7. 1900 in Hamburg, Ausbildung als Elektromeister, Urgeschichtler aus Leidenschaft, Ehrendoktor der Universität Kiel, Habilitation in Kiel, gest. 14. 8. 1983 in Ahrensburg. Vgl. H. Schwabedissen 1984.

133 A. Rust 1956. Vgl. K. D. Adam 1982, S. 34 und 37.

134 O. Schoetensack 1908, S. 22.

135 Während des Eiszeitalters bildeten sich an der unteren Murr über einem absinkenden Untergrund mächtige Schotterlager, die im Gebiet der Gemeinden Murr und Steinheim zeitweise in mehreren Kiesgruben abgebaut wurden.

136 F. Berckhemer 1933c, S. 97.

137 Ernst von Scheurlen, geb. 5. 2. 1863 in Bad Mergentheim, Studium der Medizin in Berlin, ab 1897 in der württembergischen Gesundheitsverwaltung tätig, engagierter Hygieniker, Vorkämpfer für die Landeswasserversorgung, gest. 8. 10. 1952 in Stuttgart. Vgl. K. Schmidt 1953.

138 Erst seit 1972 ist das baden-württembergische Denkmalschutzgesetz in Kraft, das auch Bodenfunde (einerlei, ob vom Menschen stammend oder nicht), soweit an ihrer Erhaltung aus wissenschaftlichen Gründen ein öffentliches Interesse besteht, unter Schutz stellt. Die Neufassung des Denkmalschutzgesetzes von 1983 ist im Gesetzblatt für Baden-Württemberg 1983, S. 797–803, veröffentlicht.

139 E. von Scheurlen 1938, S. 16.

140 Johann Georg Philipp Wagner, geb. 26. 7. 1885 in Künzelsau, nach zweijähriger Tätigkeit als Volksschullehrer Besuch der Oberrealschule in Schwäbisch Hall, 1906 Abitur, danach Studium in Tübingen, Promotion über ein geologisches Thema (Beiträge zur Stratigraphie und Bildungsgeschichte des Oberen Hauptmuschelkalkes und der Unteren Lettenkohle in Franken), 1911 und 1912 Ablegung der Dienstprüfungen für das Lehramt an höheren Schulen, 1913 Professor für Naturwissenschaften und Mathematik am Lehrersemi-

nar in Nagold, 1914–1918 Kriegsdienst als Infanterie-Offizier, 1925 Professor für Chemie, Biologie und Geologie an der Wilhelms-Oberrealschule in Stuttgart, 1928 Habilitation in Tübingen, 1946 Professor für Allgemeine und Angewandte Geologie an der Universität Tübingen, gest. 11. 7. 1972 in Tübingen. Wagners Hauptwerk ist seine in drei Auflagen erschienene »Einführung in die Erd- und Landschaftsgeschichte«. Über sein Leben und Wirken vgl. W. Carlé 1972, 1973; E. Seibold 1973.

141 G. Wagner 1934, S. 101.

142 Karl Sigrist jun., geb. 11. 9. 1901 in Steinheim an der Murr, gest. 29. 5. 1972 in Steinheim an der Murr, war 1933 Teilhaber im Kieswerk seines Vaters, Karl Sigrist sen., geb. 4. 11. 1868 in Steinheim an der Murr, gest. 10. 2. 1949 in Steinheim an der Murr.

143 Zitat nach K. D. Adam 1975, S. 19.

144 Max Böck, geb. 27. 2. 1877 in Herbertingen, von Beruf Bildhauer, kam 1907 als paläontologischer Präparator an die Württembergische Naturaliensammlung. 1915 wurde er zum Beamten ernannt, weil er, wie es im Antrag des Museums vom 2. 3. 1915 heißt, in vortrefflicher Weise seine Stellung ausfülle und technisches Geschick, Verständnis und großes Interesse für die Sammlung habe. Am 1. 9. 1943 trat Böck in den Ruhestand, arbeitete jedoch danach noch aushilfsweise bis Weihnachten 1944 weiter. Er starb am 6. 8. 1945 in Dischingen.

145 F. Berckhemer 1934c, S. 101–102.

146 F. Berckhemer 1934b, S. LXXV.

147 Weitere derartige Funde ungefähr gleichen Alters wurden 1935 und später in Swanscombe in Südengland geborgen. Sie waren vergesellschaftet mit Faustkeilen, die zweifellos von den Menschen von Swanscombe gefertigt worden waren.

148 Artefakte sind vom Menschen geformte oder bearbeitete Gegenstände, unter Umständen auch Abfallprodukte bei der Herstellung von Werkzeugen.

149 Johann Itermann, geb. 29. 4. 1900 in Müglitz (Sudetenland), Lehrer, gest. 6. 8. 1968 in Mitterfelden bei Freilassing.

150 K. D. Adam 1973.

151 Fauna = Tierwelt.

152 Die gestreckte Länge der Zähne erreichte 4 bis 5 Meter.

153 Über die Fundstätte Steinheim an der Murr vgl. K. D. Adam 1961, 1975, 1976, 1984; F. Berckhemer 1933c; G. Wagner 1934.

154 Unter der Selektion versteht man die natürliche Auslese; vgl. auch S. 79.

155 Über die Steinheimer Riesenhirsche vgl. F. Berckhemer 1940a.

156 Besitzer der Kiesgrube war Karl Sammet, geb. 27. 2. 1873 in Steinheim an der Murr, gest. 12. 6. 1948 in Steinheim an der Murr.

157 W. O. Dietrich 1912, S. 52–53.
Wilhelm Otto Dietrich, geb. 30. 7. 1881 in Senden bei Ulm, besuchte das Gymnasium in Ulm und studierte 1899–1904 in Stuttgart, Tübingen und Freiburg. 1904–1907 war er Assistent an der Technischen Hochschule Danzig, mußte jedoch wegen eines Ohrenleidens die Universitätslaufbahn aufgeben. 1908–1911 war er Assistent an der Württembergischen Naturaliensammlung; während dieser Zeit betraute ihn Eberhard Fraas mit der Bearbeitung des Steinheimer Steppenelefanten und anderer Neuzugänge (vgl. W. O. Dietrich 1910, 1929). Wegen seines Gesundheitszustandes wurde eine feste Anstellung, die von der Naturaliensammlung beantragt war, vom Ministerium des Kirchen- und Schulwesens in Stuttgart abgelehnt. Ab Mai 1911 war Wilhelm Otto Dietrich Assistent am Geologisch-Paläontologischen Institut Berlin, 1927 wurde er Oberassistent, 1943 erhielt er den Titel eines Professors, 1944 wurde er Kustos an den Sammlungen, an denen er bis 1959 mit großem Erfolg wirkte. Gest. 26. 3. 1964 in Berlin. Vgl. R. Daber 1965; W. Gross 1964; E. Hennig 1965; A. Illner 1956; K. Staesche 1964; H. Wehrli 1956 (falsche Daten!).

158 Der Schädel, der im Keller des Museums verblieben war, wurde sehr stark beschädigt. Die übrigen Knochen und die Stoßzähne waren im Stuttgarter Wagenburgtunnel eingelagert, gerieten dort in die Hände von Plünderern, wurden zerbrochen, konnten jedoch wieder restauriert werden. Vom Skelett wurden Abgüsse hergestellt, die im Staatlichen Museum für Naturkunde in Stuttgart und im Urmensch-Museum in Steinheim an der Murr aufgestellt sind.

159 W. O. Dietrich 1912, S. 43.

160 Johann Jakob Scheuchzer, geb. 2. 8. 1672 in Zürich, Medizinstudium an der Universität Altdorf bei Nürnberg (1692/93) und in Utrecht (1693/94). Danach unterrichtete er Naturwissenschaften in Zürich, wurde einer der bedeutendsten Naturforscher der Schweiz und stand mit den bekanntesten Gelehrten seiner Zeit in persönlichem und brieflichem Kontakt. Als gläubiger Christ versuchte er, naturwissenschaftliche Erkenntnisse und biblische Überlieferungen in Einklang zu bringen. Aus diesem Bemühen entstand 1709 sein »Herbarium diluvianum« und 1731–1735 sein Hauptwerk, die »Physica sacra«. Scheuchzer, zuletzt Stadtarzt in Zürich, starb am 23. 6. 1733 in Zürich. Vgl. H. Fischer 1973.

161 Sir Hans Sloane (1660–1753), Arzt, Naturforscher und Sammler. Seine Sammlungen bilden einen der Grundpfeiler des British Museum (Natural History) in London. 1727–1740 war er Präsident der Royal Society in London.

162 Bei diesen Wirbeln handelt es sich um zwei Ichthyosaurierwirbel aus dem unteren Jura von Altdorf bei Nürnberg, die Scheuchzer für menschliche Wirbel hielt. Johann Jakob Baier (geb. 14. 6. 1677 in Jena, seit 1704 Professor der Medizin an der Universität Altdorf bei Nürnberg, 1708 Verfasser der »Oryktographia Norica«, gest. 14. 7. 1735, vgl. B. von Freyberg 1958), der mit Scheuchzer in regem Briefwechsel stand, bestritt, daß sie vom Menschen herrührten, und hielt sie für Wirbel von Fischen.

163 Zitat nach H. Hölder 1960, S. 365–366.

164 Die Öhninger Schichten werden heute ins mittlere Miozän gestellt. Sie haben ein Alter von etwa 15 Millionen Jahren.

165 Teile von Scheuchzers Sammlung werden im Paläontologischen Institut und Museum der Universität Zürich aufbewahrt.

166 John Woodward (1665–1728) studierte Medizin und Naturwissenschaften, erhielt 1695 den Doktor der Medizin in Oxford und wurde Professor in London. Er war ein bedeutender Geologe. Mit seinem »Essay towards a Natural History of the Earth« (1695) bereitete er der These, Fossilien seien in der Sintflut umgekommene Geschöpfe, den Weg.

167 Zitat nach H. Fischer 1973, S. 55.

168 Wörtlich übersetzt lautet der Titel »Klagen und Anklagen der Fische«. Die deutsche Übersetzung des Werkes erschien ebenfalls 1708 unter dem Titel »Bildnissen verschiedener Fischen und der Teilen, welche in der Sündflut zu Grunde gegangen«.

169 Zitat nach H. Hölder 1960, S. 364–365.

170 Zitat nach H. Fischer 1973, S. 64.

171 Johannes Geßner (1709–1790), Lieblingsschüler Scheuchzers, Arzt, Professor der Physik und Mathematik in Zürich, Mitbegründer der Naturforschenden Gesellschaft in Zürich (1746).

172 Peter Camper, geb. 11. 5. 1722 in Leiden, Arzt, gest. 7. 4. 1789 in Den Haag, bekannt durch seine Studien über die Oberkreide-Fossilien von Maastricht.

173 Von F. Westphal 1958 stammt eine Neubearbeitung der Öhninger Riesensalamander.

174 Vgl. H. Fischer 1973, S. 57 (Abb. 11).

175 Joseph Maximilian Philipp Johannes Nepomuk Karg, geb. 29. 10. 1762 in Konstanz, gest. 20. 10. 1808 in Konstanz.

176 J. M. Karg 1805, S. 31.

177 Die Öhninger Fossilien stammen von zwei Steinbrüchen auf der Gemarkung Wangen bei Öhningen, die im Besitz des Augustiner-

Chorherrenstifts Öhningen waren. Der Obervogt des Stiftes war dem Fürstbischof von Konstanz unterstellt. Nach der Säkularisierung (1803) gingen die Steinbrüche in Privatbesitz über.
178 Das Datum 1784 stimmt nicht. Vgl. S. 58.
179 J. M. Karg 1805, S. 5.
180 M. Pfannenstiel 1958.
181 Louis Jean Rodolphe Agassiz, geb. 28. 5. 1807 in Môtier bei Murten (Schweiz), Studium der Medizin und Naturwissenschaften in Zürich, Heidelberg und München, 1832–1846 Professor in Neuchâtel (Neuenburg), danach Lehrer und Forscher in den USA. Gest. 14. 12. 1873 in Cambridge, Mass. (USA). Vgl. E. Kuhn-Schnyder 1975a, 1975b.
182 L. Agassiz 1832, S. 138.
183 M. Pfannenstiel 1958, Taf. 1.
184 Die Öhninger Kalke sind weiche, z. T. homogene Seekreiden, die in der Hochrenaissance und im Frühbarock (um 1600) für Plastiken und Hochreliefs, u. a. von Hans Morinck (? geb. in Horn, Holland, gest. 1616 in Konstanz) und Jörg Zürn (geb. ca. 1583 in Waldsee, gest. 1635 in Überlingen) verwendet wurden.
185 Vertragspartner Barths waren:
August Eduard Bruckmann (geb. 20. 12. 1810 in Schwäbisch Hall, gest. 13. 7. 1884 in Bad Mergentheim, Ingenieur, Architekt und Sammler), vgl. G. Mayer 1973b
Arnold Escher von der Linth (geb. 8. 6. 1807 in Zürich, gest. 12. 7. 1872 in Zürich, Geologe und Professor in Zürich)
Oswald Heer (vgl. Anm. 189)
Jacob Gisbertus Samuel Van Breda (geb. 24. 10. 1788 in Delft, gest. 2. 11. 1867 in Haarlem, Geologe, Professor in Leiden)
Tiberius Cornelius Winkler (geb. 28. 5. 1822 in Leeuwarden, gest. 18. 7. 1897 in Haarlem, Kustos am Teyler-Museum in Haarlem)
186 Von 1852 bis 1859 wurde die Lagerstätte im Auftrag und zugunsten des Naturalienkabinetts in Karlsruhe ausgebeutet, danach ging sie in den Besitz Leonhard Barths über. Vgl. G. Mayer 1978.
187 Vulkanische Tuffe sind Gemische aus zerstäubter Lava und Trümmern von Gesteinen, die beim Ausbruch des Vulkans durchschlagen wurden.
188 E. Rutte 1956.
189 Oswald Heer, geb. 31. 8. 1809 in Niederutzwil, Kanton St. Gallen, Studium der Theologie und Naturwissenschaften in Halle an der Saale, 1831 Ordination als Geistlicher, frühzeitig Beschäftigung mit Botanik, 1834 Habilitation für Botanik an der Universität Zürich, seit 1836 Professor für Botanik und Entomologie in Zürich (seit 1852 auch am Polytechnikum). Gest. 27. 9. 1883 in Lausanne. Heers bekannteste Publikationen sind im Literaturverzeichnis aufgeführt. Vgl. A. Jentzsch 1885; K. Mägdefrau 1959; J. Probst 1884; C. Schröter 1883.
190 O. Heer 1883, S. 480–481.
191 R. Hantke 1965, S. 15.
192 R. Hantke 1954, 1966.
193 Vgl. auch H. Stauber 1939.
194 Diese Wälder werden »Galeriewälder« genannt.
195 Das Becken von Steinheim am Albuch mit einem Durchmesser von knapp 3 km liegt inmitten des höheren Weißen Juras. Es enthält eine Füllung von mittelmiozänen, d. h. etwa 15 Millionen Jahre alten Süßwasserablagerungen. Seine Entstehung war lange Zeit heftig umstritten. Heute wird es als Einschlagskrater eines Meteoriten gedeutet. Vgl. P. Groschopf und W. Reiff 1966.
196 Rosinus Lentilius (= Linsenbarth), geb. 3. 1. 1657 in Waldenburg, Arzt in Crailsheim, Nördlingen und Stuttgart, veröffentlichte 1711 einen »Eteodromus medico-practicus Anni MDCCIX«, gest. 12. 2. 1733 in Stuttgart. Die Bezeichnung Eteodromus stammt aus dem Griechischen und bedeutet wörtlich »wirklicher Lauf«, sinngemäß übersetzt also »Tatsachenbericht«.

197 Gekürztes Zitat nach K. D. Adam 1980, S. 33 (R. Lentilius 1711, S. 606).
198 Carl Friedrich Stahl, geb. 19. 1. 1799 in Stuttgart, Oberrechnungs-Kammersekretär im Württembergischen Finanzministerium, veröffentlichte 1824 eine »Übersicht über die Versteinerungen Würtembergs«, gest. 31. 1. 1852 in Stuttgart.
199 Friedrich Hartmann, geb. 15. 1. 1806 in Göppingen, Sohn des Arztes Ernst Gustav Friedrich Hartmann (vgl. Anm. 240), Studium der Medizin, veröffentlichte 1830 eine »Systematische Übersicht der Versteinerungen Würtembergs«, gest. 16. 1. 1890 in Reutlingen.
200 Eigentümer der Steinheimer Sandgrube waren Andreas Pharion (geb. 15. 4. 1845 in Steinheim, gest. 16. 5. 1930 in Steinheim) und sein Sohn Reinhold Pharion (geb. 18. 12. 1874 in Steinheim, gest. 17. 10. 1953 in Steinheim). Das Gelände ging danach in das Eigentum der Gemeinde Steinheim über. Sie fühlte sich dem Wirken der Familie Pharion so sehr verpflichtet, daß sie dem Staatlichen Museum für Naturkunde in Stuttgart großzügige Grabungsmöglichkeiten einräumte und für eine Ausstellung wichtiger Steinheimer Funde im dortigen »Meteorkrater-Museum« sorgte. Vgl. K. D. Adam 1980.
201 O. Fraas 1870, S. 148.
202 O. Fraas 1885, S. 313.
203 O. Fraas 1870, S. 147.
204 F. Berckhemer in E. Fraas 1926, S. 74.
205 Charles Darwin, geb. 13. 2. 1809 in Shrewsbury (Shropshire), Studium der Medizin und Theologie in Edinburgh und Cambridge, nach dem Examen durch Vermittlung des Cambridger Botanikers und Mineralogen John Stevens Henslow (1796–1861) Teilnahme an der Forschungsreise (1832–1836) des Schiffes »Beagle«, die Darwin rund um die Erde führte, danach Privatgelehrter in London und (ab 1840) in Down (Grafschaft Surrey), gest. nach langer Krankheit am 12. 4. 1882 in Down. Vgl. H. Burla 1959.
206 Ch. Darwin 1859.
207 Der wohl bekannteste Vorläufer Darwins, der allerdings die Veränderlichkeit der Arten mit ihrer aktiven Anpassung an Umweltbedingungen erklärte und die Erblichkeit erworbener Eigenschaften lehrte, ist Jean Baptiste Lamarck, geb. 1. 4. 1744 in Bazentin (Nordwestfrankreich), seit 1793 Professor für Zoologie der niederen Tiere in Paris, gest. 18. 12. 1829 in Paris. Ein früher Anhänger der Abstammungslehre war auch Carl Friedrich Kielmeyer (vgl. Anm. 82). Vgl. auch W. Zimmermann 1953.
208 Endemische Arten sind solche, die auf einen bestimmten Raum beschränkt sind.
209 Ernst Haeckel, geb. 16. 2. 1834 in Potsdam, seit 1862 Professor der Zoologie in Jena, gest. 9. 8. 1919 in Jena.
210 L. Rütimeyer 1863 (vgl. Anm. 212); W. Waagen 1869 (Wilhelm Waagen, 1841–1900, war Professor für Geologie und Paläontologie in München, Prag und Wien); M. Neumayr und K. M. Paul 1875 (Melchior Neumayr, 1845–1890, war Professor für Paläontologie in Wien; Karl Maria Paul, 1838–1900, war Geologe an der Geologischen Reichsanstalt in Wien).
211 Viele Forscher waren noch skeptisch. Ein Beispiel ist Heinrich Robert Goeppert (1800–1884, Professor für Botanik in Breslau, bedeutender Paläobotaniker), der 1864 in einer Bearbeitung permischer Floren schrieb: . . . »man wird mir zugeben, daß die Lehre der Verwandlung oder Transmutation von der fossilen Flora . . . keine Stütze zu erwarten hat« (H. R. Goeppert 1864/65, S. 296).
212 Ludwig Rütimeyer, geb. 26. 2. 1825 in Biglen im Emmental (Kanton Bern, Schweiz), Studium in Bern, zuerst der Theologie, dann der Medizin, danach Studium der Naturwissenschaften in Paris, London und Leiden, 1854 Habilitation in Bern, 1855 Professor für Zoologie und Vergleichende Anatomie in Basel, gest. 26. 11. 1895 in Basel. Vgl. C. Schmidt 1896.

213 L. Rütimeyer 1863, S. 612. Auf S. 643 meinte Rütimeyer allerdings, »die möglichen Beziehungen dieser Resultate zu der Darwin'schen Lehre weiter zu besprechen, liegt nicht im Plan dieser Arbeit; dieser Gesichtspunkt lag ihr überhaupt nicht im mindesten zu Grunde«.

214 Franz Hilgendorf, geb. 5. 12. 1839 in Neudamm (Neumark), Schulbesuch in Neudamm, Königsberg (Neumark) und Berlin, 1859 Abitur in Berlin, darauf Studium der Philologie und Naturwissenschaften in Berlin und Tübingen. Nach der Promotion Aushilfstätigkeit am Zoologischen Museum in Berlin, 1868–1870 Leiter des Zoologischen Gartens in Hamburg, 1871/72 Bibliothekar in Dresden und zuletzt auch Dozent für Zoologie an der dortigen Technischen Hochschule, 1873–1876 Dozent für Naturwissenschaften in Tokio (Japan), 1877 Assistent, 1880 Kustos am Zoologischen Museum in Berlin, dort zuletzt zuständig für die Fischsammlung. Gest. 5. 7. 1904 in Berlin. Vgl. W. Weltner 1906.

215 F. Hilgendorf 1863; W.-E. Reif 1983a.

216 Die Steinheimer Schnecken wurden im vergangenen Jahrhundert teils der Gattung Valvata, teils der Gattung Planorbis zugeordnet. Nach heutiger Auffassung gehören sie zu der mit Planorbis verwandten Gattung Gyraulus.

217 F. A. Quenstedt 1866, S. 118.

218 Franz Hilgendorf war der letzte Doktorand der Geologie und Paläontologie in der Tübinger Philosophischen Fakultät, der bis 1863 auch die naturwissenschaftlichen Fächer angehörten. 1863 wurden die naturwissenschaftlichen Fächer als eigenständige Fakultät abgetrennt. Vgl. W. von Engelhardt und H. Decker-Hauff 1963.

219 W.-E. Reif 1983a, S. 7.

220 F. Hilgendorf 1867.

221 O. Fraas 1866 S. 30.

222 Moritz Wagner, geb. 3. 10. 1813 in Bayreuth, Reisender und Naturforscher, seit 1860 Professor an der Universität München, gest. 30. 5. 1887 in München.

223 Alpheus Hyatt, geb. 5. 4. 1838 in Washington, Schüler von Louis Agassiz, seit 1871 Curator in Boston, Professor am Massachusetts Institute of Technology in Cambridge, Massachusetts, 1872 unter Führung von Oskar Fraas in Steinheim, gest. 15. 1. 1902 in Cambridge, Massachusetts. Vgl. A. Hyatt 1880.

224 Carl Ludwig Fridolin Sandberger, geb. 22. 11. 1826 in Dillenburg, Studium in Bonn, Gießen, Heidelberg und Marburg, Professor für Geologie in Karlsruhe und (seit 1863) Würzburg, gest. 11. 4. 1898 in Würzburg.

225 F. Sandberger 1874, S. 54–55.

226 K. D. Adam 1980; H. Hölder 1983; W.-E. Reif 1983a, S. 18.

227 Franz Gottschick, geb. 14. 8. 1865 in Zang bei Steinheim am Albuch, Studium der Forstwissenschaften in Tübingen und München, ab 1902 über 20 Jahre lang Vorstand des Forstamtes in Steinheim, ab 1923 Leiter des Forstamtes Einsiedel bei Tübingen, gest. 18. 9. 1927 in Tübingen. Vgl. F. Berckhemer 1927; W. Wenz 1928.

228 Wilhelm Wenz, geb. 21. 10. 1886 in Frankfurt am Main, Studium der Mathematik, Physik, Botanik und Zoologie in Heidelberg, Tübingen und Marburg, Studienrat in Hanau am Main, ehrenamtlicher Mitarbeiter des Senckenberg-Museums in Frankfurt, bester Kenner der tertiären Schnecken, gest. 12. 9. 1945 in Frankfurt. Vgl. A. Zilch 1947.

229 F. Gottschick 1920; W. Wenz 1922; H. Klähn 1923.

230 F. Gottschick 1920; W. Wenz 1922.

231 H. Mensink 1984; W.-E. Reif 1983b.

232 Friedrich August Quenstedt, geb. 9. 7. 1809 in Eisleben, 1837–1889 Professor in Tübingen, in den persönlichen Adelsstand erhoben, gest. 21. 12. 1889 in Tübingen. Über sein Leben und Wirken vgl. O. Fraas 1890b, 1891; E. Hennig 1936; H. Hölder 1977; O. Krimmel 1937, W. Quenstedt 1941.

233 Quenstedts Vorgänger war Gustav Schübler, geb. 17. 8. 1787 in Heilbronn, gest. 8. 9. 1834 in Tübingen.

234 William Smith, geb. 23. 3. 1769 in Churchill (Oxfordshire), gest. 28. 8. 1839 in Northampton, entdeckte um 1790 bei Kanalbauten in Westengland die Bedeutung der Fossilien für die relative Altersbestimmung. 1815 veröffentlichte er die erste, aus 15 Blättern bestehende, farbige geologische Karte Englands. Vgl. L. R. Cox 1948; J. M. Eyles 1969.

235 Derjenige Zweig der Stratigraphie, der sich auf Fossilien stützt, heißt Biostratigraphie. Die Hilfsmittel der Biostratigraphie sind die Leitfossilien. Von ihnen erwartet man Häufigkeit, leichte Kenntlichkeit, kurze Lebensdauer, d. h. geringe vertikale Verbreitung in der Schichtenfolge, weitgehende Unabhängigkeit von der Gesteinsausbildung, sowie räumlich weite Verbreitung.

236 Alexander von Humboldt, geb. 14. 9. 1769 in Berlin, Studium in Frankfurt an der Oder, Berlin, Göttingen und Freiberg in Sachsen, 1792–1797 im Bergdepartement tätig, Forschungsreisender (vor allem in Südamerika), ab 1827 Vorlesungen in Berlin (Universität und Singakademie), häufig mit Staatsaufträgen (Botschaften usw.) im Ausland, gest. 6. 5. 1859 in Berlin.

237 Christian Keferstein, geb. 20. 1. 1784, gest. 26. 8. 1866, jeweils in Halle an der Saale, studierte Rechtswissenschaften, beschäftigte sich jedoch bald ausschließlich mit Geologie.

238 Christian Leopold von Buch, Freiherr von Gelmersdorf und Schöneberg, geb. 26. 4. 1774 auf Schloß Stolpe (Ukermark, Brandenburg), Studiengenosse Alexander von Humboldts, Privatgelehrter und Forschungsreisender, lebte und wirkte in Berlin, gest. 4. 3. 1853 in Berlin.

239 Vgl. den anonymen Nekrolog, 1847.

240 Ernst Gustav Friedrich Hartmann, geb. 27. 11. 1767 in Stuttgart, in den persönlichen Adelsstand erhoben, gest. 11. 11. 1851 in Göppingen. Vgl. Th. Plieninger 1853.

241 Graf Friedrich von Mandelsloh, geb. 29. 12. 1795 in Stuttgart als Sohn des württembergischen Staats- und Finanzministers Graf Ulrich Lebrecht von Mandelsloh, gest. 15. 2. 1870 in Bad Mergentheim. Vgl. O. Fraas 1871.

242 Alcide d'Orbigny, geb. 6. 9. 1802 in Couëron (Westfrankreich), Zoologe und Paläontologe, Forschungsreisender in Südamerika (1826), seit 1853 Professor für Paläontologie am Muséum National d'Histoire Naturelle in Paris, gest. 30. 6. 1857 in Paris. D'Orbigny gilt als einer der bedeutendsten Stratigraphen.

243 A. d'Orbigny 1850–1852.

244 Die Stufennamen des Juras nach d'Orbigny lauten:
Portlandien
Kimmeridgien
Corallien
Oxfordien
Callovien
Bathonien
Bajocien
Toarcien
Liasien
Sinemurien

245 Vgl. W. J. Arkell 1933, S. 617–622.

246 Vgl. O. Fraas 1891, S. XXXIX.

247 Vgl. E. Hennig 1936, S. XL.

248 F. A. Quenstedt 1843.

249 F. A. Quenstedt 1856–1858.

250 F. A. Quenstedt 1843, S. 122.

251 F. A. Quenstedt 1856–1858, S. 23.

252 Vgl. E. Hennig 1936, S. XXXVI.

253 F. A. Quenstedt 1856–1858, S. 18.

254 F. A. Quenstedt 1856–1858, S. 17 und 18.

255 F. A. Quenstedt 1883–1888, S. 5. Man vergleiche auch Quenstedts allmähliches Abrücken von seinem Schüler Hilgendorf, S. 80.
256 Der schwedische Naturforscher Carl von Linné (1707–1778) hatte die sogenannte binäre Nomenklatur, d. h. die wissenschaftliche Benennung einer Art mittels eines Gattungs- und eines Artnamens, eingeführt. Sie ist heute durch international verbindliche Regeln fest verankert. Quenstedt hatte an den Artnamen noch erläuternde Zusätze angefügt.
257 F. A. Quenstedt 1856–1858, S. 18–19.
258 F. A. Quenstedt 1856–1858, S. 20.
259 Albert Oppel, geboren im heutigen Stuttgart-Hohenheim, wurde 1858 Adjunkt, 1859 Außerordentlicher und 1861 Ordentlicher Professor an der Paläontologischen Sammlung und an der Universität München. Er starb 34jährig am 22. 12. 1865 in München, nachdem er bei der Beerdigung eines Kindes erkrankt war. Sein Nachfolger wurde der berühmte Paläontologe Karl Alfred Zittel (geb. 25. 9. 1839 in Bahlingen am Kaiserstuhl, gest. 5. 1. 1904 in München). Vgl. J. G. Kurr 1867a; G. P. R. Martin 1961, 1965.
260 Johann Gottlob Kurr, geb. 15. 1. 1798 in Sulzbach an der Murr, nach dem Schulbesuch Ausbildung und Berufstätigkeit als Apotheker, 1829–1832 Studium der Medizin und Naturwissenschaften in Tübingen, Promotion in Medizin. 1832 Berufung als Lehrer an die Gewerbeschule (später Polytechnische Schule, Technische Hochschule und heute Universität) in Stuttgart, seit 1839 zugleich auch Lehrer am Katharinenstift (vgl. Anm. 352). Ferner betrieb Kurr von 1833 bis 1852 eine Arztpraxis. Er wurde durch die Verleihung des Württembergischen Kronordens ausgezeichnet, in den persönlichen Adelsstand erhoben und 1857 zum Oberstudienrat ernannt. Seine wissenschaftliche Tätigkeit war breit gefächert und lag überwiegend auf botanischem und mineralogischem Gebiet. Gest. 9. 5. 1870 in Stuttgart. Vgl. F. Fleischer 1871.
261 Oppel publizierte eine erweiterte Fassung der Preisaufgabe. Vgl. A. Oppel 1854.
262 A. Oppel 1856–1858.
263 A. Oppel 1856–1858, S. 123.
264 Friedrich Rolle, geb. 16. 5. 1827 in Bad Homburg, Studienfreund Oppels aus seiner Tübinger Zeit, kartierender Geologe in Österreich, später Privatgelehrter in Bad Homburg, gest. 10. 2. 1887 in Bad Homburg. Vgl. G. P. R. Martin und G. Uschmann 1969.
265 G. P. R. Martin 1961, S. 161–162.
266 G. P. R. Martin 1961, S. 165–166.
267 F. A. Quenstedt 1856–1858, S. 17.
268 F. A. Quenstedt 1856–1858, S. 556.
269 F. A. Quenstedt 1883–1888, S. 510.
270 F. A. Quenstedt 1883–1888, S. 687.
271 F. A. Quenstedt 1883–1888, S. 692.
272 F. A. Quenstedt 1883–1888, S. 837.
273 F. A. Quenstedt 1883–1888, S. 1040.
274 F. A. Quenstedt 1856–1858, S. 557.
275 Quenstedt spielt hier auf eine Bemerkung Oppels (1856–1858, S. 408) an: »Bei dem . . . von meinem Freund Pfizenmayer gefertigten Profil wurden wenigstens für den Lias auch andere Arbeiten schwäbischer Geologen beigezogen, wesshalb dasselbe als Resumé der vereinigten Forschungen zu betrachten ist. . . «
276 F. A. Quenstedt 1852.
277 G. P. R. Martin 1961, S. 135.
278 F. A. Quenstedt 1883–1888, S. 5.
279 Friedrich I., Herzog von Württemberg, geb. 19. 8. 1557 in Horburg (Elsaß), Regierungszeit 1593–1608, 1599 Gründung von Freudenstadt, gest. 29. 1. 1608 an einem Schlaganfall.
280 Johannes Bauhin, geb. 12. 2. 1541 in Basel, Studium der Medizin in Tübingen, Reisen durch Europa, Arzt in württembergischen Diensten im damals württembergischen Montbéliard (Mömpelgard), gest. 26. 10. 1613 in Montbéliard. Vgl. O. Fraas 1887a; C. Regelmann 1902.
281 J. Bauhinus 1598, 1602.
282 Ein Schichtglied des Schwarzen Juras (Schwarzjura ε) ist der sogenannte Posidonienschiefer, ein schwarzes, feingeschichtetes Gestein, das seinen Namen von einer kleinen Muschel hat, die früher Posidonia bronni (heute Bositra parva) hieß. Um echte Schiefer (vgl. Anm. 13) handelt es sich nicht; richtiger wäre die Bezeichnung Schieferton. Die »Schiefer« wurden schon zur Stauferzeit für Bauzwecke verwendet und waren im 18. Jahrhundert um Boll noch als Dachschiefer verbreitet.
283 Noch heute wird die feste, wirtschaftlich nutzbare Bank des Posidonienschiefers »Fleins« genannt.
284 F. A. Quenstedt 1855, S. 16.
285 Eberhard Friedrich Hiemer, geb. 24. 5. 1682 in Gächingen, Theologe, Hofprediger in Stuttgart, Verfasser des württembergischen Konfirmationsbüchleins, gest. 5. 5. 1727 in Stuttgart.
286 E. F. Hiemer 1724. Die deutsche Übersetzung des Titels lautet ungefähr: »Das Medusenhaupt, nämlich die neue Urkunde der weltweiten Überschwemmung. Entdeckt im württembergischen Land und in Kürze als schriftliche Erörterung mitgeteilt«.
287 Schlangensterne sind, ebenso wie Seesterne, Seeigel und Seelilien, Tiere aus dem Verwandtschaftskreis der Stachelhäuter. Von einer ungestielten Körperscheibe gehen fünf Arme aus, die zuweilen gegabelt sein können. Der Mund liegt inmitten der Körperscheibe und zeigt im Leben nach unten.
288 Im Kaspischen Meer kommen keine Stachelhäuter vor. Diese Tiere sind an den normalen Salzgehalt des offenen Ozeans angepaßt, der im Kaspischen Meer jedoch bei weitem nicht erreicht wird. Hiemers Irrtum beruht auf einer beiläufigen Bemerkung Johann Jakob Scheuchzers in einer Korrespondenz über den Fund, das Stück müsse »vel ex Caspio, vel ex Indico mari« stammen (E. F. Hiemer 1724, S. 20). Man wußte nämlich, daß »Medusenhäupter« in Südostasien vorkommen. Georg Eberhard Rumpf (Rumph, Rumphius) geb. 1627 in Hanau, Abenteurer, Arzt, Unterstatthalter und Naturforscher in holländischen Diensten, gest. 1702 auf Amboina (Molukken, heutiges Ost-Indonesien), hatte sie (und andere fremdartige Tiere) in seinem 1705 erschienenen Werk »D'Amboinsche Rariteitkamer« beschrieben.
289 Das Hiemersche »Medusenhaupt« war zunächst im Besitz des Reiseschriftstellers Johann Georg Keyssler (vgl. Anm. 292), ging dann an den Hannoveraner Arzt Dr. Hugo und schließlich in die Markgräfliche Sammlung nach Bayreuth (vgl. F. A. Quenstedt 1855, S. 15). In einem Inventar aus dem Jahre 1840 (C. F. W. Braun 1840), ist es nicht enthalten und auch in der heutigen Kreis-Naturaliensammlung nicht vorhanden (schriftliche Auskunft von Dr. P. Wellnhofer, München, vom 14. 2. 1984). Es erscheint deshalb zweifelhaft, ob es zusammen mit der übrigen Markgräflichen Sammlung an die 1832 gegründete Kreis-Naturaliensammlung übergeben wurde.
290 Johann Martin Rebstock, geb. 3. 5. 1648 in Lauffen, gest. 18. 10. 1729 in Frickenhausen.
291 Zitat nach F. A. Quenstedt 1855, S. 16.
292 Johann Georg Keyssler, geb. 13. 4. 1689 in Thurnau bei Kulmbach, gest. 21. 6. 1743 in Stintenburg bei Zarrentin (Mecklenburg), weilte 1727/28 als Hofmeister und Erzieher des Grafen Johann Hartwig Ernst von Bernstorff, des späteren Staatsmannes in dänischen Diensten (geb. 13. 5. 1712 in Hannover, gest. 18. 2. 1772 in Hamburg), drei Semester lang in Tübingen. Er wurde bekannt für seine Reiseberichte aus Deutschland und Böhmen.
293 J. G. Keyssler 1740/41, Bd. I, S. 129–130. – 50 Reichstaler entsprechen etwa 3000 DM.
294 Burchard David Mauchart, geb. 19. 4. 1696 in Marbach, war Professor der Chirurgie und Anatomie in Tübingen. Gest. 11. 4. 1751.

Mauchart besaß nicht nur einen Saurierrest, sondern auch eine prachtvolle Seelilie, die später in den Besitz des Kaiserlichen Postmeisters Johann Daniel Adami in Heilbronn überging. 1771 wurde das Stück um 100 Taler (entsprechend etwa 6000 DM) von Karl Theodor (geb. 11. 12. 1724 in Drogenbos bei Brüssel, gest. 16. 2. 1799 in München, seit 1743 Kurfürst von der Pfalz, seit 1777 auch Kurfürst von Bayern) für das Mannheimer Naturalienkabinett erworben. Beauftragter des Kurfürsten war hierbei Cosimo Alessandro Collini (geb. 14. 10. 1727 in Florenz, gest. 22. 3. 1806 in Mannheim, ab 1759 Freund und Sekretär Voltaires in Berlin, 1771–1782 Leiter des Mannheimer Museums, 1775 Beschreibung der Seelilie). Vgl. F. A. Quenstedt 1855, S. 17; G. Mayer 1982.

295 J. G. Keyssler 1740/41, Bd. II, S. 1064–1065. – Der »König« ist Kurfürst Friedrich August I. von Sachsen (geb. 12. 5. 1670 in Dresden, gest. 1. 2. 1733 in Warschau), der 1694–1733 regierte und seit 1697 zugleich König von Polen war. – 500 Taler entsprechen 30 000 DM, vgl. aber Anm. 293 und S. 98.

296 Christian Heinrich Eilenburg, geb. 1709 oder 1710, Studium in Leipzig, ab 1746 »Inspektor« des Naturalien- und Mineralien-Kabinetts in Dresden, verfaßte 1755 einen »Kurzen Entwurf der königlichen Naturalienkammer zu Dresden«, gest. 29. 7. 1771 in Dresden. Vgl. W. Fischer 1939, S. 91–92 und 117 ff.

297 Zitat nach W. Fischer 1939, S. 132–133.

298 Schriftliche Auskunft von Dr. H. Prescher, Dresden, vom 29. 3. 1984.

299 Zitat nach E. Müller 1949, S. 277.

300 Christian Albert Mohr, geb. 10. 5. 1709 in Stuttgart, Arzt, »Lizentiat der Medizin« in Göppingen, gest. 21. 2. 1789 in Plochingen.

301 50 Gulden entsprechen etwa 3000 DM.

302 Zitat nach F. A. Quenstedt 1855, S. 3–4 (aus der deutschen Übersetzung von 1602).

303 G. P. R. Martin 1961, S. 136.

304 G. P. R. Martin 1961, S. 134.

305 Jakob Hildenbrand, geb. 14. 12. 1826 in Dürnau, gest. 28. 4. 1904 in Ohmenhausen, Mitarbeiter bei der geologischen Kartierung Württembergs.

306 F. A. Quenstedt 1868. Der Fund ist im Institut und Museum für Geologie und Paläontologie der Universität Tübingen ausgestellt.

307 F. A. Quenstedt 1861, S. 195.

308 Friedrich Wilhelm Christian Schmidt, geb. 3. 8. 1799 in Beedenbostel bei Celle, gest. 14. 6. 1863 in Metzingen. In seinen Publikationen nannte er sich F. A. Schmidt.

309 Vgl. F. A. Schmidt 1838, S. 78.

310 Johannes Kohberger, geb. 9. 2. 1797, Zeugmacher und Fossilienhändler, gest. 6. 4. 1868 in Metzingen.

311 F. A. Quenstedt 1855, S. 29.

312 O. Fraas 1866, S. 243–244.

313 100 Gulden des Jahres 1866 entsprechen etwa 2000 DM.

314 G. F. Jäger 1824, 1828.

315 G. F. Jäger 1843, S. 118 (vorgetragen am 21. 9. 1842).

316 F. A. Quenstedt 1852, S. 126.

317 F. A. Quenstedt 1856–1858, S. 219–220.

318 F. A. Quenstedt 1865–1867, S. 157.

319 F. A. Quenstedt 1882–1885, S. 201.

320 In einigen wenigen Fällen könnte es sich jedoch tatsächlich um gefressene Junge handeln. Wilhelm Branca (geb. 9. 9. 1844 in Potsdam, Studium in Halle und Heidelberg, 1890–1895 Professor in Tübingen als Nachfolger Quenstedts, in den persönlichen Adelsstand erhoben, 1897–1899 Professor in Hohenheim, gest. 12. 3. 1928 in München) hatte dies schon zu Anfang dieses Jahrhunderts vermutet. Vgl. W. Branca 1908.

321 E. Fraas 1888a, S. 284.

322 Vivipar = lebendgebärend (im Gegensatz zu ovipar = eierlegend).

323 E. Fraas 1888a, S. 302.

324 Finne = Flosse.

325 E. Fraas 1888a, S. 285.

326 E. Fraas 1888a, S. 286. – Weichteile von Ichthyosauriern waren erstmals von William Buckland (geb. 12. 3. 1784 in Axminster, Professor für Mineralogie und Geologie in Oxford, später Anhänger der Sinflutlehre, gest. 14. 8. 1856 in Clapham) im Jahre 1836 an englischen Funden beschrieben und durch die von Louis Agassiz besorgte deutsche Übersetzung von Bucklands »Geologie und Mineralogie in Beziehung zur natürlichen Theologie« 1838 auch im deutschen Sprachraum bekannt geworden. Weichteil-Erhaltung bei wirbellosen Fossilien aus dem Posidonienschiefer ist schon seit 1849 (F. A. Quenstedt 1849) nachgewiesen.

327 E. Fraas 1888b, S. 31–32.

328 E. Fraas 1891, S. 31. – Über 60 Jahre nach der Freilegung der ersten schwäbischen Saurier mit Hautumrissen gab Bernhard Hauff jr. (B. Hauff 1953, S. 6) eine Schilderung der Entdeckungsgeschichte, die von den unmittelbar zeitgenössischen Berichten etwas abweicht.

329 B. Hauff 1921.

330 F. Berckhemer 1936, S. XLII.

331 C. F. Sattler 1752, Bd. II, S. 163.

332 Friedrich August von Alberti, geb. 4. 9. 1795 in Stuttgart, 1809 Bergbaustudium in Stuttgart, 1815–1818 Dienst an der Saline in Sulz am Neckar, 1818–1822 in Jagstfeld (die Jagstfelder Saline wurde 1820 Friedrichshall benannt), 1820 Ernennung zum Salineninspektor, 1822 Versetzung nach Schwenningen, wo Alberti unverzüglich mit Bohrungen begann, die am 26. 7. 1823 fündig wurden (die so begründete Schwenninger Saline wurde im Wettlauf mit der benachbarten Saline in Bad Dürrheim aufgebaut, wo die Bohrungen das Salz früher erschlossen hatten, die Inbetriebnahme jedoch erst später erfolgte). Mit einer Eingabe vom 8. 9. 1823 regte Alberti die 1824 erfolgreiche Bohrkampagne in Rottenmünster bei Rottweil an. 1853 Rückkehr nach Friedrichshall, wo am 2. 1. 1854 mit dem Bau eines Bergwerkes begonnen wurde, das von 1859 bis 1895 Salz förderte. 1870 Ruhestand, gest. 12. 9. 1878 in Heilbronn. Vgl. F. Berckhemer 1941; W. Carlé 1978; O. Fraas 1880.

333 Franz Carl Alberti, geb. 2. 1. 1742 in Arolsen, seit 1760 in württembergischen Diensten, 1807 in den erblichen Adelsstand erhoben, gest. 4. 9. 1820 in Stuttgart.

334 Georg Christian Füchsel, geb. 14. 2. 1722 in Ilmenau, 1741–1750 Studium der Medizin, Theologie und Naturwissenschaften in Jena und Leipzig, Hofmedikus und Bibliothekar in Rudolstadt, gest. 20. 6. 1773 in Rudolstadt.

335 Niels Stensen (Nicolaus Steno oder Stenonis), geb. 11. 1. 1638 in Kopenhagen, Medizinstudium in Kopenhagen und Paris, später Arzt, Erzieher und Naturforscher am großherzoglichen Hof in Florenz, Übertritt zum katholischen Glauben, Priesterweihe, Ernennung zum Titularbischof von Titiopolis und apostolischer Generalvikar in Norddeutschland, gest. 5. 12. 1687 (oder 1686) in Schwerin.

336 Der für die Geschichte des Lebens wichtigste Teil der Wernerschen Gliederung der Erdgeschichte in Formationssuiten und Formationen lautet:

Vulkanische Gesteine
Aufgeschwemmtes Gebirge
Flözgebirge
mit den Formationen Braunkohle, Pechkohle, Porphyrschiefer, Trapptuff, Mandelstein, Basalt, Wacke, Kreide, Quadersandstein, Muschelkalk, Steinsalz, Flötzgyps, Bunter Sandstein, Rauchwacke, Zechstein, Mergel, Alter Flötzkalk, Steinkohle, Rothes Todtliegendes, Alter Sandstein
Übergangsgebirge
Urgebirge

337 Abraham Gottlob Werner, geb. 25. 9. 1750 (oder 1749) in Wehrau (Oberlausitz), 1769 Studium an der Bergakademie in Freiberg/Sachsen, ab 1771 in Leipzig, 1775 Ruf an die Bergakademie Freiberg, wo Werner 40 Jahre lang eine erfolgreiche Lehrtätigkeit ausübte, überzeugter Neptunist (d. h. Anhänger und Verfechter der Lehre, wonach alle Gesteine wässerigen Ursprungs seien), obwohl in England der Privatgelehrte und Geologe James Hutton (1726–1797) überzeugend die Entstehung bestimmter Gesteine, z. B. des Basalts, aus glutflüssigen Schmelzen nachgewiesen hatte (Plutonismus), gest. 30. 6. 1817 in Dresden.

338 Flöze (Flötze) sind in der Definition des Mineralogen, Bergrates und Chemikers Johann Gottlob Lehmann (geb. 4. 8. 1719 in Langenhennersdorf, seit 1761 Professor in St. Petersburg, gest. 22. 1. 1767 in St. Petersburg an den Folgen der Explosion einer mit Arsenik gefüllten Retorte) »Schichten von Erden und Steinen, welche horizontal über einander liegen«.

339 F. von Alberti 1826.

340 F. von Alberti 1834.

341 Diese später noch erweiterte Sammlung wurde 1862 um 3000 Gulden vom Königlichen Naturalienkabinett in Stuttgart erworben, dem entspricht ein heutiger Preis von etwa 50 000 DM.

342 F. von Alberti 1834, S. III.

343 F. von Alberti 1834, S. 312.

344 Erscheinungsbild.

345 F. von Alberti 1834, S. 323–324.

346 Die zwölfte Versammlung Deutscher Naturforscher und Ärzte fand in Stuttgart vom 18. bis 24. September 1834 statt. Ihr legte auch Graf Friedrich von Mandelsloh (vgl. Anm. 241) seine »Geognostischen Profile der Schwäbischen Alp« vor. Außer den Vorträgen fand eine Exkursion zur Landwirtschaftlichen Anstalt in Hohenheim und eine Besichtigung der Königlichen Privatgüter in Weil bei Esslingen und Scharnhausen statt. Ferner gab König Wilhelm I. von Württemberg den Teilnehmern an der Versammlung am 25. September im Schloß Rosenstein ein Mittagsmahl. Vgl. Th. Plieninger 1834b.

347 Friedrich Wilhelm Karl von Württemberg, geb. 27. 9. 1781 in Lüben (Schlesien), 1816 als Wilhelm I. König von Württemberg, Erbauer der Grabkapelle auf dem Rotenberg bei Untertürkheim (ab 1820), des Schlosses Rosenstein (ab 1825), sowie der Wilhelma (ab 1840), gest. 25. 6. 1864 im Schloß Rosenstein.

348 gemeint ist der spätere »Schneckenkranz«, vgl. F. Berckhemer 1934a.

349 heute: Gesellschaft für Naturkunde in Württemberg.

350 J. G. Kurr 1867b, S. 37.

351 Wilhelm Heinrich Theodor Plieninger, geb. 17. 11. 1795 in Stuttgart als Sohn des Arztes Theodor Plieninger (1756–1840), Studium der Theologie, Mathematik und Naturwissenschaften in Tübingen, 1817–1823 im württembergischen Kirchendienst, 1823 Lehrer am Katharinenstift, 1832 nebenamtlicher und 1838 hauptamtlicher wissenschaftlicher Sekretär der (halbstaatlichen) Centralstelle des Landwirtschaftlichen Vereins, Kustos der Sammlungen dieses Vereins und als überaus vielseitiger Zoologe, Paläontologe und Meteorologe 1844 Mitbegründer des Vereins für vaterländische Naturkunde in Württemberg. 1847 Entdeckung von Säugetierzähnchen in den jüngsten Schichten der Trias (dies waren damals und noch lange später die ältesten Nachweise von Säugetieren). 1849 Zurruhesetzung als Sekretär der Centralstelle im Zuge einer Neuorganisation und stärkeren Ausrichtung auf Handel und Gewerbe. Nach seinem Austritt (1856) aus dem Verein für vaterländische Naturkunde widmete sich Plieninger vorzugsweise meteorologischen Fragen; 1858 wurde er Mitglied des Statistisch-Topographischen Bureaus (des heutigen Statistischen Landesamtes), dem er als Oberstudienrat bis zu seinem Tode angehörte. Gest. 26. 4. 1879 in Stuttgart. Vgl. W. von Gmelin 1879.

352 Gymnasium für Mädchen in Stuttgart, gegründet 1818 als »Öffentliche Erziehungs- und Unterrichts-Anstalt für Töchter aus den gebildeten Ständen« auf Veranlassung von Königin Katharina von Württemberg (geb. 21. 5. 1788 in Zarskoje Selo bei St. Petersburg, gest. 9. 1. 1819 in Stuttgart).

353 Der Landwirtschaftliche Verein wurde am 1. 8. 1817 von König Wilhelm I. von Württemberg mit dem Ziel gegründet, die Methoden der Landwirtschaft zu verbessern und dadurch die Ernährung der Bevölkerung zu sichern.

354 Die Sammlungen des Landwirtschaftlichen Vereins waren in der »Retraite« an der Straße von Stuttgart nach Berg untergebracht und wurden 1850 – nach der stärkeren Ausrichtung des Vereins auf Handel und Gewerbe – unter Wahrung der Eigentumsrechte der Öffentlichen Hand dem Verein für vaterländische Naturkunde zur Pflege anvertraut und mit dessen Sammlung 1864 dem Naturalienkabinett übergeben.

355 Th. Plieninger 1834a.

356 H. von Meyer und Th. Plieninger 1844, S. 51.

357 Alaun ist ein schwefelsaures Doppelsalz, das in der Gerberei-Industrie, in der Medizin als zusammenziehendes und blutstillendes Mittel, sowie als Waschmittel verwendet wurde.

358 Friedrich Ludwig Dieterich (nicht Dietrich, vgl. G. Mayer 1976), geb. 27. 12. 1791 in Ludwigsburg, gest. 4. 4. 1879 in Stuttgart. Seine ersten Funde sandte Dieterich nicht an die Centralstelle des Landwirtschaftlichen Vereins, sondern an das Königliche Naturalienkabinett, wo sie 1831 im Inventarbuch eingetragen wurden.

359 H. von Meyer und Th. Plieninger 1844, S. 58.

360 H. von Meyer und Th. Plieninger 1844, S. 64.

361 H. von Meyer und Th. Plieninger 1844, S. 68.

362 Eine kurzgefaßte Übersicht über die Saurier der württembergischen Trias geben E. Kuhn-Schnyder 1974 und R. Wild 1974. Vgl. auch M. Schmidt 1928 und 1938.

363 Christian Erich Hermann von Meyer, geb. 3. 9. 1801 in Frankfurt am Main, von Geburt gehbehindert, absolvierte nach der Schulzeit eine dreijährige Banklehre und studierte dann ab 1822 in Heidelberg Kameralwissenschaften (Volkswirtschaftslehre) und in München Mineralogie. 1834 Mitglied der ständigen Bürgerrepräsentation in Frankfurt, 1837 Kontrolleur bei der deutschen Bundeskassenverwaltung in Frankfurt. Neben seinem Beruf widmete er sich vor allem den fossilen Wirbeltieren und wurde – als Privatgelehrter – einer der bedeutendsten Wirbeltierpaläontologen des 19. Jahrhunderts. Besondere Verdienste erwarb er sich um die Erforschung der Saurier der Trias-Zeit, wobei er sich besonders auf Funde aus Württemberg stützen konnte. Er besaß selbst keine Sammlung, studierte sein Untersuchungsmaterial auf vielen Reisen und hatte Kontakt zu zahlreichen Fachwissenschaftlern und Privatsammlern, die ihm ihre Schätze zur Bearbeitung anvertrauten. 1860 erhielt er einen Ruf auf die Professur für Geologie und Paläontologie der Universität Göttingen, den er, besorgt um seine Unabhängigkeit, ablehnte. 1863 wurde er Bundestagskassierer, 1866 trat er in den Ruhestand, am 2. 4. 1869 starb er in Frankfurt an einem Schlaganfall. Vgl. K. A. Zittel 1870.

364 Plieninger nahm im September 1841 an der Jahresversammlung der Deutschen Naturforscher und Ärzte in Braunschweig teil und besuchte auf der Durchreise auch Frankfurt.

365 H. von Meyer und Th. Plieninger 1844, S. 51.

366 H. von Meyer und Th. Plieninger 1844.

367 Gottlieb Albert Reiniger, geb. 24. 12. 1803 in Stuttgart, Kaufmann, Zigarrenfabrikant und Stadtrat in Stuttgart, in naturwissenschaftlichen Kreisen geachteter Privatgelehrter, Vater des Landschaftsmalers Otto Reiniger (1863–1909), gest. 28. 12. 1868 in Stuttgart. Vgl. I. Schmid 1982, S. 16–17.

368 Th. Plieninger 1850, S. 171. Gemeint ist der Knollenmergel, vgl. S. 12.
369 Th. Plieninger 1857, S. 393.
370 Th. Plieninger 1857, S. 394.
371 Th. Plieninger 1847b, S. 206–207; 1850, S. 172; 1852, S. 117.
372 Th. Plieninger 1857, S. 402.
373 Dem Ausschuß des Vereins für vaterländische Naturkunde gehörten seit der Mitgliederversammlung vom 24. Juni 1856 in Tübingen an: Finanzrat Anton Friedrich Eser in Stuttgart (1798–1873), Professor Dr. Hermann Christian Fehling in Stuttgart (1811–1885), Professor Dr. Franz Fleischer in Hohenheim (1801–1878), Professor Dr. Oskar Fraas in Stuttgart (1824–1897), Apotheker Dr. Julius Haidlen in Stuttgart (1818–1883), Medizinalrat Dr. Eduard Hering in Stuttgart (1799–1881), Professor Christian Ferdinand Hochstetter in Esslingen (1787–1860), Obermedizinalrat Dr. Georg Friedrich Jäger in Stuttgart (1785–1866), Generalstabsarzt Dr. Adolph von Klein in Stuttgart (1805–1892), Professor Dr. Otto Köstlin in Stuttgart (1818–1884), Professor Dr. Ferdinand Krauss in Stuttgart (1812–1890), Professor Dr. Johann Gottlob Kurr in Stuttgart (1798–1870), Kanzleirat Georg von Martens in Stuttgart (1788–1872), Professor Dr. Theodor Plieninger (1795–1879), Graf Carl Friedrich August von Seckendorff in Stuttgart (1786–1858) und Apotheker Gottlieb Weismann in Stuttgart (1798–1859).
374 Vgl. Jahreshefte des Vereins für vaterländische Naturkunde, Band *8*, S. 524.
375 F. Krauss 1859, S. 15, 1865, S. 23–31.
376 F. Krauss 1880, S. 12.
377 Sixt Friedrich Jakob von Kapff, geb. 4. 12. 1809 in Stuttgart, bis 1826 Schulbesuch in Stuttgart und Tübingen, dann Studium der Rechtswissenschaften in Tübingen und Heidelberg, 1838 Promotion zum Doctor utriusque juris, danach im württembergischen Staatsdienst, seit 1851 Rat am Oberkriegsgericht in Stuttgart, 1863 Oberkriegsrat, 1873 Pensionierung, gest. 20. 1. 1887 in Stuttgart. Vgl. O. Fraas 1888.
378 Der Name Stubensandstein rührt daher, daß früher der Sand als Fegsand in den Wohnstuben verwendet wurde. Vgl. auch S. 12.
379 S. F. J. von Kapff 1859, S. 93. Gemeint sind Phytosaurier.
380 H. von Meyer 1861, S. 256.
381 O. Fraas 1877, S. 2.
382 H. von Meyer 1863b, S. 227.
383 S. F. J. von Kapff 1859, S.96.
384 O. Fraas 1877, S. 1.
385 Die Farbe rührt von Vivianit, einem wasserhaltigen Eisenphosphat, her.
386 Die Aëtosaurier gehören nicht zu den Eidechsen, sondern zu den Thecodontiern, die ihrerseits, zusammen mit Dinosauriern, Krokodilen und Flugsauriern, zu den Archosauriern gestellt werden.
387 Mazeration eines Skeletts ist die Ablösung der Weichteile von den Knochen, die hierbei ihre gegenseitigen Verbindungen einbüßen.
388 O. Fraas 1877, S. 2–3.
389 O. Fraas 1888, S. 29.
390 S. F. J. von Kapff 1864, S. 33; Hermann von Meyer (1863a, S. 445; 1865, S. 120, Taf. 29, Fig. 2–10) benannte die schlecht erhaltenen Reste, die im British Museum (Natural History) in London aufbewahrt werden, als Chelytherium obscurum.
391 Neuenhaus, heute Ortsteil der Stadt Aichtal, wurde im Volksmund wegen der dort betriebenen Töpferei Häfner-Neuhausen genannt, im Gegensatz zu dem etwa 7 km entfernten Neuhausen auf den Fildern.
392 F. A. Quenstedt 1889, S. 129.
393 Friedrich August Tscherning, geb. 18. 7. 1819 in Tübingen, Schulzeit in Ulm, Heilbronn und Tübingen, 1835 Abitur, 1837 Studium der Forstwissenschaften in Tübingen, wobei er auch Vorlesungen in Botanik, Geologie/Paläontologie, Chemie und Literatur hörte. Nach dem Studium Berufstätigkeit im württembergischen Forstdienst, ab September 1845 (und nach einem Zwischenspiel als Professor für Forstwirtschaft in Hohenheim erneut ab April 1855) in Bebenhausen, wo er sich große Verdienste um die Pflege der Wälder des Schönbuchs erwarb. Erhebung in den persönlichen Adelsstand; 1892 Pensionierung; gest. 22. 6. 1900 in Tübingen. Vgl. O. Rau 1950.
394 F. A. Quenstedt 1889, S. 121.
395 Ein Steinkern ist die Ausfüllung eines Hohlraumes mit Sediment.
396 Georg Hermann Carl Ludwig Baur, geb. 4. 1. 1859 in Weißwasser (Böhmen), Studium in Leipzig, danach Assistent und Professor für Osteologie an amerikanischen Universitäten (New Haven, Worcester, Chicago), gest. 25. 6. 1898 in München.
397 G. Baur 1887, 1888.
398 E. Fraas 1899.
399 Lorenz Haug, geb. 6. 6. 1853 in Schwäbisch Gmünd, Reallehrer in Spaichingen, später Gymnasialprofessor in Ravensburg, gest. 22. 10. 1926 in Ravensburg.
400 E. Fraas 1899, S. 403–404.
401 Georg Oberdörfer, geb. 4. 7. 1835 in Plieningen, von Beruf Weber, war seit 1865 als Hilfspräparator am Naturalienkabinett tätig, am 4. 7. 1877 zum Präparator ernannt. Ursprünglich in der zoologischen Präparation tätig, wechselte er später in die Paläontologie über. »In den 42 Jahren seiner Dienstzeit an der Kgl. Naturaliensammlung hat sich Oberdörfer stets als tüchtige Kraft erwiesen«. Er wurde während dieser Zeit für seine Leistungen ausgezeichnet durch Verleihung der bronzenen Jubiläumsmedaille und, im Jahre 1903, der Verdienstmedaille des Kronordens. Er wurde zum 1. 11. 1907 in den Ruhestand versetzt und starb am 13. 1. 1921 in Reutlingen. Vgl. E. Schüz 1967b.
402 Rigolen ist tiefgründiges Umgraben.
403 E. Fraas 1913b, S. 15.
404 Die meisten dieser späteren Funde stammen aus dem mittleren Remstal und der Gegend von Murrhardt. Auch aus Aixheim bei Spaichingen sind später nochmals Schildkrötenreste geborgen worden, darunter als besondere Kostbarkeit im Jahre 1927 ein Schädel – der älteste Schädel einer Schildkröte überhaupt.
405 O. Jaekel 1918.
406 Gottlob Friedrich Munz, geb. 12. 11. 1861 in Zuffenhausen, gest. 5. 6. 1913 in Trossingen.
407 Friedrich Baron Hoyningen, genannt Huene, allgemein bekannt unter den Namen Friedrich von Huene oder Friedrich Freiherr von Huene, geb. 22. 3. 1875 in Tübingen, lebte ab 1876 in Basel, wo sein Vater Lehrer an der Evangelischen Predigerschule war, 1886–1888 vorübergehend in Estland. 1888–1895 Besuch des Gymnasiums in Basel, nach dem Abitur im Sommersemester 1895 Studium der Naturwissenschaften und Theologie in Lausanne, dann 3 Semester Studium der Naturwissenschaften in Basel. 1897 Studium in Tübingen, dort (19. 12. 1898) Promotion mit einer Arbeit über paläozoische Brachiopoden (F. von Huene 1899). 1899 Assistent am Geologisch-Paläontologischen Institut der Universität Tübingen, um 1900 Beginn der Beschäftigung mit fossilen Wirbeltieren, speziell den Sauriern. Auf diesem Gebiet wurde Friedrich von Huene bald einer der bekanntesten und am besten bewanderten Forscher. Er verfeinerte in Tübingen eine neuartige Methode, Wirbeltierskelette zu montieren. »Die zerbrechlichen Knochen . . . sollten keinesfalls durchbohrt werden, man sollte sie jederzeit leicht vom Eisengerüst abnehmen können . . ., und doch sollte das Ganze ästhetisch und natürlich wirken«. 1925 Ernennung zum Konservator, 1927 zum Hauptkonservator für die geologisch-paläontologischen Sammlungen der Universität Tübingen. 1945 Ernennung zum Honorarprofessor. Auch nach seiner Pensionierung (1948) arbeitete von Huene fast

täglich weiterhin im Institut. Gest. 4. 4. 1969 in Tübingen. Friedrich von Huene war ein tief religiöser Mensch, der von seiner eigenen wissenschaftlichen Arbeit schrieb: »Mit solchen Bemühungen darf man ein wenig in Gottes Schöpferwerkstätte schauen und den Blick anderer dahin richten, damit auch sie den Schöpfer erkennen«. Vgl. F. von Huene 1944; W. Gross 1969; A. Seilacher und F. Westphal 1969a, 1969b.

408 Eduard Greppin, geb. 28. 9. 1856, gest. 14. 6. 1927, betreute die Geologische Abteilung des Naturhistorischen Museums in Basel.

409 F. von Huene 1899.

410 E. Fraas 1912, S. XVI. Über den zeitlichen Ablauf der ersten Trossinger Grabung gibt es in der Literatur unterschiedliche Darstellungen. Nach den erhaltenen Unterlagen (Archiv des Staatlichen Museums für Naturkunde in Stuttgart) fand der erste Grabungsabschnitt im Frühjahr 1911, der zweite im Sommer 1912 statt.

411 E. Fraas 1914a, S. XIV, 1914b, S. LX.

412 E. Fraas 1913a, S. LXIV.

413 William Diller Matthew, geb. 19. 2. 1871, gest. 24. 9. 1930, war Mitarbeiter des American Museum of Natural History in New York und Professor für Paläontologie an der University of California. Sein Arbeitsgebiet waren die fossilen Wirbeltiere.

414 F. von Huene 1944, S. 28.

415 Karl Koch, geb.17. 11. 1875 in Trossingen, Harmonika-Fabrikant, Ehrendoktor der Universität Tübingen, gest. 3. 7. 1945 in Trossingen.

416 Matthias Hohner (geb. 3. 1. 1863, gest. 1. 7. 1929, jeweils in Trossingen) und Andreas Hohner (geb. 28. 10. 1864, gest. 13. 5. 1926, jeweils in Trossingen) waren Söhne des Gründers der Trossinger Mundharmonika-Fabrik Matthias Hohner AG.

417 W. von Engelhardt und H. Hölder 1977, S. 142.

418 Georg Wetzel, geb. 25. 8. 1883 in Lustnau bei Tübingen, gelernter Zimmermann, dann Berufssoldat, nach dem Ersten Weltkrieg Hausmeister am Geologisch-Paläontologischen Institut der Universität Tübingen, Ausbildung zum Präparator am Senckenberg-Museum in Frankfurt, zuletzt Präparator in Tübingen, gest. 20. 5. 1942 in Tübingen.

419 F. von Huene 1923, S. 372.

420 L. Wilhelm 1927, S. 435.

421 vgl. K. M. Ruff u. a. 1983.

422 Vgl. Paläontologische Zeitschrift, Bd. 5, S. 373–380, 1923. – Teilnehmer an der Diskussion waren Othenio Abel aus Wien (1875–1946), Georg Gürich aus Hamburg (1859–1938), Paul Kessler aus Tübingen (1882–1927), Erich Krenkel aus Leipzig (1880–1964), Franz Baron Nopcsa aus Budapest (1887–1933), Wilhelm Pfeiffer aus Stuttgart (1888–1939), Ernst Freiherr Stromer von Reichenbach aus München (1871–1952) und Carl Wiman aus Uppsala (1867–1944).

423 Förderer der Grabung waren insbesondere das Württembergische Wirtschaftsministerium, der Stuttgarter Bund für freiwilligen Arbeitsdienst, das Landesarbeitsamt Südwestdeutschland, das Arbeitsamt Tuttlingen, die Stadtverwaltung Trossingen, die Matthias Hohner AG in Trossingen und der Verein zur Förderung der Naturaliensammlung in Stuttgart.

424 Reinhold Seemann, geb. 5. 5. 1888 in Cannstatt, Besuch des Karlsgymnasiums in Stuttgart, Studium der Naturwissenschaften in Tübingen, Freiburg, Stuttgart und Berlin, Promotion 1917 in Tübingen. Im Ersten Weltkrieg Offizier, wurde Seemann schwer verwundet und verlor sein rechtes Auge. Nach mehrjähriger Tätigkeit als Geologe in der Industrie 1925 Einstellung als Konservator an der Württembergischen Naturaliensammlung; hauptsächlich geologisch-mineralogisch sowie stratigraphisch im Tertiär tätig; 1938 Ernennung zum Hauptkonservator, 1940–1946 Vertretung des Lehrstuhls für Geologie und Bodenkunde in Hohenheim, 1946 Bestellung zum geschäftsführenden Direktor der Württembergischen Naturaliensammlung, 1950 Pensionierung, gest. 17. 12. 1975 in Marburg an der Lahn. Vgl. H. Hölder 1976.

425 R. Seemann 1933, S. 131.

426 R. Seemann 1933, S. 152.

427 R. Seemann 1932, S. LIV.

428 F. Berckhemer, A. Faber und M. Rauther 1934, S. XXXIII.

429 Württemberger Zeitung, Nr. 80, 7. 4. 1934, S. 11.

430 Das von R. Seemann 1933, Taf. 3, abgebildete, in Fundlage präparierte Skelett ist zerstört.

431 F. von Huene 1940, S. 46.

432 Die »Stuttgarter Nachrichten« organisierten im Februar 1971 Ausstellungen des Staatlichen Museums für Naturkunde in Stuttgart in den Kaufhäusern Breuninger, Hertie, Horten und Merkur, sowie in der Commerzbank Stuttgart, der Deutschen Bank Stuttgart, der Dresdner Bank Stuttgart, der Girokasse Stuttgart, der Württembergischen Landessparkasse Stuttgart und der Württembergischen Hypothekenbank Stuttgart. Die Aktion stand unter dem Motto »Die Saurier kommen wieder« und hatte das Ziel, für einen Neubau des Staatlichen Museums für Naturkunde zu werben. Es wurde daraufhin im Winter 1973/74 ein Architektenwettbewerb durchgeführt. 1977 fiel die Entscheidung zugunsten des Neubaus; 1981 wurde der Bau begonnen; am 4. Dezember 1985 wurde der erste Abschnitt der Ausstellung südwestdeutscher Fossilien feierlich eröffnet.

Zeittafel

Vor etwa 260–280 Millionen Jahren:	Ein zuvor im Gebiet des heutigen Südwestdeutschlands entstandenes Gebirge wird abgetragen.
Vor etwa 220–240 Millionen Jahren:	Das heutige Südwestdeutschland ist Festland und wird von den Ablagerungen des Buntsandsteins eingedeckt.
Vor etwa 220 Millionen Jahren:	Eindringen des Muschelkalkmeeres, das von Ceratiten (Verwandten der Ammoniten), Muscheln, Seelilien und Sauriern bewohnt ist.
Vor etwa 200–210 Millionen Jahren:	Zur Keuperzeit ist das heutige Südwestdeutschland meistens Festland, zeitweise von Sümpfen durchsetzt, und örtlich mit reichem Pflanzenwuchs. Größte Lurchtiere sind die Mastodonsaurier. In der jüngeren Keuperzeit leben in den Gewässern krokodilähnliche Saurier; auf dem trockenen Land kommen Schildkröten, Aëtosaurier und frühe Dinosaurier vor.
Vor etwa 195 Millionen Jahren:	Einbruch des Rhät-Meeres; in den dabei umgelagerten Ablagerungen kommen die ältesten Säugetiere Europas vor.
Vor etwa 190 Millionen Jahren:	Das Jura-Meer bedeckt das heutige Südwestdeutschland. Es wird von Ammoniten und vielen anderen Meerestieren bewohnt.
Vor etwa 180 Millionen Jahren:	Am Meeresboden bildet sich unter Sauerstoffmangel der Posidonienschiefer, in dem die Kadaver von Sauriern, Fischen, Seelilien und anderen Meerestieren eingebettet werden.
Vor etwa 140 Millionen Jahren:	Am Meeresboden bilden Schwammriffe Schwellen und Becken. In manchen Becken lagern sich Plattenkalke mit vorzüglich erhaltenen Fossilien ab. Auf den Schwellen siedeln sich Korallen an. Bald danach zieht sich das Meer zurück.
Vor etwa 65–135 Millionen Jahren:	Die Kreidezeit hinterläßt im heutigen Südwestdeutschland keine Spuren.
Vor etwa 50–65 Millionen Jahren:	Auch aus der ältesten Tertiärzeit gibt es hier keine Zeugnisse.
Vor etwa 50 Millionen Jahren:	In Karstspalten und Klüfte werden Knochen und Zähne von Säugetieren eingeschwemmt. Der Oberrheingraben beginnt sich einzusenken.
Vor etwa 25 Millionen Jahren:	In Sümpfen und Seen entstehen in Oberschwaben die Ablagerungen der Unteren Süßwassermolasse.
Vor etwa 20 Millionen Jahren:	Molasse-Meer in Oberschwaben. Seine Nordküste verläuft von Tuttlingen bis Heidenheim quer über die Schwäbische Alb. Es zieht sich schon bald wieder zurück. Beginn der vulkanischen Aktivität im Kaiserstuhl.
Vor etwa 10–18 Millionen Jahren:	Sümpfe und See in Oberschwaben (Obere Süßwassermolasse). Vulkanausbrüche im Hegau und auf der Schwäbischen Alb. Einschlag von Meteoriten im Ries und im Steinheimer Becken. Reiches Pflanzen- und Tierleben an und in den Sümpfen und Kraterseen.
Vor etwa 8 Millionen Jahren:	Ausklingen der Molasse-Sedimentation in Oberschwaben. Aus dem jüngsten Tertiär gibt es nur wenige Zeugnisse.

Vor etwa 1–2 Millionen Jahren:	Das frühe Quartär hat nur wenige Spuren hinterlassen.
Vor etwa 500 000 Jahren:	Der Heidelberger Urmensch lebt zusammen mit wärmeliebenden Tieren (u. a. Waldelefanten und Nashörnern) während der Mosbach-Warmzeit. Ältere Altsteinzeit.
Vor etwa 350 000 Jahren:	Mindel-Eiszeit.
Vor etwa 250 000 Jahren:	Holstein-Warmzeit; Steinheimer Urmensch und Tiere des Waldes (u. a. Waldelefant, Waldriesenhirsch).
Vor etwa 200 000 Jahren:	Beginnende Riß-Eiszeit; Tiere der Steppe (u. a. Steppenelefant, Steppenriesenhirsch).
Vor etwa 100 000 Jahren:	Eem-Warmzeit; vereinzelte Rastplätze früher Neandertaler. Mittlere Altsteinzeit.
Vor etwa 75 000 Jahren:	Beginn der Würm-Eiszeit. Mammut und Fellnashorn bevölkern das Land. Der Neandertaler hinterläßt kaum Spuren.
Vor etwa 30 000 Jahren:	Späte Würm-Eiszeit. Der Homo sapiens ist eingewandert und legt als Mammutjäger Depots mit den Stoßzähnen seiner Jagdbeute an. Jüngere Altsteinzeit.
Vor etwa 13 000 Jahren:	Die Gletscher schmelzen ab. In ihrem Umkreis jagt der Mensch Rentiere.
Vor etwa 10 000 Jahren:	Ende der Eiszeit. Bäume bewachsen die Tundra; Birkenzeit; Mittelsteinzeit.
Vor etwa 6000 Jahren:	Klimaoptimum; Eichenzeit; Jungsteinzeit in Mitteleuropa. Erste Hochkulturen in Vorderasien.
um 600 v. Chr.:	Buchenzeit; Hallstattzeit; Kelten im heutigen Südwestdeutschland. Im antiken Griechenland werden Fossilfunde als Reste von Lebewesen gedeutet.
um 340 v. Chr.:	Aristoteles lehrt die spontane Entstehung niederer Tiere aus unbelebten Substanzen; diese Theorie der Urzeugung wird auch auf die Fossilien angewandt.
um 50 n. Chr.:	Die Römer begründen ihre Macht im heutigen Südwestdeutschland.
um 260 n. Chr.:	Die Alamannen dringen über den Limes bis zum Rhein und an den Bodensee vor.
764 n. Chr.:	Letztes bezeugtes Vorkommen des Elches in Südwestdeutschland.
um 1250:	Albertus Magnus glaubt, daß Fossilien durch besondere Kräfte hervorgebracht werden; phantasievolle Deutungen der Fossilien setzen sich immer mehr durch.
1494:	Fund eines »Einhorns« (= Mammutstoßzahns) in Schwäbisch Hall.
um 1550:	Graf Wilhelm Wernher von Zimmern (bei Rottweil) sammelt Fossilien.
1565:	Conrad Geßner in Zürich schreibt ein Buch über Fossilien, ist sich aber über ihre Natur nicht völlig klar.
1598:	Johannes Bauhin findet bei der Untersuchung der Schwefelquelle von Boll bei Göppingen Fossilien im dortigen Schwarzen Jura.
1600:	Ein Schädel mit Geweihteilen eines Riesenhirsches aus dem Eiszeitalter wird dem Herzoglichen Kunst- und Naturalienkabinett in Stuttgart einverleibt.
1605:	Fund eines Mammutstoßzahns bei Neunbronn nahe Schwäbisch Hall.
1695:	John Woodward bereitet der These, Fossilien seien in der Sintflut umgekommene Geschöpfe, den Weg.
1700:	Der Fund der »Fossilia Canstadiensia« erregt großes Aufsehen und führt zu hitzigen Diskussionen unter den Gelehrten. Zusammen mit den Mammutknochen wird auch ein menschliches Schädeldach geborgen, jedoch zunächst nicht beachtet.
1708:	Johann Jakob Scheuchzer in Zürich und Johann Jakob Baier in Altdorf bei Nürnberg vertreten die Sintfluttheorie.
1709:	Rosinus Lentilius erhält winzige Schälchen aus Steinheim am Albuch, bestreitet jedoch, daß sie von Schnecken herrühren.
um 1720:	Philipp Heinrich Weissensee sammelt Korallen im Weißen Jura von Blaubeuren. Der Tübinger Professor Johann Georg Gmelin verkauft aus seiner großen Sammlung den Rest eines fossilen Wirbeltieres aus dem Posidonienschiefer von Boll an den Kurfürsten von Sachsen.
1724:	Eberhard Friedrich Hiemer beschreibt das »Medusenhaupt« (in Wirklichkeit eine Seeliliengruppe) aus dem Posidonienschiefer von Ohmden. Balthasar Ehrhart erkennt den Bau und die Verwandtschaftsbeziehungen der Belemniten.
1726:	Johann Jakob Scheuchzer findet den »Homo diluvii testis«, einen Riesensalamander aus dem Tertiär von Öhningen.

1749: Christian Albert Mohr birgt bei Boll das erste, heute noch erhaltene Skelett eines Ichthyosauriers, das jedoch zunächst falsch gedeutet wird.
1752: Markgräfin Caroline Louise von Baden gründet das Karlsruher Naturalienkabinett.
1761: Christian Füchsel beschreibt »Formationen«.
1784–1788: Georges Cuvier studiert an der Hohen Karlsschule in Stuttgart.
1791: Trennung des Herzoglichen Naturalienkabinetts in Stuttgart von den Kunstsammlungen.
1793: Kielmeyers Rede »Über die Verhältnisse der organischen Kräfte untereinander«.
1796: Georges Cuvier weist am Beispiel des Mammuts ausgestorbene Tierarten nach und begründet damit die wissenschaftliche Paläontologie.
um 1800: William Smith erkennt, daß jede fossile Art auf Schichten eines ganz bestimmten Alters beschränkt ist und begründet damit die Biostratigraphie.
1803: Übernahme des etwa 50 Jahre zuvor gegründeten Meersburger Naturalienkabinetts durch Karlsruhe. Erste Funde von Trias-Sauriern bei Tübingen.
1816: Entdeckung der Cannstatter Stoßzahngruppe. Die Untersuchung, ob der Mensch schon Zeitgenosse der eiszeitalterlichen Tierwelt war, unterbleibt wegen des frühen Todes König Friedrichs von Württemberg.
1824: Georg Friedrich Jäger erkennt im Mohrschen Fund von 1749 einen Ichthyosaurier.
1830–1833: Major Hartwig von Zieten veröffentlicht seine »Versteinerungen Württembergs«.
1831: Erste Funde von Mastodonsauriern aus dem Keuper von Gaildorf.
1834: Versammlung der Deutschen Naturforscher und Ärzte in Stuttgart. Friedrich von Alberti faßt Buntsandstein, Muschelkalk und Keuper als »Trias« zusammen.
1835: Georg Friedrich Jäger veröffentlicht sein Werk über die fossilen Säugetiere Württembergs.
1837: Friedrich August Quenstedt wird Professor in Tübingen. Karl Friedrich Schimper prägt die Bezeichnung »Eiszeit«.
1838: Erste Saurierfunde im Keuper der Feuerbacher Heide bei Stuttgart.
um 1840: Hermann von Meyer befaßt sich mit den Sauriern der Trias.
1842: Georg Friedrich Jäger erkennt, daß die Ichthyosaurier lebendgebärend waren.
1843: Friedrich August Quenstedt veröffentlicht das »Flözgebirge Würtembergs«.
1845: Eduard Mörike dichtet den »Petrefaktensammler«.
1847: Gottlieb Albert Reiniger entdeckt im Keuper bei Degerloch ein Skelett eines großen Sauriers. Theodor Plieninger beschreibt die ältesten Zähnchen von Säugetieren.
ab 1852: Joseph Probst erforscht das oberschwäbische Tertiär.
1853: Erste Flugsaurierfunde aus den Plattenkalken von Nusplingen.
1854: Oskar Fraas wird an das Naturalienkabinett nach Stuttgart berufen (er tritt seinen Dienst 1855 an). Albert Oppel veröffentlicht seine Dissertation. Joseph Victor Scheffel dichtet den »Ichthyosaurus«.
1856: Entdeckung des Neandertalers. Erste Flugsaurierreste aus dem Posidonienschiefer (von Metzingen).
1856–1858: Friedrich August Quenstedt veröffentlicht den »Jura« und Albert Oppel die »Juraformation«.
1857: Sixt Friedrich Jakob von Kapff beginnt, im Keuper von Heslach zu sammeln.
1859: »Der Ursprung der Arten« von Charles Darwin erscheint. Anerkennung der Befunde Jaques Boucher de Perthes', wonach Werkzeuge des Menschen zusammen mit eiszeitalterlichen Tierknochen vorkommen.
1861: Oskar Fraas gräbt die Bärenhöhle im Hohlenstein im Lonetal aus.
1862: Franz Hilgendorf entdeckt den Formenwandel der tertiären Schnecken von Steinheim am Albuch.
1866: Oskar Fraas gräbt die Rentierjägerstation an der Schussenquelle aus und weist damit für Mitteleuropa erstmals nach, daß Menschen und eiszeitliche Tierwelt Zeitgenossen waren. Er schildert den schwunghaften Handel mit Sauriern aus dem Posidonienschiefer.
1867: Im Keuper von Stuttgart wird der Saurier Dyoplax entdeckt.

1868: Friedrich August Quenstedt beschreibt die große Seelilienkolonie von Ohmenhausen bei Reutlingen.

1870: Beim Bau des Stuttgarter Hauptpostamtes wird der von Hanweiler bei Winnenden stammende Metoposaurus entdeckt. Oskar Fraas kümmert sich um Säugetierfunde aus dem Tertiär von Steinheim am Albuch.

1873: Armand de Quatrefages beschreibt die »race de Canstadt«.

1875: Sixt Friedrich Jakob von Kapff birgt und präpariert die Aëtosaurus-Gruppe von Heslach.

1881: Bislang schönster Fund eines sogenannten Geburtsvorganges bei Ichthyosauriern, aus dem Posidonienschiefer von Zell am Aichelberg.

1883: Bernhard Hauff beginnt, sich in Holzmaden um Fossilfunde im Posidonienschiefer zu kümmern. Im Tertiär von Steinheim am Albuch wird ein Skelett des Rüsseltieres Mastodon entdeckt.

1885: Friedrich August Tscherning findet bei Neuenhaus den Steinkern einer Schildkröte aus dem Keuper.

1888: Eberhard Fraas beschreibt an Funden aus der Werkstatt Hauff Hautreste bei Ichthyosauriern aus dem Posidonienschiefer. Richard Blezinger stellt in Crailsheim anläßlich der Jahresversammlung des Vereins für vaterländische Naturkunde Fossilien aus dem dortigen Muschelkalk aus.

1891: Eberhard Fraas tritt am Naturalienkabinett in Stuttgart seinen Dienst an. Auf Java wird der Urmensch Pithecanthropus erectus entdeckt.

1893: Erster Plesiosaurier aus dem Posidonienschiefer; Dakosaurus aus dem Weißen Jura von Schnaitheim; erster Flugsaurier aus dem Posidonienschiefer von Holzmaden.

1896: Funde des Krokodilsauriers Mystriosuchus im Keuper von Aixheim bei Spaichingen.

1899: Im Posidonienschiefer von Holzmaden wird ein Hai gefunden, der 250 Rostren von Belemniten im Magen enthält.

1900: Friedrich von Huene beginnt seine Arbeit an Sauriern der Trias.

1902: Beginn des Steinbruchbetriebs bei Pfaffenhofen im Stromberg, wo zahlreiche Saurierreste im Keuper entdeckt werden.

1907: Otto Schoetensack kann den Unterkiefer des Heidelberger Menschen bei Mauer an der Elsenz in Empfang nehmen. David Geyer bearbeitet Schnecken des Quartärs. Weitere Plesiosaurier-Funde im Posidonienschiefer von Holzmaden.

1910: In Steinheim an der Murr wird das Skelett eines eiszeitalterlichen Elefanten und eines Auerochsen geborgen.

1911/12: Erste Trossinger Sauriergrabung.

1915: Entdeckung eines Skeletts der Pflasterzahnechse Placodus im Muschelkalk von Steinsfurt bei Sinsheim.

1919: Fritz Berckhemer wird Konservator an der Stuttgarter Naturaliensammlung.

1921–1923: Zweite Trossinger Dinosaurier-Grabung. Im Muschelkalk von Crailsheim wird ein Skelett des Nothosauriers Simosaurus entdeckt.

1924: Karl Bertsch erarbeitet das erste oberschwäbische Pollendiagramm.

1927: Ältester Schädel einer Schildkröte aus dem Stubensandstein von Aixheim bei Spaichingen.

1932: Dritte Trossinger Dinosaurier-Grabung.

1933: In Steinheim an der Murr wird der Schädel eines Urmenschen aus der Holstein-Warmzeit geborgen. In Untertürkheim werden menschliche Siedlungsreste aus der Eem-Warmzeit entdeckt.

1934: In Lustnau bei Tübingen wird die Pflasterzahnechse Henodus im Keuper entdeckt. Im Posidonienschiefer von Schömberg bei Balingen wird ein körperlich erhaltenes Skelett eines großen Ichthyosauriers geborgen.

1938: Krokodil aus dem Posidonienschiefer von Schömberg.

1944: Zerstörung des Stuttgarter Naturkundemuseums; die meisten Funde waren rechtzeitig ausgelagert worden.

1945: Fund eines Krokodilsauriers im Keuper von Murrhardt.
1949: Entdeckung der Erpfinger Bärenhöhle.
1950: Beginn der Grabungen im Tertiär des Höwenegg bei Immendingen.
1951: Entdeckung einer Seelilienschicht im Muschelkalk von Neckarwestheim.
1966: Saurierreste im Buntsandstein von Rotfelden bei Nagold entdeckt. In einer Kiesgrube im Oberrheintal bei Mannheim werden große Teile eines eiszeitalterlichen Elefantenskeletts hochgebaggert.
1972: Zweiter Elefantenfund bei Mannheim. Saurierfunde im Keuper von Magstadt.
1974: Meereskrokodil Machimosaurus aus dem Weißen Jura von Neuffen. Plesiosaurier aus dem Weißen Jura von Geislingen an der Steige.
1976: Beim Autobahnbau wird in der Nähe von Langenau eine reichhaltige Fundstelle aus dem Tertiär, vor allem mit Säugetierresten, angeschnitten. Vermeintlicher Nachweis von Belemniten mit Weichteilen im Posidonienschiefer (erweist sich nachträglich als Fälschung). Erstfund einer Brückenechse im Posidonienschiefer (von Schörzingen).
1977: Beim Autobahnbau wird in der Nähe von Kupferzell eine reichhaltige Fundstelle aus dem Keuper, vor allem mit Saurierresten, angeschnitten.
1980: Beginn der Grabungen im Travertin von Stuttgart-Bad Cannstatt, bei denen außer Elefantenknochen auch Artefakte von Menschen aus der Holstein-Warmzeit entdeckt werden.
1983: Nachweis echter Weichteil-Belemniten im Posidonienschiefer.
1985: Im Neubau des Museums am Löwentor in Stuttgart werden die Fossilfunde aus Baden-Württemberg der Öffentlichkeit wieder zugänglich gemacht.

Literatur

Abel, O. (1927): Lebensbilder aus der Tierwelt der Vorzeit. – Jena (G. Fischer), 2. Aufl.

– (1939): Vorzeitliche Tierreste im Deutschen Mythus, Brauchtum und Volksglauben. – Jena (G. Fischer).

Adam, K. D. (1961): Die Bedeutung der pleistozänen Säugetier-Faunen Mitteleuropas für die Geschichte des Eiszeitalters. – Stgt. Beitr. Naturkde., *78*; Stuttgart.

– (1964): Die Großgliederung des Pleistozäns in Mitteleuropa. – Stgt. Beitr. Naturkde., *132*; Stuttgart.

– (1966): Quartärforschung am Staatlichen Museum für Naturkunde in Stuttgart. – Stgt. Beitr. Naturkde., *167*; Stuttgart.

– (1969): Georges Cuvier und das Stuttgarter Naturalienkabinett. – In: Cuvier und Württemberg; Stuttgart.

– (1972/73): Anfänge urgeschichtlichen Forschens in Südwestdeutschland. – Quartär, *23/24*; Bonn.

– (1973): Die »Artefakte des Homo steinheimensis« als Belege urgeschichtlichen Irrens. – Stgt. Beitr. Naturkde., B, *6*; Stuttgart.

– (1975): Das Urmensch-Museum Steinheim an der Murr. – Steinheim.

– (1976): Steinheim an der Murr – eine Fossilfundstätte von Weltrang. – Kosmos, *72*; Stuttgart.

– (1980): Das Steinheimer Becken – eine Fundstätte von Weltgeltung. – Jh. Ges. Naturkde. Württ., *135*; Stuttgart.

– (1982): Der Mensch im Eiszeitalter. – Stgt. Beitr. Naturkde., C, *15*; Stuttgart.

– (1983): Der Urmensch und seine Umwelt im Eiszeitalter auf Untertürkheimer Markung. – Stuttgart.

– (1984): Der Mensch der Vorzeit. Führer durch das Urmensch-Museum Steinheim an der Murr. – Stuttgart (Theiss).

Adam, K. D. und Kurz, R. (1980): Eiszeitkunst im süddeutschen Raum. – Stuttgart (Theiss).

Adam, K. D. und Uhland, R. (1969): Cuvier und Württemberg. Zum 200. Geburtstag des Naturforschers Georges Cuvier 1769–1832. – Stuttgart.

Agassiz, L. (1832): Untersuchungen über die fossilen Süsswasser-Fische der tertiären Formationen. – N. Jb. Mineral., *3*; Stuttgart.

Alberti, F. von (1826): Die Gebirge des Königreichs Würtemberg, in besonderer Beziehung auf Halurgie. – Stuttgart und Tübingen (Cotta).

– (1834): Beitrag zu einer Monographie des Bunten Sandsteins, Muschelkalks und Keupers, und die Verbindung dieser Gebilde zu einer Formation. – Stuttgart und Tübingen (Cotta).

Anonymus (1847): Nekrolog Major v. Zieten's. – Jh. Ver. vaterl. Naturkde. Württ., *3*; Stuttgart.

Arkell, W. J. (1933): The Jurassic System in Great Britain. – Oxford (Clarendon).

Baier, J. J. (1708): Oryktographia Norica, sive rerum fossilium et ad minerale regnum pertinentium in territorio norimbergensi ejusque vicinia observatarum succincta descriptio cum iconibus lapidum figuratorum fere ducentis. – Norimbergae/Nürnberg (Michahellis).

Bauhinus, J. (1598): Historia novi et admirabilis fontis balneique Bollensis in Ducato Wirtembergico ad acidulas Goepingenses. – Montisbeligardi/Montbéliard (J. Foillet).

– (1602): Badbuch: Oder Historische Beschreibung des Wunder Brunnen und Heylsamen Bads bey Boll. Das Vierdte Buch. – Stutgarten/Stuttgart (Max Fürster).

Baur, G. (1887): Ueber den Ursprung der Extremitäten der Ichthyopterygia. – Ber. oberrhein. geol. Ver., a. F. *20*; Stuttgart.

– (1888): Osteologische Notizen über Reptilien (Fortsetzung III). – Zool. Anz., *11*; 285; Leipzig.

Baur, K. (1968): Karl Bertsch. Botaniker und Vorgeschichtsforscher (1878–1965). – Jh. Ver. vaterl. Naturkde. Württ., *123*; Stuttgart.

Beer, R. R. (1972): Einhorn, Fabelwelt und Wirklichkeit. – München (G. D. W. Callwey).

Berckhemer, F. (1926): In: E. Fraas: Führer durch die Naturaliensammlung zu Stuttgart. I. Die geognostische Sammlung Württembergs; Stuttgart (Schweizerbart).

– (1927): Franz Gottschick †. – Jh. Ver. vaterl. Naturkde. Württ., *83*; Stuttgart.

– (1930): Der fossile Gavial von Boll. – Monatsschr. Württemberg, *2*, 1; Stuttgart.

– (1933a): Pfarrer a. D. Dr. Theodor Engel †. – Jh. Ver. vaterl. Naturkde. Württ., *89*; Stuttgart.

– (1933b): David Geyer †. – Jber. Mitt. oberrhein. geol. Ver., n. F. *22*; Stuttgart.

– (1933c): Die Wirbeltierfunde aus den Schottern von Steinheim a. d. Murr. – Jber. Mitt. oberrhein. geol. Ver., n. F. *22*; Stuttgart.

– (1934a): Zur Geschichte des Stuttgarter Schneckenkranzes. – Jh. Ver. vaterl. Naturkde. Württ., *90*; Stuttgart.

– (1934b): Über den Schädel des Urmenschen von Steinheim an der Murr. – Jh. Ver. vaterl. Naturkde. Württ., *90*; Stuttgart.

– (1934c): Der Steinheimer Urmensch und die Tierwelt seines Lebensgebietes. – Aus der Heimat, *47*; Öhringen und Stuttgart.

– (1936): Bernhard Hauff zum 70. Geburtstag. – Jh. Ver. vaterl. Naturkde. Württ., *92*; Stuttgart.

– (1940a): Über die Riesenhirschfunde von Steinheim an der Murr. – Jh. Ver. vaterl. Naturkde. Württ., *96*; Stuttgart.

– (1940b): Oskar Fraas. Geologe und Vorgeschichtsforscher. Vorstand des Kgl. Naturalienkabinetts in Stuttgart. 1824–1897. – Schwäbische Lebensbilder, *1*; Stuttgart (Kohlhammer).

– (1941): Friedrich von Alberti. Bergrat und Geologe. 1795–1878. – Schwäbische Lebensbilder, *2*; Stuttgart (Kohlhammer).

– (1951): Bernhard Hauff. – Jh. Ver. vaterl. Naturkde. Württ., *106*; Stuttgart.

Berckhemer, F., Faber, A. und Rauther, M. (1934): Bericht der Württ. Naturaliensammlung in Stuttgart für das Jahr 1934. – Jh. Ver. vaterl. Naturkde. Württ., *90*; Stuttgart.

Beringer, C. C. (1954): Geschichte der Geologie und des Geologischen Weltbildes. – Stuttgart (Enke).

Bertsch, K. (1924): Paläobotanische Untersuchungen im Reichermoos. – Jh. Ver. vaterl. Naturkde. Württ., *80*; Stuttgart.

– (1926): Die Vegetation Oberschwabens zur Zeit der Schussenrieder Renntierjäger. – Jber. Mitt. oberrhein. geol. Ver., n. F. *14*; Stuttgart.

– (1927): Blütenstaubuntersuchungen im Federseegebiet. – Veröff. württ. Landesstelle Naturschutz, *4*; Stuttgart.

Bertsch, K. und F. (1948): Flora von Württemberg und Hohenzollern. –

Stuttgart (Wiss. Verlagsges.), 2. Aufl.
Beyschlag, J. F. (1734): Dissertatio inauguralis physico-medica de Ebore Fossili Suevico Halensi. – Halae/Halle (J. Ch. Hilliger).
Branca, W. (1908): Sind alle im Innern von Ichthyosauren liegenden Jungen ausnahmslos Embryonen? – Abh. k. preuss. Akad. Wiss., 1907; Berlin.
Braun, C. F. W. (1840): Verzeichnis der in der Kreis-Naturalien-Sammlung zu Bayreuth befindlichen Petrefacten. – Leipzig (L. Voss).
Buckland, W. (1838): Geologie und Mineralogie in Beziehung zur natürlichen Theologie. – Bern, Chur und Leipzig (J. F. J. Dalp).
Burla, H. (1959): Darwin und sein Werk. – Neujahrsbl. naturforsch. Ges. Zürich, *161*; Zürich.
Carlé, W. (1965): Die natürlichen Grundlagen und die technischen Methoden der Salzgewinnung in Schwäbisch Hall (I). – Jh. Ver. vaterl. Naturkde. Württ., *120*; Stuttgart.
– (1972): Georg Wagner. – Jh. Ges. Naturkde. Württ., *127*; Stuttgart.
– (1973): Das wissenschaftliche Werk von Georg Wagner. – Jh. Ges. Naturkde. Württ., *128*; Stuttgart.
– (1978): Die Rolle des Königlichen Bergrates Dr. h. c. Friedrich August von Alberti in der Entwicklung von Geologie, Salinen- und Bergbaukunst. – Jh. Ges. Naturkde. Württ., *133*; Stuttgart.
Cox, L. R. (1948): William Smith and the birth of stratigraphy. – 18. Internat. geol. Congr., Great Britain 1948; London.
Cuvier, G. (1812): Recherches sur les ossemens fossiles. – Paris (Deterville).
– (1821–1824): Recherches sur les ossemens fossiles. – Paris (G. Dufour & E. d' Ocagne), 2. Aufl.
– (1830): Die Umwälzungen der Erdrinde in naturwissenschaftlicher und geschichtlicher Beziehung. – Bonn (Eduard Weber).
Daber, R. (1965): Wilhelm Otto Dietrich †. – Ber. geol. Ges. DDR, *10*; Berlin.
Darwin, Ch. (1859): On the Origin of Species by Means of Natural Selection, or the Preservation of Favoured Races in the Struggle for Life. – London (J. Murray).
Dietrich, W. O. (1910): Neue fossile Cervidenreste aus Schwaben. – Jh. Ver. vaterl. Naturkde. Württ., *66*; Stuttgart.
– (1912): Elephas primigenius Fraasi, eine schwäbische Mammutrasse. – Jh. Ver. vaterl. Naturkde. Württ., *68*; Stuttgart.
– (1929): Über die Einbettung eines Urs (Bos primigenius Boj.) im Steinheimer Schotter. – Jh. Ver. vaterl. Naturkde. Württ., *85*; Stuttgart.
Drevermann, F. (1931): Das erste Skelett des Pflasterzahns Placodus, ein Geschenk Arthur v. Gwinner's. – Natur und Museum, *61*; Frankfurt.
– (1933): Die Placodontier. 3. Das Skelett von Placodus gigas Agassiz im Senckenberg-Museum. – Abh. senckenberg. naturforsch. Ges., *38*; Frankfurt.
Ehrenberg, K. (1949): Othenio Abel †, sein Werden und Wirken. – N. Jb. Mineral., B, Mh. 1949; Stuttgart.
Ehrhart, B. (1724): Dissertatio medica inauguralis, de Belemnitis Suevicis. – Lugduni Batavorum/Leiden (Conrad Wishoff).
– (1727): De Belemnitis Suevicis Dissertatio. – Augustae Vindelicorum/Augsburg (D. R. Merz & J. J. Mayer).
– (1748): Observatio CXV, qua asseritur potiora fossilium genera, per certas majores minoresve regiones suis limitibus cinctas, disposita jacere. – Acta phys. med. Acad. Leopold. – Francisc. natur. curios. Ephemer., *8*; Norimbergae/Nürnberg.
Eilenburg, Ch. H. (1755): Kurzer Entwurf der königlichen Naturalienkammer zu Dresden. – Dresden und Leipzig (Walther).
Endriss, K. (1889): Geologie des Randecker Maars und des Schopflocher Riedes. – Z. deutsch. geol. Ges., *41*; Berlin.
Engel, Th. (1905): Kämmerer D. Joseph Probst, † in Biberach 9. März 1905. – Jh. Ver. vaterl. Naturkde. Württ., *61*; Stuttgart.
– (1908): Geognostischer Wegweiser durch Württemberg. – Stuttgart (Schweizerbart), 3. Aufl.
Engelhardt, W. von und Decker-Hauff, H. (1963): Quellen zur Gründungsgeschichte der Naturwissenschaftlichen Fakultät in Tübingen 1859–1863. – Tübingen (J. C. B. Mohr).
Engelhardt, W. von und Hölder, H. (1977): Mineralogie, Geologie und Paläontologie an der Universität Tübingen von den Anfängen bis zur Gegenwart. – Contubernium, *20*; Tübingen (J. C. B. Mohr).
Eyles, J. M. (1969): William Smith (1769–1839). A chronology of significant dates in his life. – Proc. geol. Soc. London, 1969, 1657; London.
Fahlbusch, V. (1981): Miozän und Pliozän – Was ist was? Zur Gliederung des Jungtertiärs in Süddeutschland. – Mitt. Bayer. Staatssamml. Paläont. hist. Geol., *21*; München.
Filzer, P. (1954–1956): Kleines Praktikum der Pollenanalyse. – Kosmos, *44/45*; Stuttgart.
Firbas, F. (1949): Spät- und nacheiszeitliche Waldgeschichte Mitteleuropas nördlich der Alpen. – Jena (G. Fischer).
Fischer, H. (1966): Conrad Gessner 1516–1565. – Neujahrsbl. naturforsch. Ges. Zürich, *168*; Zürich.
– (1973): Johann Jakob Scheuchzer (2. August 1672–23. Juni 1733) Naturforscher und Arzt. – Neujahrsbl. naturforsch. Ges. Zürich, *175*; Zürich.
Fischer, W. (1939): Mineralogie in Sachsen von Agricola bis Werner. – Dresden (C. Heinrich).
Fischer, W. (1959): Neue Funde von Henodus chelyops v. Huene im Tübinger Gipskeuper. – N. Jb. Geol. Paläont., Mh. 1959; Stuttgart.
Fleischer, F. (1871): Nekrolog des Oberstudienraths Professor Dr. v. Kurr. – Jh. Ver. vaterl. Naturkde. Württ., *27*; Stuttgart.
Fraas, E. (1888a): Ueber die Finne von Ichthyosaurus. – Jh. Ver. vaterl. Naturkde. Württ., *44*; Stuttgart.
– (1888b): Ueber die Finne von Ichthyosaurus. – Ber. oberrhein. geol. Ver., a. F. *21*; Stuttgart.
– (1889): Die Labyrinthodonten der schwäbischen Trias. – Palaeontographica, *36*; Stuttgart.
– (1891): Die Ichthyosaurier der süddeutschen Trias- und Jura-Ablagerungen. – Tübingen (Laupp).
– (1894): Über die neuesten palaeontologischen Funde in Württemberg. – Jh. Ver. vaterl. Naturkde. Württ., *50*; Stuttgart.
– (1895): Geognostische Verhältnisse. – In: Beschreibung des Oberamts Cannstatt; Stuttgart (Kohlhammer).
– (1896): Die Schwäbischen Trias-Saurier. – Stuttgart (Schweizerbart).
– (1899): Proganochelys Quenstedtii Baur (Psammochelys Keuperina Qu.). Ein neuer Fund der Keuperschildkröte aus dem Stubensandstein. – Jh. Ver. vaterl. Naturkde. Württ., *55*; Stuttgart.
– (1907): Aëtosaurus crassicauda n. sp. nebst Beobachtungen über das Bekken der Aëtosaurier. – Jh. Ver vaterl. Naturkde. Württ., *63*; Stuttgart.
– (1909): Schwäbische Plesiosaurier. – Jh. Ver. vaterl. Naturkde. Württ., *65*; Stuttgart.
– (1912): Verzeichnis der Zugänge zu der Württembergischen Landessammlung des K. Naturalienkabinetts. C. Mineralogisch-paläontologische Sammlung. – Jh. Ver. vaterl. Naturkde. Württ., *68*; Stuttgart.
– (1913a): Über das Massensterben unter den Tieren und dessen Bedeutung für die Paläontologie. – Jh. Ver. vaterl. Naturkde. Württ., *69*; Stuttgart.
– (1913b): Proterochersis, eine pleurodire Schildkröte aus dem Keuper. – Jh. Ver. vaterl. Naturkde. Württ., *69*; Stuttgart.
– (1914a): Verzeichnis der Zugänge zu der Württembergischen Landessammlung des K. Naturalienkabinetts. Mineralogisch-paläontologische Sammlung. – Jh. Ver. vaterl. Naturkde. Württ., *70*; Stuttgart.
– (1914b): Über die neuesten Dinosaurierfunde in Württemberg. – Jh. Ver. vaterl. Naturkde. Württ., *70*; Stuttgart.
– (1926): Führer durch die Naturaliensammlung zu Stuttgart. I. Die geognostische Sammlung Württembergs. – Stuttgart (Schweizerbart).
Fraas, O. (1850): Versuch einer Vergleichung des schwäbischen Juras mit dem französischen und englischen. – Jh. Ver. vaterl. Naturkde. Württ., *5*; Stuttgart.
– (1861): Die Mammuths-Ausgrabungen zu Cannstatt im Jahre 1700. – Jh. Ver. vaterl. Naturkde. Württ., *17*; Stuttgart.
– (1862a): Die tertiären Hirsche von Steinheim. – Jh. Ver. vaterl. Naturkde.

Württ., *18*; Stuttgart.
– (1862b): Der Hohlenstein und der Höhlenbär. – Jh. Ver. vaterl. Naturkde. Württ., *18*; Stuttgart.
– (1866): Vor der Sündfluth! Eine Geschichte der Urwelt. – Stuttgart (Hoffmann).
– (1867a): Über die neuesten Erfunde an der Schussenquelle bei Schussenried. – Jh. Ver. vaterl. Naturkde. Württ., *23*; Stuttgart.
– (1867b): Dyoplax arenaceus, ein neuer Stuttgarter Keuper-Saurier. – Jh. Ver. vaterl. Naturkde. Württ., *23*; Stuttgart.
– (1870): Die Fauna von Steinheim. Mit Rücksicht auf die miocänen Säugethier- und Vogelreste des Steinheimer Beckens. – Jh. Ver. vaterl. Naturkde. Württ., *26*; Stuttgart.
– (1871): Nekrolog des Grafen v. Mandelsloh. – Jh. Ver. vaterl. Naturkde. Württ., *27*; Stuttgart.
– (1877): Aëtosaurus ferratus Fr. Die gepanzerte Vogel-Echse aus dem Stubensandstein bei Stuttgart. – Jh. Ver. vaterl. Naturkde. Württ., *33*, 3; Stuttgart.
– (1880): Nekrolog des Dr. Friedrich v. Alberti, Bergrath, geb. zu Stuttgart am 4. September 1795, gest. zu Heilbronn am 12. September 1878. – Jh. Ver. vaterl. Naturkde. Württ., *36*; Stuttgart.
– (1885): Beiträge zur Fauna von Steinheim. – Jh. Ver. vaterl. Naturkde. Württ., *41*; Stuttgart.
– (1887a): Johannes Bauhinus II. – Jh. Ver. vaterl. Naturkde. Württ., *43*; Stuttgart.
– (1887b): Der Seelberg bei Cannstatt. – Ber. oberrhein. geol. Ver., a. F. *20*; Stuttgart.
– (1887c): Ueber die Cannstatt-Rasse. – Corr.bl. deutsch. Ges. Anthropol. Ethnol., Urgesch., *18*; München.
– (1888): Nekrolog des Oberkriegsrats Dr. v. Kapff. – Jh. Ver. vaterl. Naturkde. Württ., *44*; Stuttgart.
– (1890a): Nekrolog des Apothekers August Friedrich Valet. – Jh. Ver. vaterl. Naturkde. Württ., *46*; Stuttgart.
– (1890b): Friedrich August Quenstedt. – N. Jb. Mineral., 1890, 1; Stuttgart.
– (1891): Nekrolog des Prof. Friedrich August Quenstedt. – Jh. Ver. vaterl. Naturkde. Württ., *47*; Stuttgart.
Freyberg, B. von (1958): Johann Jakob Baiers Oryktographia Norica nebst Supplementen. – Erlanger geol. Abh., *29*; Erlangen.
Füchsel, Ch. (1761): Historia terrae et maris ex historia Thuringiae per montium descriptionem eruta. – Acad. elect. Moguntinae; Erfurt.
Geßner, C. (1565): De rerum fossilium, lapidum et gemmarum genere. – Tiguri/Zürich (J. Gesner).
Geyer, D. (1925): David Geyer, geboren am 6. November 1855 zu Köngen am Neckar. – Arch. Molluskenkde., *57*; Frankfurt.
Gmelin, W. von (1879): Wilhelm Heinrich Theodor von Plieninger. – Leopoldina, *15*; Halle an der Saale.
Goeppert, H. R. (1864/65): Die fossile Flora der Permischen Formation. – Palaeontographica, *12*; Cassel/Kassel.
Gottschick, F. (1920): Die Umbildung der Süßwasserschnecken des Tertiärbeckens von Steinheim a. A. unter dem Einflusse heißer Quellen. – Jenaische Z. Naturwiss., *56* (n. F. *49*); Jena.
Groschopf, P. und Reiff, W. (1966): Ergebnisse neuerer Untersuchungen im Steinheimer Becken (Württemberg). – Jh. Ver. vaterl. Naturkde. Württ., *121*; Stuttgart.
Gross, W. (1964): Wilhelm Otto Dietrich (1881–1964). – N. Jb. Geol. Paläont., Mh. 1964; Stuttgart.
– (1969): Friedrich Freiherr von Huene, 22. 3. 1875–4. 4. 1969. – Pal. Z., *43*; Stuttgart.
Hagdorn, H. (1979): Ein Fossiliensammler und seine Sammlung. – Jh. Ges. Naturkde. Württ., *134*; Stuttgart.
Hantke, R. (1954): Die fossile Flora der obermiozänen Oehninger Fundstätte Schrotzburg (Schienerberg, Süd-Baden). – Denkschr. schweiz. naturforsch. Ges., *80*, 2; Zürich.

– (1965): Die fossilen Eichen und Ahorne aus der Molasse der Schweiz und von Oehningen (Süd-Baden). – Neujahrsbl. naturforsch. Ges. Zürich, *167*; Zürich.
– (1966): Die fossilen Liquidambar-Reste (Amberbaum) aus der Molasse der Schweiz und von Oehningen (Südbaden). – Eclogae geol. Helvet., *59*; Basel.
Hartmann, F. (1830): Systematische Uebersicht der Versteinerungen Würtembergs, mit vorzüglicher Rücksicht der in den Umgebungen von Boll sich findenden. – Tübingen (Laupp).
Hauff, B. (1921): Untersuchung der Fossilfundstätten von Holzmaden im Posidonienschiefer des Oberen Lias Württembergs. – Palaeontographica, *64*; Stuttgart.
Hauff, B. jr. (1953): Das Holzmadenbuch. – Öhringen (F. Rau).
Hauff, B. jr. und R. (1981): Das Holzmadenbuch. – Holzmaden, 3. Aufl.
Heer, O. (1855–1859): Flora tertiaria Helvetiae. Die tertiäre Flora der Schweiz. – Winterthur (J. Wurster & Co.).
– (1865): Die Urwelt der Schweiz. – Zürich (F. Schultheß), 1. Aufl.
– (1877): Flora fossilis Helvetiae. – Zürich (J. Wurster & Co.).
– (1883): Die Urwelt der Schweiz. – Zürich (F. Schultheß), 2. Aufl., Nachdr.
Heizmann, E. P. J., Ginsburg, L. und Bulot, Ch. (1980): Prosansanosmilus peregrinus, ein neuer machairodontider Felide aus dem Miocän Deutschlands und Frankreichs. – Stuttg. Beitr. Naturkde., B, *58*; Stuttgart.
Hennig, E. (1923): Führer durch die Sammlungen des Geologisch-Paläontologischen Instituts der Eberhard-Karls-Universität Tübingen. – Stuttgart (Schweizerbart).
– (1936): Friedrich August Quenstedt. – Jh. Ver. vaterl. Naturkde. Württ., *92*; Stuttgart.
– (1945): Zu Bernhard Hauff's 75. Geburtstage. – Jber. Mitt. oberrhein. geol. Ver., n. F. *31*; Stuttgart.
– (1965): Wilhelm Otto Dietrich. Paläontologischer Forscher. – Jh. Ver. vaterl. Naturkde. Württ., *120*; Stuttgart.
Hiemer, E. F. (1724): Caput medusae utpote novum diluvii universalis monumentum. Detectum in agro Würtembergico et brevi dissertatiuncula epistolari expositum. – Stuttgardiae/Stuttgart (Ch. Th. Roesslin).
Hilgendorf, F. (1863): Beiträge zur Kenntnis des Süßwasserkalkes von Steinheim. – Diss. Univ. Tübingen (unveröff.).
– (1867): Über Planorbis multiformis im Steinheimer Süßwasserkalk. – Mber. k. preuss. Akad. Wiss., 1866; Berlin.
– (1879): Zur Streitfrage des Planorbis multiformis. – Kosmos (Z. Entwickl. lehre und einheitl. Weltanschauung), *3*; Leipzig.
Hölder, H. (1873): Ueber die Race von Cannstadt des Herrn de Quatrefages. – Corr.bl. deutsch. Ges. Anthropol., Ethnol., Urgesch., *3*; Braunschweig.
– (1892): Die Schädel von Cannstatt und Neanderthal. – Corr.bl. deutsch. Ges. Anthropol., Ethnol., Urgesch., *23*; München.
Hölder, H. (1958): Ein Jubiläumsjahr der Juraforschung. – Jh. Ver. vaterl. Naturkde. Württ., *113*; Stuttgart.
– (1960): Geologie und Paläontologie in Texten und ihrer Geschichte. – Freiburg (K. Alber).
– (1976): Reinhold Seemann. Geologe. – Jh. Ges. Naturkde. Württ., *131*; Stuttgart.
– (1977): Geschichte der Geologie und Paläontologie an der Universität Tübingen. – Contubernium, *20*; Tübingen (J. C. B. Mohr).
– (1983): Friedrich August Quenstedt (1809–1889) und die Evolutionstheorie. – Pal. Z., *57*; Stuttgart.
– (1985): Otto Linck. – Jh. Ges. Naturkde. Württ., *140*; Stuttgart.
Holler, F. H. (1940): Karl Friedrich Kielmeyer. Staatsrat, Professor der Naturwissenschaften, Direktor der wissenschaftlichen Sammlungen in Stuttgart. 1765–1844. – Schwäbische Lebensbilder, *1*; Stuttgart (Kohlhammer).
Huene, F. von (1899): Zur Systematik der Craniaden. – N. Jb. Mineral., 1899, 1; Stuttgart.
– (1902): Übersicht über die Reptilien der Trias. – Geol. Pal. Abh., n. F. *6*, 1; Jena.

– (1907/08): Die Dinosaurier der europäischen Triasformation mit Berücksichtigung der außereuropäischen Vorkommnisse. – Geol. Pal. Abh., Suppl. Bd. *1*; Jena.
– (1923): Exkursion nach Trossingen. – Pal. Z., *5*; Stuttgart.
– (1926): Vollständige Osteologie eines Plateosauriden aus dem Schwäbischen Keuper. – Geol. Pal. Abh., n. F. *15*; Jena.
– (1928): Lebensbild des Saurischier-Vorkommens im obersten Keuper von Trossingen in Württemberg. – Palaeobiologica, *1*; Wien.
– (1929): Die Plateosaurier von Trossingen. – Umschau, *33*; Frankfurt.
– (1934): Ein neuartiger Saurier aus dem Gipskeuper bei Lustnau. – Jh. Ver. vaterl. Naturkde. Württ., *90*; Stuttgart.
– (1940): Der Anteil der schwäbischen Saurier am Aufbau der paläontologischen Kenntnisse. – Jh. Ver. vaterl. Naturkde. Württ., *96*; Stuttgart.
– (1944): Arbeitserinnerungen. – Selbstbiographien von Naturforschern, *2*; Halle an der Saale (Leopol.-Carol. Akad. Naturforsch.)
Hyatt, A. (1880): The Genesis of the Tertiary species of Planorbis at Steinheim. – Annivers. Mem. Boston Soc. nat. Hist.; Boston, Mass.
Illner, A. (1956): Von Wilhelm Otto Dietrich veröffentlichte Arbeiten. – Geologie, *5*; Berlin.
Jaeger, C. C. F. (1818): Bemerkungen über das Vorkommen der fossilen Knochen in der Gegend von Stuttgard und Canstatt. – Ann. Physik, *58* (n. F. *28*); Leipzig.
Jäger, G. F. (1824): De Ichthyosauri sive Proteosauri fossilis speciminibus in agro Bollensi in Würtembergia. – Stuttgart (Cotta).
– (1828): Über die fossile Reptilien, welche in Würtemberg aufgefunden worden sind. – Stuttgart (J. B. Metzler).
– (1835): Ueber die Fossilen Säugethiere, welche in Würtemberg aufgefunden worden sind. – Stuttgart (Carl Erhard).
– (1839): Über die Fossilen Säugethiere, welche in Würtemberg in verschiedenen Formationen aufgefunden worden sind, nebst geognostischen Bemerkungen über diese Formationen. Zweite Abtheilung. – Stuttgart (Carl Erhard).
– (1843): Vorzeigung mehrerer Fossilien: Zahn des Ceratodus aus der Calamitenschichte des Keupers von Stuttgart. – Ber. 20. Versamml. deutsch. Naturforsch. Ärzte, 1842; Mainz.
Jaekel, O. (1918): Die Wirbeltierfunde aus dem Keuper von Halberstadt. Serie II. Testudinata. – Pal. Z., *2*; Berlin.
Jankowski, B. (1981): Die Geschichte der Sedimentation im Nördlinger Ries und Randecker Maar. – Bochumer geol. geotechn. Arb., *6*; Bochum.
Jentzsch, A. (1885): Oswald Heer. – Leopoldina, *21*; Halle an der Saale.
Jörg, E., Rest, H. und Tobien, H. (1955): Die Ausgrabungen an der jungtertiären Fossilfundstätte Höwenegg/Hegau 1950–54. – Beitr. naturkdl. Forsch. Südwestdeutschl., *14*; Karlsruhe.
Kapff, S. F. J. (1859): Ueber einen Saurier des Stubensandsteins. – Jh. Ver. vaterl. Naturkde. Württ., *15*; Stuttgart.
– (1864): Unterkiefer von Belodon Kapffi. – Jh. Ver. vaterl. Naturkde. Württ., *20*; Stuttgart.
Karg, J. M. (1805): Ueber den Steinbruch zu Oeningen bey Stein am Rheine. – Denkschr. vaterl. Ges. Ärzte Naturforsch., *1*; Tübingen.
Keyssler, J. G. (1740/41): Neueste Reise durch Teutschland, Böhmen, Ungarn, die Schweitz, Italien, und Lothringen. – Hannover (N. Förster).
Kielmeyer, C. F. (1793): Über die Verhältniße der organischen Kräfte unter einander in der Reihe der verschiedenen Organisationen, die Geseze und Folgen dieser Verhältniße. – Stuttgart (Hohe Karlsschule).
Kindermann, U. (1981): Conchae marinae. Marine Fossilien in der Fachliteratur des frühen Mittelalters. – Geol. Bl. NO-Bayern, *31*; Erlangen.
Klähn, H. (1923): Paläontologische Methoden und ihre Anwendung auf die paläobiologischen Verhältnisse des Steinheimer Beckens. – Berlin (Borntraeger).
Kraatz, R. und Querner, H. (1967): Die Entdeckung des Homo heidelbergensis durch Otto Schoetensack vor 60 Jahren. – Ruperto-Carola, *19*, 42; Heidelberg.
Kranz, W., Berckhemer, F. und Wägele, H. (1931): Die »Seelberg«-Ablagerungen in Cannstatt, ihre geologischen Verhältnisse, Fossilfunde und Naturdenkmale. – Veröff. staatl. Stelle Naturschutz, *7*; Stuttgart.
Krauss, F. (1859): Rechenschaftsbericht für das Jahr 1857/58. – Jh. Ver. vaterl. Naturkde. Württ., *15*; Stuttgart.
– (1865): Rechenschaftsbericht für das Jahr 1863–64. – Jh. Ver. vaterl. Naturkde. Württ., *21*; Stuttgart.
– (1880): Rechenschaftsbericht für das Jahr 1878–1879. – Jh. Ver. vaterl. Naturkde. Württ., *36*; Stuttgart.
Krimmel, O. (1937): Friedrich August Quenstedt. – Aus der Heimat, *50*; Öhringen und Stuttgart.
Kuhn-Schnyder, E. (1951): Geschichte der Wirbeltiere. – Zürich (Rüegg).
– (1969): Georges Cuvier 1769–1832. – Jh. Ges. Naturkde. Württ., *124*; Stuttgart.
– (1974): Die Saurier der Trias. – Stgt. Beitr. Naturkde., C. *1*; Stuttgart.
– (1975a): Louis Agassiz als Paläontologe. – Denkschr. schweiz. naturforsch. Ges., *89*; Zürich.
– (1975b): Louis Agassiz (1807–1873). – Jber. Mitt. oberrhein. geol. Ver., n. F. *55*; Stuttgart.
Kurr, J. G. (1861): Nekrolog des Apothekers Weismann. – Jh. Ver. vaterl. Naturkde. Württ., *17*; Stuttgart.
– (1867a): Nekrolog des Professor Dr. Albert Oppel. – Jh. Ver. vaterl. Naturkde. Württ., *23*; Stuttgart.
– (1867b): Nekrolog des Obermedicinalraths Dr. Georg Friedrich v. Jäger in Stuttgart. – Jh. Ver. vaterl. Naturkde. Württ., *23*; Stuttgart.
Lambrecht, K., Quenstedt, W. und Quenstedt, A. (1938): Palaeontologi. Catalogus bio-bibliographicus. – Fossilium Catalogus, I: Animalia, *72*; 's-Gravenhage/Den Haag.
Lampert, K. (1896): Zur Geschichte des K. Naturalienkabinets in Stuttgart nebst Bericht für die Jahre 1894 und 1895. – Jh. Ver. vaterl. Naturkde. Württ., *52*; Stuttgart.
– (1898): Zum Gedächtnis an Direktor Dr. Oskar v. Fraas. – Jh. Ver. vaterl. Naturkde. Württ., *54*; Stuttgart.
Langer, W. (1981): Gedanken zu Ibn Sinas (Avicennas) Fossil-Interpretationen. – Pal. Z., *55*; Stuttgart.
Lehmann, U. (1976): Ammoniten. Ihr Leben und ihre Umwelt. – Stuttgart (Enke).
Lentilius, R. (1711): Eteodromus medico-practicus Anni MDCCIX. – Stuttgardiae/Stuttgart (A. Mezler).
Linck, O. (1954): Die Muschelkalk-Seelilie Encrinus liliiformis. Ergebnisse einer Grabung. – Aus der Heimat, *62*; Öhringen.
Löffler, T. und Westphal, F. (1982): Eine Salamandriden-Larve aus dem Jungtertiär des Randecker Maars (Schwäbische Alb). – Jh. Ges. Naturkde. Württ., *137*; Stuttgart.
Mägdefrau, K. (1959): Schneetälchen, Käfer und fossile Pflanzen. Ein Gedenkblatt für Oswald Heer (1809–1883). – Aus der Heimat, *67*; Öhringen.
Mandelsloh, Graf F. von (1834): Geognostische Profile der Schwäbischen Alp. – Ber. 12. Versamml. deutsch. Naturforsch. Ärzte, 1834; Stuttgart.
Martin, G. P. R. (1961): Die Briefe Albert Oppels an Friedrich Rolle aus den Jahren 1852–1861. – Jh. Ver. vaterl. Naturkde. Württ., *116*; Stuttgart.
– (1965): Albert Oppel. Zum 100. Todestag des Begründers der zonalen Stratigraphie. – Jh. Ver. vaterl. Naturkde. Württ., *120*; Stuttgart.
Martin. G. P. R. und Uschmann, G. (1969): Friedrich Rolle 1827–1887, ein Vorkämpfer neuen biologischen Denkens in Deutschland. – Lebensdarstell. deutsch. Naturforsch., *14*; Leipzig (J. A. Barth).
Mayer, G. (1972): Fossilien- und Mineraliensammler im südlichen Baden und in der Schweiz als Lieferanten und Tauschpartner der Markgräfin Caroline Louise von Baden. – Aufschluß, *23*; Göttingen.
– (1973a): Beiträge zur Geschichte der Badischen Landessammlungen für Naturkunde in Karlsruhe. V. Akquisition der Naturalienkabinette zu Meersburg (1803) und Sankt Blasien (1807). – Beitr. naturkdl. Forsch. Südwestdeutschl., *32*; Karlsruhe.
– (1973b): August Eduard Bruckmann (1810–1884), ein schwäbischer Architekt, Ingenieur und Geologe. – Jh. Ges. Naturkde. Württ., *128*; Stutt-

gart.
– (1974): Badische Paläontologen, vorzüglich Liebhaber (Sammler, Popularisatoren, Förderer), die im Catalogus bio-bibliographicus von Lambrecht u. Quenstedt (1938) fehlen. – Aufschluß, *25*; Heidelberg.
– (1976): Württembergische Paläontologen, vorzüglich Liebhaber (Sammler, Förderer, Popularisatoren, Präparatoren), die im Catalogus bio-bibliographicus von Lambrecht und Quenstedt (1938) fehlen. – Jh. Ges. Naturkde. Württ., *131*; Stuttgart.
– (1978): Beiträge zur Geschichte der Badischen Landessammlungen für Naturkunde in Karlsruhe. IX. Eine Aktion zur Gewinnung Öhninger Fossilien 1854–1860. – Beitr. naturkdl. Forsch. Südwestdeutschl., *37*; Karlsruhe.
– (1982): Geologisch-Mineralogisches in Briefen von Cosimo Alessandro Collini an die Markgräfin Caroline Louise von Baden 1765–1776. – Aufschluß, *33*; Heidelberg.
Memminger, J. D. G. (1818): Zu Canstatt ausgegrabene fossile Thierreste. – Württ. Jb., *1*; Stuttgart und Tübingen.
Mensink, H. (1984): Die Entwicklung der Gastropoden im miozänen See des Steinheimer Beckens (Süddeutschland). – Palaeontographica, A, *183*; Stuttgart.
Meyer, H. von (1856): Zur Fauna der Vorwelt. Saurier aus dem Kupferschiefer der Zechstein-Formation. – Frankfurt (H. Keller).
– (1861): Reptilien aus dem Stubensandstein des oberen Keupers. – Palaeontographica, *7*; Cassel/Kassel.
– (1863a): Chelitherium obscurum. – N. Jb. Mineral., *34*; Stuttgart.
– (1863b): Der Schädel des Belodon aus dem Stubensandstein des oberen Keupers. – Palaeontographica, *10*; Cassel/Kassel.
– (1865): Reptilien aus dem Stubensandstein des oberen Keupers (Dritte Folge). – Palaeontographica, *14*; Cassel/Kassel.
Meyer, H. von und Plieninger, Th. (1844): Beiträge zur Paläontologie Württemberg's, enthaltend die fossilen Wirbelthierreste aus den Triasgebilden mit besonderer Rücksicht auf die Labyrinthodonten des Keupers. – Stuttgart (Schweizerbart).
Müller, E. (1949): Schwäbische Paläontologie. Eine geschichtliche Studie. – In: Schwäbische Profile; Tübingen (Alma Mater).
Museen in Baden-Württemberg. – Herausgegeben vom Württ. Museumsverband; Stuttgart und Aalen (Theiss), 1. Aufl. 1976.
Neumayr, M. und Paul, K. M. (1875): Die Congerien- und Paludinenschichten Slawoniens und deren Faunen. Ein Beitrag zur Descendenz-Theorie. – Abh. k. k. geol. Reichsanst., *7*, 3; Wien.
Oberdorfer, E. (1951): Zweihundert Jahre Landessammlungen für Naturkunde. – Beitr. naturkdl. Forsch. Südwestdeutschl., *10*; Karlsruhe.
– (1966): Zur Geschichte der Badischen Landessammlungen für Naturkunde und des Naturwissenschaftlichen Vereins Karlsruhe. – Beitr. naturkdl. Forsch. Südwestdeutschl., *25*; Karlsruhe.
Oppel, A. (1854): Der mittlere Lias Schwabens. – Jh. Ver. vaterl. Naturkde. Württ., *10*; Stuttgart.
– (1856–1858): Die Juraformation Englands, Frankreichs und des südwestlichen Deutschlands, nach ihren einzelnen Gliedern eingetheilt und verglichen. – Jh. Ver. vaterl. Naturkde. Württ., *12*; (1856), *13*; (1857), *14* (1858); Stuttgart.
Orbigny, A. d' (1850–1852): Prodrome de Paléontologie stratigraphique universelle des animaux mollusques et rayonnés. – Paris (Masson).
Peyer, B. (1950): Geschichte der Tierwelt. – Stuttgart (Europa Verlag).
Pfannenstiel, M. (1958): Fälscher und Fälschungen von Oehninger Fossilien. – Geologie, *7*; Berlin.
Plieninger, Th. (1834a): Beschreibung von Stuttgart hauptsächlich nach seinen naturwissenschaftlichen und medicinischen Verhältnissen. – Stuttgart (C. Hoffmann).
– (1834b): Die Versammlung deutscher Naturforscher und Aerzte zu Stuttgart vom 18. bis 24. September 1834. – Corr.bl. würt. landwirthschaftl. Ver., *22* (= n. F. *2*); Stuttgart.
– (1845): Über den gegenwärtigen Standpunkt der vaterländischen Naturkunde Württembergs. – Jh. Ver. vaterl. Naturkde. Württ., *1*; Stuttgart.
– (1847a): Zähne aus der oberen Grenzbreccie des Keupers bei Degerloch und Steinenbronn. a) Microlestes antiquus Pl. – Jh. Ver. vaterl. Naturkde. Württ., *3*; Stuttgart.
– 1847b): Verzeichnis der Reptilien Württembergs. – Jh. Ver. vaterl. Naturkde. Württ., *3*; Stuttgart.
– (1850): Über ein Saurierskelett im obersten Keupermergel (Belodon?). – Jh. Ver. vaterl. Naturkde. Württ., *5*; Stuttgart.
– (1852): Belodon Plieningeri H. v. M. – Jh. Ver. vaterl. Naturkde. Württ., *8*; Stuttgart.
– (1853): Nekrolog des verstorbenen Oberamts-Arztes Dr. v. Hartmann in Göppingen. – Jh. Ver. vaterl. Naturkde. Württ., *9*; Stuttgart.
– (1857): Belodon Plieningeri. H. v. Meyer. Ein Saurier der Keuperformation. – Jh. Ver. vaterl. Naturkde. Württ., *8*, 3; Stuttgart.
Pompeckj, J. F. (1915): Zur Erinnerung an Eberhard Fraas und an sein Werk. – Jh. Ver. vaterl. Naturkde. Württ., *71*; Stuttgart.
Probst, J. (1884): Oswald Heer. – N. Jb. Mineral., 1884, 1; Stuttgart.
Quatrefages, A. de (1873): Races humaines fossiles. Race de Canstadt. – C. R. Acad. Sci., *76*; Paris.
Quatrefages, A. de und Hamy, E.-T. (1873–1882): Crania ethnica. Les crânes des races humaines. – Paris (J. B. Baillière et Fils).
Quenstedt, F. A. (1836): De notis Nautilearum Primariis. – Diss. Univ. Berlin; Berlin (Nietacki).
– (1843): Das Flözgebirge Würtembergs. Mit besonderer Rücksicht auf den Jura. – Tübingen (Laupp).
– (1849): Petrefactenkunde Deutschlands. (1), 1: Die Cephalopoden. – Tübingen (L. F. Fues).
– (1852): Handbuch der Petrefaktenkunde. – Tübingen (Laupp), 1. Aufl.
– (1855): Ueber Pterodactylus suevicus im Lithographischen Schiefer Württembergs. – Tübingen (Laupp).
– (1856–1858): Der Jura. – Tübingen (Laupp).
– (1861): Epochen der Natur. – Tübingen (Laupp).
– (1865–1867): Handbuch der Petrefaktenkunde. – Tübingen (Laupp), 2. Aufl.
– (1866): Das Steinheimer Becken. – Jh. Ver. vaterl. Naturkde. Württ., *22*; Stuttgart.
– (1868): Schwabens Medusenhaupt – Eine Monographie der subangularen Pentacriniten. – Tübingen (Laupp).
– (1882–1885): Handbuch der Petrefaktenkunde. – Tübingen (Laupp), 3. Aufl.
– (1883–1888): Die Ammoniten des Schwäbischen Jura. – Stuttgart (Schweizerbart).
– (1889): Psammochelys Keuperina. – Jh. Ver. vaterl. Naturkde. Württ., *45*; Stuttgart.
Quenstedt, W. (1941): Friedrich August Quenstedt. Mineraloge, Geologe und Paläontologe. 1809–1889. – Schwäbische Lebensbilder, *2*; Stuttgart (Kohlhammer).
– (1964): Die Bedeutung von Balthasar Ehrhart (1700–1756) im Rahmen der Belemnitenkunde und als Vorläufer geologischer Kartierung. – Jh. Ver. vaterl. Naturkde. Württ., *118/119*; Stuttgart.
Rau, O. (1950): Friedrich August Tscherning. Forstmann. 1819–1900. – Schwäbische Lebensbilder, *5*; Stuttgart (Kohlhammer).
Rauther, M. (1941): Rückblick auf das Werden der Württ. Naturaliensammlung, vornehmlich auf die jüngstvergangenen 50 Jahre. – Jh. Ver. vaterl. Naturkde. Württ., *96*; Stuttgart.
Rebstock, J. M. (um 1720): Göttlicher Erkanntnuß auß wunderbaren figurierten Steinen, so in der Gegend des Boller Bades, Zeller Bades und Zeller Stabes in der Erden, Wasser, auch in dem Schiefer und den Steinen gefunden wurden. – Ulm.
Regelmann, C. (1902): Naturkunde und Topographie in Württemberg vor 300 Jahren. – Jh. Ver. vaterl. Naturkde. Württ., *58*; Stuttgart.
Reif, W.-E. (1983a): Hilgendorf's (1863) dissertation on the Steinheim planorbids (Gastropoda; Miocene): The development of a phylogenetic

research program for Paleontology. – Pal. Z., *57*; Stuttgart.
– (1983b): The Steinheim snails (Miocene; Schwäbische Alb) from a Neo-Darwinian point of view: A discussion. – Pal. Z., *57*; Stuttgart.
Reiff, W. (1937): Ergebnisse der Grabung des Geologisch-Paläontologischen Universitäts-Instituts bei Tübingen-Lustnau im oberen Gipskeuper. – Zbl. Mineral., B, 1937; Stuttgart.
Reitner, J. und Urlichs, M. (1983): Echte Weichteilbelemniten aus dem Untertoarcium (Posidonienschiefer) Südwestdeutschlands. – N. Jb. Geol. Paläont., Abh. *165*; Stuttgart.
Richter, R. (1940): Christian Strunz †. – Natur und Volk, *70*; Frankfurt.
Riegraf, W. und Hauff, R. (1983): Belemnitenfunde mit Weichkörper, Fangarmen und Gladius aus dem Untertoarcium (Posidonienschiefer) und Unteraalenium (Opalinuston) Südwestdeutschlands. – N. Jb. Geol. Paläont., Abh. *165*; Stuttgart.
Riegraf, W. und Reitner, J. (1979): Die Weichteilbelemniten des Posidonienschiefers (Untertoarcium) von Holzmaden (Baden-Württemberg) sind Fälschungen. – N. Jb. Geol. Paläont., Mh. 1979; Stuttgart.
Roesler, R. U., Tobien, H. und Mayer, G. (1977): Erwin Jörg †. – Beitr. naturkdl. Forsch. Südwestdeutschl., *36*; Karlsruhe.
Rüffle, L. (1963): Die obermiozäne (sarmatische) Flora vom Randecker Maar. – Paläont. Abh., *1*, 3; Berlin.
Rütimeyer, L. (1863): Beiträge zur Kenntniss der fossilen Pferde und zur vergleichenden Odontographie der Hufthiere überhaupt. – Verh. naturforsch. Ges. Basel, *3*; Basel.
Ruff, K. M. u. a. (1983): 1973–1983. 10 Jahre Arbeits- und Förderkreis Trossinger Heimatmuseum. – Trossingen.
Rumph, G. E. (1705): D'Amboinsche Rariteitkamer. – Amsterdam (F. Halma).
Rust, A. (1956): Artefakte aus der Zeit des Homo heidelbergensis in Süd- und Norddeutschland. – Bonn (R. Habelt).
Rutte, E. (1956): Die Geologie des Schienerberges (Bodensee) und der Öhninger Fundstätten. – N. Jb. Geol. Paläont., Abh. *102*; Stuttgart.
Salomon, W. (1915): Eberhard Fraas †. – Jber. Mitt. oberrhein. geol. Ver., n. F. *5*; Stuttgart.
Sandberger, F. (1874): Die Steinheimer Planorbiden. – Jbücher malakozool. Ges., *1*; Frankfurt.
Sattler, C. F. (1752): Historische Beschreibung Des Herzogthums Würtemberg und aller desselben Städte, Clöster und darzu gehörigen Aemter. – Stuttgart und Eßlingen (J. N. Stoll u. G. Mäntlern).
Schenk, G. (1966): Konrad Dietrich Haßler. – Lebensbilder aus Schwaben und Franken, *10*; Stuttgart (Kohlhammer).
Scheuchzer, J. J. (1702): Specimen Lithographiae Helveticae curiosae. – Tiguri/Zürich (D. Geßner).
– (1708a): Piscium querelae et vindiciae. – Tiguri/Zürich (D. Geßner).
– (1708b): Bildnissen verschiedener Fischen und der Teilen, welche in der Sündflut zu Grunde gegangen. – Zürich (Selbstverlag).
– (1709): Herbarium diluvianum. – Tiguri/Zürich (D. Geßner), 1. Aufl.
– (1723): Herbarium diluvianum. – Lugduni Batavorum/Leiden (P. Vander), 2. vermehrte Aufl.
– (1731–1735): Physica sacra. – Augustae Vindelicorum/Augsburg (J. A. Pfeffel).
Scheurlen, E. von (1938): Die Bedeutung des Steinheimer Schädels für die menschliche Entwicklungsgeschichte. – Jh. Ver. vaterl. Naturkde. Württ., *94*; Stuttgart.
Schindewolf, O. H. (1948): Wesen und Geschichte der Paläontologie. – Berlin (Wiss. Editionsges.).
Schlauch, R. (1960): Theodor Engel. Pfarrer und Geologe. 1842–1933. – Lebensbilder aus Schwaben und Franken, *7*; Stuttgart (Kohlhammer).
Schmid, I. (1982): Der Landschaftsmaler Otto Reiniger. – Stuttgart (Theiss).
Schmidt, C. (1896): Ludwig Rütimeyer geboren den 26. Februar 1825, gestorben den 25. November 1895. – Verhandl. schweiz. naturforsch. Ges., *78*; Sitten/Sion.
Schmidt, F. A. (1838): Die wichtigsten Fundorte der Petrefacten Würtembergs, nebst ihren ersten Kennzeichen. – Stuttgart (J. B. Metzler).
Schmidt, K. (1953): Ernst von Scheurlen. – Jh. Ver. vaterl. Naturkde. Württ., *108*; Stuttgart.
Schmidt, M. (1928): Die Lebewelt unserer Trias. – Öhringen (F. Rau).
– (1938): Die Lebewelt unserer Trias. Nachtrag 1938. – Öhringen (F. Rau).
Schoetensack, O. (1908): Der Unterkiefer des Homo heidelbergensis aus den Sanden von Mauer bei Heidelberg. Ein Beitrag zur Paläontologie des Menschen. – Leipzig (W. Engelmann).
Schröter, C. (1883): Oswald Heer. – Verhandl. schweiz. naturforsch. Ges., *66*; Zürich.
Schüz, E. (1967a): 175 Jahre Staatliches Museum für Naturkunde in Stuttgart. Aus Geschichte und Gegenwart einer Bildungs- und Forschungsstätte. – Anlage zu Jh. Ver. vaterl. Naturkde. Württ., *122*; Stuttgart.
– (1967b): Südwestdeutsche Präparatoren: Oberdörfer, Georg (Vater) und Carl (Sohn). – Jh. Ver. vaterl. Naturkde. Württ., *122*; Stuttgart.
Schwabedissen, H. (1984): Alfred Rust 4. 7. 1900–14. 8. 1983. – Verh. naturwiss. Ver. Hamburg, n. F. *27*; Hamburg.
Schwalbe, G. (1906): Studien zur Vorgeschichte des Menschen. III. Das Schädelfragment von Cannstatt. – Z. Morphol. Anthropol., Sonderheft *1*; Stuttgart.
Schwenkel, H. (1932): Dr. h. c. David Geyer †. – Jh. Ver. vaterl. Naturkde. Württ., *88*; Stuttgart.
Seemann, R. (1932): Verlauf und Ergebnis der Trossinger Sauriergrabung. – Jh. Ver. vaterl. Naturkde. Württ., *88*; Stuttgart.
– (1933): Das Saurischierlager in den Keupermergeln bei Trossingen. – Jh. Ver. vaterl. Naturkde. Württ., *89*; Stuttgart.
Seibold, E. (1973): Georg Wagner 1885–1972. – Jber. Mitt. oberrhein. geol. Ver., n. F. *55*; Stuttgart.
Seilacher, A. und Westphal, F. (1969a): Friedrich Freiherr von Huene. Paläontologe. – Jh. Ges. Naturkde. Württ., *124*; Stuttgart.
– (1969b): Friedrich Freiherr von Huene 22. März 1875–4. April 1969. – Jber. Mitt. oberrhein. geol. Ver., n. F. *51*; Stuttgart.
Spleiß, D. (1701): Oedipus osteolithologicus, seu Dissertatio Historico-Physica, de Cornibus et Ossibus fossilibus Canstadiensibus. – Scaphusiensem/Schaffhausen (J. R. Frey).
Staesche, K. (1955): Fritz Berckhemer. – Jh. Ver. vaterl. Naturkde. Württ., *110*; Stuttgart.
– (1958): Ein Jahrhundert Paläontologie in Württemberg. – Jh. Ver. vaterl. Naturkde. Württ., *113*; Stuttgart.
– (1964): Wilhelm Otto Dietrich 1881–1964. – Jber. Mitt. oberrhein. geol. Ver., n. F. *46*; Stuttgart.
Stahl, K. F. (1824): Uebersicht über die Versteinerungen Würtembergs nach dem gegenwärtigen Standpunkte der Petrefaktenkunde. – Corr.bl. würt. landwirthschaftl. Ver., *6*; Stuttgart und Tübingen.
Stauber, H. (1939): Erforschungsgeschichte der Öhninger Fundstätten und ihrer Versteinerungen. – Zentralbl. Mineral., B, 1939; Stuttgart.
Steinert, H. (1974): Vor der Eiszeit das Paradies in Mitteleuropa. – Kosmos, *70*; Stuttgart.
Tobias, P. V. (1984): The life and work of Professor Dr. G. H. R. von Koenigswald. – Aufsätze u. Reden senckenberg. naturforsch. Ges., *34*; Frankfurt.
Tobien, H. und Jörg, E. (1959): Die Ausgrabungen an der jungtertiären Fossilfundstätte Höwenegg/Hegau 1955–59. – Beitr. naturkdl. Forsch. Südwestdeutschl., *18*; Karlsruhe.
Uhland, R. (1953): Geschichte der Hohen Karlsschule in Stuttgart – Darstell. württ. Geschichte, *37*; Stuttgart (Kohlhammer).
– (1969): Georges Cuvier 1769–1832. – In: Cuvier und Württemberg; Stuttgart.
Valentin, M. B. (1714–1719): Natur- und Materialienkammer. Auch Ost-Indianische Send-Schreiben und Rapporten (Museum Museorum, Oder Vollständige Schaubühne aller Materialien und Specereyen). – Frankfurt (J. D. Zunner).
Virchow, R. (1871): Eröffnungsrede des ersten Vorsitzenden (geschicht-

licher Rückblick; Aufgaben der anthropologischen Forschung). – Corr.bl. deutsch. Ges. Anthropol., Ethnol., Urgesch., *2*; Braunschweig.
– (1872): Über den Neanderthalschädel. – Corr.bl. deutsch. Ges. Anthropol., Ethnol., Urgesch., *3*; Braunschweig.
Vogel, R. (1941): Die alluvialen Säugetiere Württembergs. – Jh. Ver. vaterl. Naturkde. Württ., *96*, 4; Stuttgart.
Waagen, W. (1869): Die Formenreihe des Ammonites subradiatus. – Geognost.-paläont. Beitr., *2*; München.
Wägele, H. (1933): David Geyer †, geb. 6. Nov. 1855, gest. 6. Nov. 1932. – Arch. Molluskenkde., *65*; Frankfurt.
Wagner, E. (1985): Ein Jagdplatz des Urmenschen bei Stuttgart-Bad Cannstatt. – Spektrum der Wissensch., 1985; Heidelberg.
Wagner, G. (1931): Einführung in die Erd- und Landschaftsgeschichte. – Öhringen (F. Rau), 1. Aufl.
– (1933): Dr. h. c. David Geyer. – Aus der Heimat, *46*; Öhringen und Stuttgart.
– (1934): Der Fundort des Steinheimer Urmenschen. – Aus der Heimat, *47*; Öhringen und Stuttgart.
Wagner, G. (Herausg.) (1952): Die Bärenhöhle bei Erpfingen. – Öhringen (F. Rau).
Wagner, G. und Koch, A. (1961): Raumbilder zur Erd- und Landschaftsgeschichte Südwestdeutschlands. – Schmiden (Repro-Druck).
Wall, E. (1964): Die Verlandung des Federsees in geschichtlicher Zeit auf Grund von Bilddokumenten. – Jh. Ver. vaterl. Naturkde. Württ., *118/119*; Stuttgart.
Weber, K. J. (1826–1828): Deutschland oder Briefe eines in Deutschland reisenden Deutschen. – Stuttgart (Franckh).
– (1978): Reise durch das Königreich Württemberg. – Stuttgart (Steinkopf); veränderter Nachdruck aus K. J. Weber 1826–1828.
Wehrli, H. (1956): Wilhelm Otto Dietrichs Leben und Wirken. – Geologie, *5*; Berlin.
Weltner, W. (1906): Franz Hilgendorf. 5. Dezember 1839–5. Juli 1904. – Arch. Naturgesch., *72*; Berlin.
Wenk, F. (1959): Der Pfarrer und Geologe Josef Probst aus Ehingen. – In: B. Welser (Herausg.): Lebensbilder bedeutender Oberschwaben; Ehingen an der Donau (Dr. K. Buck).
Wenz, W. (1922): Die Entwicklungsgeschichte der Steinheimer Planorben und ihre Bedeutung für die Deszendenzlehre. – Natur und Museum, *52*; Frankfurt.
– (1928): Franz Gottschick †, 14. August 1865–18. Sept. 1927. – Arch. Molluskenkde., *60*; Frankfurt.
– (1933): David Geyer †. – Pal. Z., *15*; Stuttgart.
Westphal, F. (1958): Die tertiären und rezenten eurasiatischen Riesensalamander (Genus Andrias, Urodela, Amphibia). – Palaeontographica, A, *110*; Stuttgart.
– (1963): Ein fossilführendes Jungtertiär-Profil aus dem Randecker Maar (Schwäbische Alb). – Jber. Mitt. oberrhein. geol. Ver., n. F. *45*; Stuttgart.
Wiesenauer, E. (1976): Vollständige Belemnitentiere aus dem Holzmadener Posidonienschiefer. – N. Jb. Geol. Paläont., Mh. 1976; Stuttgart.
Wild, R. (1974): Lebensbilder württembergischer Triassaurier. – Stgt. Beitr. Naturkde., C, *1*; Stuttgart.
– (1978a): Die Saurier von Kupferzell. Vorläufige Ergebnisse der Fossilgrabung beim Autobahnbau. – Jb. württ. Franken, 1978; Schwäbisch Hall.
– (1978b): Massengrab für Saurier. – Kosmos, *74*; Stuttgart.
Wilhelm, L (1927): Unsere Trossinger Heimat. – Trossingen (Matth. Birk).
Wittmann, O. (1979a): Balthasar Ehrhart (1700–1756) aus Memmingen (Schwaben) und seine Dissertatio de belemnitis suevicis (1727). – Erlanger geol. Abh., *107*; Erlangen.
– (1979b): Die Topographia lithologica (1748) des Balthasar Ehrhart (1700–1756). – Jh. geol. Landesamt Bad.-Württ., *21*; Freiburg i. Br.
Woodward, J. (1695): Essay towards a Natural History of the Earth. – London.
Ziegler, B. (1977): Das Staatliche Museum für Naturkunde in Stuttgart. – Stgt. Beitr. Naturkde., C, *7*; Stuttgart.
– (1978): Übersichtskarte der geowissenschaftlichen Museen in der BRD (4): Museen und Sammlungen in Baden-Württemberg. – Nachr. deutsch. geol. Ges., *19*; Hannover.
– (1984): Kleine Geschichte der Paläontologie. – Stgt. Beitr. Naturkde., C, *19*; Stuttgart.
Zieten, C. H. von (1830–1833): Die Versteinerungen Württembergs. – Stuttgart (Lief. 1: Verlag u. Lithogr. Exped. des Werkes Unsere Zeit; Lief. 2ff: Schweizerbart).
Zilch, A. (1947): Wilhelm Wenz †. – Arch. Molluskenkde., *76*; Frankfurt.
Zimmermann, W. (1953): Evolution, die Geschichte ihrer Probleme und Erkenntnisse. – Freiburg (K. Alber).
Zittel, K. A. (1870): Denkschrift auf Christ. Erich Hermann von Meyer. – München (Bayer. Akad. Wiss.).
– (1899): Geschichte der Geologie und Paläontologie bis Ende des 19. Jahrhunderts. – München und Leipzig (Oldenbourg).

Personenregister

Ortsregister

Bildnachweise

(außer für Bilder, die der zitierten Literatur entnommen sind)

Abb. 3: Vorlage A. Rieber, Reutlingen
Abb. 5: T. Uhland-Clauss, Esslingen
Abb. 15: Foto-Studio Mock, Biberach
Abb. 24: Luftbild A. Brugger, Stuttgart (freigegeb. Reg.-Präs. Stgt. 2/21706)
Abb. 32: A. Czarnetzki, Tübingen
Abb. 36: A. Czarnetzki, Tübingen
Abb. 38, 44, 45, 121, 142, 154: Grafik-Design-Büro Schober + Reinhardt, Stuttgart, nach Vorlagen von R. Kiwit (33, 44, 45) und M. Wild (121, 142, 154)
Abb. 52, 54–70, 72, 74: Landessammlungen für Naturkunde, Karlsruhe
Abb. 83: Luftbild A. Brugger, Stuttgart (freigegeb. Reg.-Präs. Stgt. 2/27814)
Abb. 95: Städtisches Museum Ludwigsburg
Abb. 110: Staatliches Museum für Mineralogie und Geologie, Dresden
Abb. 133: Museum Hauff, Holzmaden
Abb. 159, 160: Institut und Museum für Geologie und Paläontologie der Universität Tübingen
Alle übrigen Bilder: Staatliches Museum für Naturkunde, Stuttgart